全国高等职业教育“十二五”规划教材
中国电子教育学会推荐教材
全国高等院校规划教材·精品与示范系列

装饰工程计量与计价

李凯文 主 编
楚晨晖 纪 敏 副主编

電子工業出版社
Publishing House of Electronics Industry
北京·BEIJING

内 容 简 介

本书根据国家最新的计量与计价规范，主要介绍计价表和清单两种不同计价模式下装饰造价的确定方法。任务 1 系统地讲述装饰工程预算定额的性质、作用、编制原理，装饰工程预算编制原理、编制方法、编制程序及装饰工程预算费用的组成；任务 2 主要介绍工程量清单的组成原理及计价方法；任务 3 讲述装饰工程量的计算方法；任务 4 重点介绍装饰工程计价的实例，包括分部分项工程量计价编制实例及单位工程计价工程实例；任务 5 介绍装饰工程招投标相关知识。本书注重内容的实用性和可操作性，其中任务 4 是本教材授课时讲解和练习的重点与难点。

本书为高等职业本专科院校建筑装饰、工程造价、工程管理、建筑工程技术及其他相关专业的教材，也可作为开放大学、成人教育、自学考试、中职学校和培训班的教材，以及建筑工程技术人员的参考书。

本书提供免费的电子教学课件、习题参考答案，详见前言。

图书在版编目（CIP）数据

装饰工程计量与计价 / 李凯文主编. —北京：电子工业出版社，2017.2
全国高等院校规划教材. 精品与示范系列
ISBN 978-7-121-29788-5

Ⅰ. ①装… Ⅱ. ①李… Ⅲ. ①建筑装饰－工程造价－高等学校－教材 Ⅳ. ①TU723.3

中国版本图书馆 CIP 数据核字（2016）第 205194 号

策划编辑：陈健德（E-mail：chenjd@phei.com.cn）
责任编辑：桑 昀
印　　刷：三河市华成印务有限公司
装　　订：三河市华成印务有限公司
出版发行：电子工业出版社
　　　　　北京市海淀区万寿路 173 信箱　邮编 100036
开　　本：787×1 092　1/16　印张：14.25　字数：374 千字
版　　次：2017 年 2 月第 1 版
印　　次：2017 年 2 月第 1 次印刷
定　　价：34.00 元

凡所购买电子工业出版社图书有缺损问题，请向购买书店调换。若书店售缺，请与本社发行部联系，联系及邮购电话：（010）88254888，88258888。

质量投诉请发邮件至 zlts@phei.com.cn，盗版侵权举报请发邮件至 dbqq@phei.com.cn。
本书咨询联系方式：chenjd@phei.com.cn。

前言

本书根据国家最新的计量与计价规范，主要介绍计价表和清单两种不同计价模式下的装饰造价的确定方法，结合教育部新的职业教育教学改革要求。本书在编写过程中力求突出以下几个特点。

1．以“做中学，学中做，边做边学”为指导原则

本书强调实用性，舍弃了常见教材中施工定额、预算定额的理论介绍及人工消耗量、材料消耗量、机械消耗量等理论性较强的内容，增加了费用定额的内容，编者根据多年的教学实践，着重加强了任务 4 案例和项目训练在本书中的比重，这部分内容也是本书的重点和难点，高职高专的授课应加强案例的讲解和练习。

2．与企业合作，强强联合

本书由从事一线教学工作的高职高专教师和企业从事工程装饰计价工作的工程师共同编写，根据企业需求来整合教学内容，重点解决学生在实践性教学环节中存在的问题，将行业第一线的实际问题结合到本书中，以提高学生的实际操作能力。

3．重视应用和实践

本书把造价员职业资格考试内容纳入其中，方便学生学完后参加造价员职业资格考试，实践性、指导性和可操作性较强。

4．采用国家最新规范

本书内容以《建设工程工程量清单计价规范》（GB 50500—2013）和《房屋建筑与装饰工程计量规范》（GB 50854—2013）为依据，力求体现行业的新情况、新问题、新思路、新知识、新方法，并紧密结合地区建筑与装饰工程计价表和最新费用定额展开，同时引入最新的政策精神。

5．强化教学资源建设

为了满足课堂教学的需要，本书配有图、文、声、像并茂的多媒体课件，支持教学效果的最大化，激发学生的学习兴趣。

本书由无锡城市职业技术学院李凯文任主编并统稿，编写概论、任务 2、任务 4 中的 4.1 节、4.3 节和任务 5；无锡城市职业技术学院楚晨晖、无锡汽车工程学校纪敏任副主编，其中楚晨晖编写了任务 1 中的 1.1 节至 1.4 节和任务 3，纪敏编写了任务 1 中的 1.5 节至 1.6 节和任务 4 中的 4.2 节。本书在编写过程中得到了许多企业专家及同行的支

持与帮助，我院造价 1401 班的陈静、造价 1402 班的史润喆和张径伟同学校对了第 4 章中的部分文稿和图表，在此表示感谢。

由于时间仓促，加之编者水平有限，书中仍可能存在不足，恳请各位同仁和读者批评指正。

为了方便教师教学，本书还配有免费的电子教学课件、习题参考答案，请有此需要的教师登录华信教育资源网（http://www.hxedu.com.cn）免费注册后进行下载，有问题可在网站留言或与电子工业出版社联系。

目 录

概 论

内容提要

（1）装饰工程计价的特点。

（2）基本建设项目的划分。

（3）定额计价的方法，工程量清单计价的方法。

建筑装饰工程是建筑工程的重要组成部分，在建筑主体结构工程完成之后，为保护建筑物主体结构、完善建筑物的使用功能和美化建筑物，采用装饰材料或饰物，对建筑物的内外表面及空间进行的各种处理过程。装饰工程（泛指一切建设工程）造价具有单件性计价、多次性计价、按工程构成组合计价等特点。

本课程为工程造价专业、建筑装饰专业、建筑工程专业及其他相关专业重要的专业课程之一。通过本课程及相关课程的学习，要求学生掌握装饰工程造价基本理论知识，重点掌握装饰工程计量与计价，使学生具备独立编制装饰工程造价的基本技能，熟悉招标报价和工程造价管理的相关知识。

0.1 装饰工程计价的特点

工程计价通常具有以下特点。

1. 单件性计价

每项建设工程都必须单独计算造价，而不能像一般工业产品那样按品种、规格和质量等成批定价。主要原因有以下几点。

（1）每项工程一般都有专门的用途，这使其结构、造型和装饰等往往各不相同，从而带来造价上的差异。

（2）即便是用途相同的工程，其技术水平、建筑标准等的不同也会使造价不同。

（3）工程建设地点的不同所带来的水文地质条件、气候和资源条件等差异使各工程的造价也不尽相同。

2. 多次性计价

建设工程生产周期长，并且是分段进行的，因此需要在相应阶段分别计价，以适应各建设阶段的控制与管理。多次性计价实际上是一个逐步深化、逐步细化和逐步接近实际造价的过程，在通常情况下，应逐步计算下列造价：

（1）可行性研究阶段的投资估算造价；

（2）初步设计阶段的概算造价；

（3）技术设计阶段的修正概算造价；

（4）施工图设计阶段的预算造价；

（5）招投标阶段的合同造价；

（6）合同实施阶段的结算造价；

（7）竣工阶段的决算造价。

3. 按工程构成组合计价

通常在计算工程造价时将整个建设项目分解为若干个基本构成部分，通过计算各个基本构成部分的人工费、材料费和机械费等各种费用，再将它们汇总相加得到整个工程的造价。

0.2　建设项目的划分

建设项目是一个有机整体，进行项目划分一是有利于对项目进行科学管理，包括投资管理、项目实施管理和技术管理；二是有利于经济核算，便于编制工程概（预）算。为了算出工程造价必须先把项目分解成若干个简单的、易于计算的基本构成部分，再计算出每个基本构成部分所需的工、料、机械台班消耗量和相应的价值，则整个工程的造价即为各组成部分费用的总和。为此，将建设项目由大到小划分为建设项目、单项工程、单位工程、分部工程和分项工程 5 个组成部分，它们之间的关系示例如图 0.1 和图 0.2 所示。

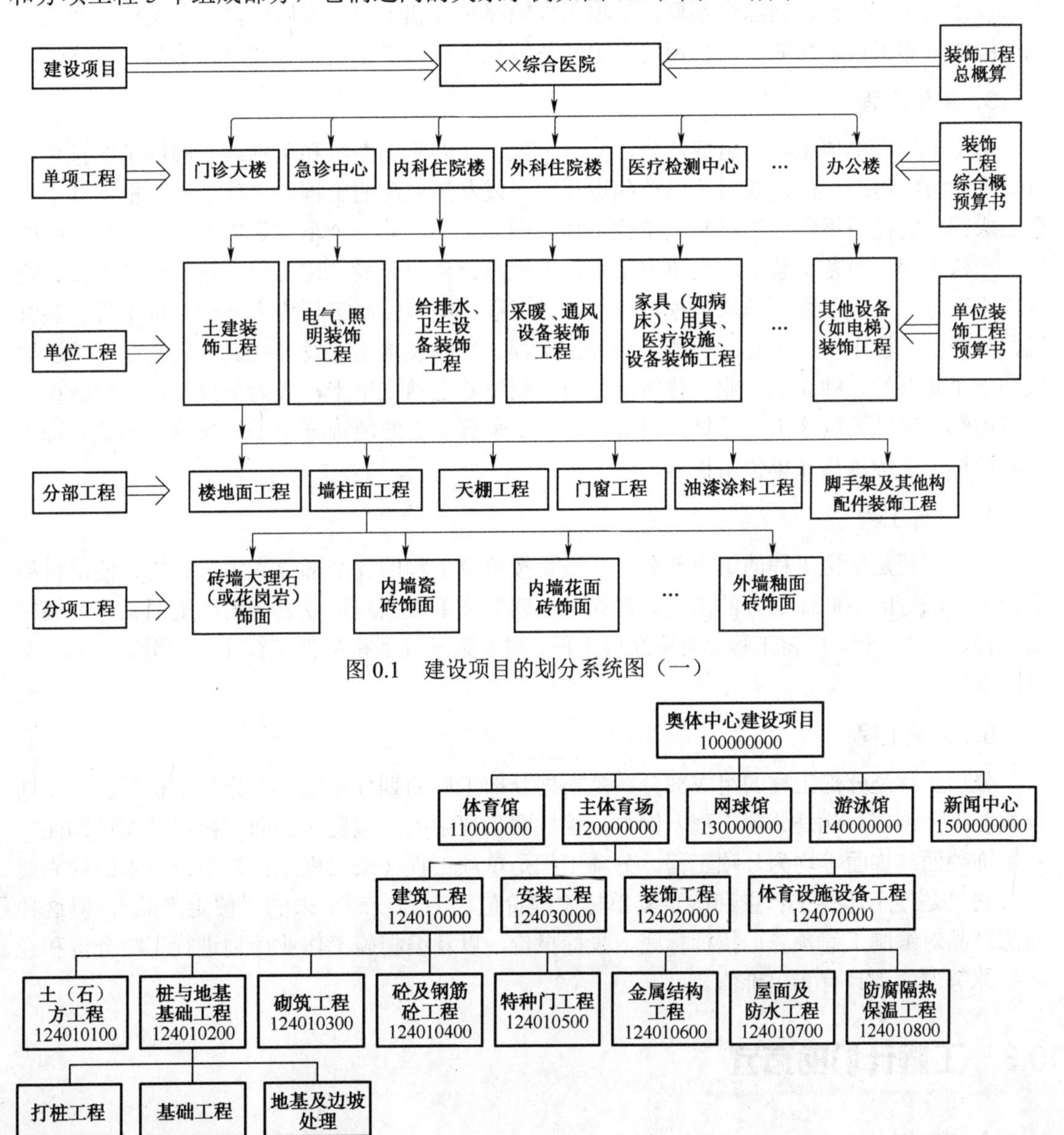

图 0.1　建设项目的划分系统图（一）

图 0.2　建设项目的划分系统图（二）

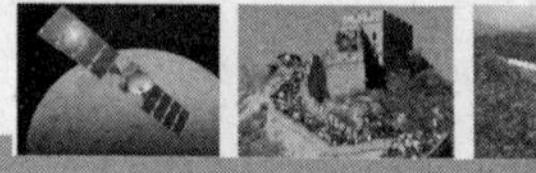

1. 建设项目

建设项目指具有经批准按照一个设计任务书的范围进行施工，经济上实行统一核算，行政上具有独立组织形式的建设工程实体。建设项目一般来说由一个或几个单项工程构成。在民用建设中，一所学校、一所医院、一所宾馆、一个机关单位等为一个建设项目；在工业建设中，一个工厂、一个矿山为一个建设项目；在交通运输建设中，一条公路、一条铁路为一个建设项目。

2. 单项工程

单项工程又称工程项目或单体项目，单项工程是建设项目的组成部分。单项工程具有独立的设计文件，单独编制综合预算，单项工程能够单独施工，建成后可以独立发挥生产能力或使用效益的工程。比如一个学校建设中的各幢教学楼、学生宿舍、图书馆等。

3. 单位工程

单位工程是单项工程的组成部分，具有单独设计的施工图纸和单独编制的施工图预算，可以独立组织施工，但建成后不能单独进行生产或发挥效益的工程。单项工程要根据其中各个组成部分的性质不同分为若干个单位工程。例如，工厂的一个车间是单项工程，则车间的厂房土建工程、设备安装工程是单位工程；一幢办公楼的一般土建工程、建筑装饰工程、给水排水工程、采暖工程、通风工程、煤气管道工程、电气照明工程均为一个单位工程。装饰工程是建筑工程中一般土建工程的一个分部工程，房屋装饰迅速发展，建筑装饰业已经发展成为一个新兴的、独立的行业，传统的分部工程便随之独立出来，成为单位工程，单独设计施工图纸，单独编制施工图预算。目前，已将原来意义上的装饰分部工程统称为建筑装饰工程或简称为装饰工程（单位工程）。

4. 分部工程

分部工程是单位工程的组成部分，一般是按单位工程的各个部位、主要结构、使用材料或施工方法等的不同而划分的工程。例如，土建装饰单位工程可以划分为楼地面工程、墙柱面工程、天棚工程、门窗工程、油漆涂料工程、脚手架及其他构配件装饰工程等分部工程（参见图 0.1）。

5. 分项工程

分项工程是分部工程的组成部分，是根据分部工程的划分原则，将分部工程再进一步划分成若干个细部，就是分项工程。例如，墙柱面工程中的内墙瓷砖饰面、内墙花面砖饰面、外墙饰釉面砖饰面等均为分项工程。分项工程是单项工程（或工程项目）中最基本的构成要素，它只是便于计算工程量和确定其单位工程价值而人为设想出来的“假定产品”，但这种假想产品对编制工程预算、招标标底、投标报价，以及编制施工作业计划进行工料分析和经济核算等方面都具有实用价值。

0.3 工程计价的方式

定额计价和清单计价是工程计价的两种主要方式。下面对这两种计价方式做一些介绍。

0.3.1 定额计价

定额计价是指在工程造价的确定中，根据现行的计算规则计算工程量，然后依据现行的综合概（预）算定额和取费定额等进行定额子目套算和费用计取，最后确定工程造价。

定额计价可以分为以下几种：

（1）概（预）算价；

（2）投标价、标底价及合同价；

（3）工程结算价；

（4）竣工决算价。

从广义上讲，传统的预算包括了预算价、投标价、标底价和其他的预算基础价。目前，国内的很多地区仍采用传统的预算模式。

0.3.2 清单计价

1. 清单计价的概念

清单计价是一种国际上通行的建设工程造价计价方法，是在建设工程招投标中，首先由招标人按照国家统一的工程量计算规则提供工程数量，再由投标人依据工程量清单自主报价，经评审后中标的工程造价计价方式。

2. 清单计价的主要特点

（1）计价规范起主导作用。工程量清单计价由国家颁发的《建设工程工程量清单计价规范》（以下简称《计价规范》）来规范计价方法。由于它属于规范内容，故具有权威性和强制性。

（2）规则统一，价格放开。规则统一是指工程量清单实行统一编码、统一项目名称、统一计量单位和统一工程量计算规则等。价格放开是指确定工程量清单计价的综合单价由承包商自主确定。

（3）以综合单价确定分部分项工程费。综合单价不仅包括人工费、材料费和机械使用费，还包括管理费和利润。综合单价是计算分部分项工程费用的重要依据。

（4）计价方法与国际通行做法接轨。工程量清单计价采用综合单价，其特点与 FIDIC 合同条件所要求的单价合同的情况相符合，能较好地与国际通行的计价方法接轨。

（5）工程量统一，消耗量可变。在工程量清单计价中，招标单位提供的工程量是统一的，但各投标报价的消耗量可由各自企业定额消耗量水平的情况确定，是可以变化的。

0.3.3 传统定额计价与工程量清单计价的不同点

定额计价是使用了几十年的一种计价模式，其基本特征就是：价格＝定额＋费用＋文件规定，并作为法定性的依据强制执行，不论是工程招标编制标底还是投标报价均以此为唯一的依据，承发包双方共用一本定额和费用标准确定标底价和投标报价，一旦定额价与市场价脱节就会影响计价的准确性。定额计价是建立在以政府定价为主导的计划经济管理基础上的价格管理模式，它所体现的是政府对工程价格的直接管理和调控。

清单计价是属于全面成本管理的范畴，其思路是“统一计算规则、有效控制计量、彻底

放开价格、正确引导企业自主报价、市场有序竞争形成价格”。跳出传统的定额计价模式，建立一种全新的计价模式，依靠市场和企业的实力通过竞争形成价格，使业主通过企业报价直观地了解项目造价。

清单计价与定额计价不仅仅是在表现形式、计价方法上发生了变化，而且从定额管理方式和计价模式上也发生了变化。工作量清单计价模式采用的是综合单价形式，并由企业自行编制。由于工程量清单计价提供的是计价规则、计价办法以及定额消耗量，摆脱了定额标准价格的概念，真正实现了量价分离、企业自主报价、市场有序竞争形式的价格。工程量清单计价按相同的工程量和统一的计量规则，由企业根据自身情况报出综合单价，价格高低完全由企业自己确定，充分体现了企业的实力，同时也真正体现出“公开、公平、公正”的原则。工程量清单计价体现了企业技术管理水平等综合实力，也促进企业在施工中加强管理、鼓励创新、从技术中要效率、从管理中要利润。企业的经营管理水平高；自有的机械设备齐全，可减少报价中的机械租赁费用，可以减少承包风险，增强竞争力。

思考题

1. 什么是定额计价？定额计价有几种方式？
2. 简述工程计价的特点。

任务 1

装饰工程定额计价

内容提要

（1）定额的概念、地位及筑装饰工程定额分类。
（2）施工定额。
（3）预算定额。
（4）装饰工程费用组成。
（5）装饰工程预算的编制。

1.1 定额的基本概念与作用

定额是一种规定的额度。就生产领域来说，工时定额、原材料消耗定额、原材料和成品半成品储备定额、流动资金定额等，都是企业管理的重要基础。在工程建设领域也存在多种定额，它是工程造价计价的重要依据。

1.1.1 定额的概念、地位及作用

1．定额的概念

定额是指在正常的施工条件、合理的施工工艺和施工组织条件下，采用科学的方法，制定每完成一定计量单位的质量合格产品所必须消耗的人工、材料、机械设备及其价值的数量标准。它除了规定各种资源和资金的消耗量外，还规定了应完成的工作内容、达到的质量标准和安全要求。

2．定额的地位

首先，定额是节约社会劳动、提高劳动生产率的重要手段，节约劳动时间是最大的节约。定额为生产者和经营管理人员树立了评价劳动成果和经营效益的标准尺度，同时也使广大职工明确了自己在工作中应该达到的具体目标，从而增加了责任感和自我完善意识。

其次，定额是组织和协调社会化大生产的工具。随着生产力的发展。任何一件产品都可以说是许多企业、许多劳动者共同完成的社会产品。因此必须借助定额实现生产要素的合理配置，以定额作为组织、指挥和协调社会生产的科学依据和有效手段。

再次，定额是宏观调控的依据，需要利用一系列定额为预测、计划、调节和控制经济发展提供有技术根据的参数，提供可靠的计量标准。

最后，定额在实现分配、兼顾效率与社会公平方面有巨大的作用。定额作为评价劳动成果和经营效益的尺度，也就成为资源分配、个人消费品分配的依据。

3．装饰工程定额在价格形成中的作用

装饰工程定额是经济生活中诸多定额中的一类。它的研究对象是装饰工程建设范围内的生产消费规律；它的目的是研究固定资产在生产过程中的生产消费定额。装饰定额是一种计价依据，又是价格决策依据，它能够从这两方面规范市场主体的经济行为，对完善我国固定资产投资市场和建筑市场起到作用。在市场经济中，信息是不可或缺的要素，它的可靠性、完备性和灵敏性是市场成熟和市场效率的标志。工程装饰定额是把处理过的工程造价数据积累转化成一种工程造价信息，它主要是指资源要素消耗量的数据，包括人工、材料、施工机械的消耗量。定额管理是对大量市场信息的加工，也是市场信息传递、反馈的结果。

1.1.2 装饰工程定额分类

装饰工程定额的种类很多，根据内容、形式、用途和使用范围的不同，可分为以下几类，如图 1.1 所示。

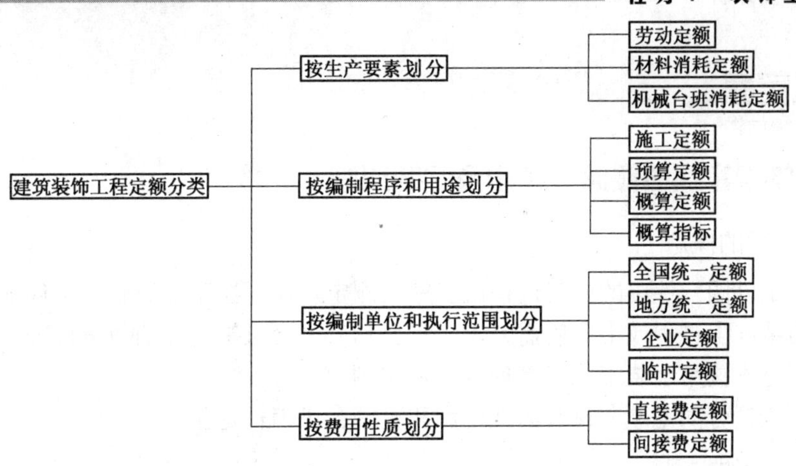

图1.1 装饰工程定额分类示意图

1．按生产要素划分

进行劳动生产所必须具备的三要素是：劳动者、劳动对象和劳动手段。劳动者是指生产工人；劳动对象是指建筑材料和各种半成品等；劳动手段是指生产机具和设备。因此，定额应按这三个要素进行编制，即劳动定额、材料消耗定额、机械台班消耗定额。

2．按编制程序和用途划分

在装饰工程定额中，按编制程序和用途可分为四种：施工定额、预算定额、概算定额和概算指标。

3．按编制单位和执行范围划分

按编制单位和执行范围可分为四种：全国统一定额、地方统一定额、企业定额和临时定额。

全国统一定额是综合全国基本建设的生产技术、施工组织和生产劳动的一般情况编制的，在全国范围内执行。

地方统一定额是在考虑地方特点和统一定额水平的条件下编制的，只在规定的地区范围内使用。

企业定额是由建筑企业编制，在本企业内部执行的定额。针对现行的定额项目中的缺项和与国家定额规定条件相差较远的项目可编制企业定额，经主管部门批准后执行。

临时定额是指统一定额和企业定额中未列入的项目，或在特殊施工条件下无法执行统一定额的，由定额员和有经验的工人根据施工特点、工艺要求等直接估算的定额。制定后应报上级主管部门批准，在执行过程中及时总结。

4．按费用性质划分

按费用性质划分，可分为直接费定额和间接费定额。

直接费是指施工过程中耗费的构成工程实体和有助于工程形成的各项费用。

间接费是指组织和管理施工生产而发生的费用。

1.2 施工定额

1.2.1 施工定额的概念、作用及编制原则

1. 施工定额的概念

施工定额是以同一性质的施工过程或工序为测定对象，在正常的施工条件下，为完成一定计量单位的某施工过程或工序所需人工、材料和机械台班等消耗的数量标准。

施工定额是直接用于装饰施工管理的一种定额。

施工定额包括劳动定额、材料消耗定额和机械台班消耗定额。

2. 施工定额的作用

（1）施工定额是编制施工组织设计和施工作业计划的依据。编制施工组织设计和施工作业计划，是施工组织管理的中心环节，编制中所安排的人工、材料和机械台班需用量，都必须依据施工定额来计算。施工定额是企业内部组织生产和计划管理的基础。

（2）施工定额是编制施工预算的依据。施工预算确定了单位工程人工、机械、材料和资金的需用量，而施工中的人工、机械和材料费用是构成工程成本的主要内容。认真执行施工预算，能更合理地组织施工生产，有效地控制资源和资金消耗，节约成本。因而施工预算是加强企业成本管理和经济核算的重要文件。施工预算是以施工定额为依据编制的。

（3）施工定额是施工队向工人班组签发施工任务书和限额领料单的依据。施工任务书是记录班组完成任务情况和结算班组工人工资的凭证。施工任务书的签发，是施工队将任务落实到工人班组的具体步骤。施工任务的下达和工人计件工资的结算都需要根据施工定额计算。限额领料单是施工队随施工任务书同时签发的领取材料的凭证。其领料数量是班组完成施工任务所需材料消耗的最高限额，也需要依施工定额的规定填写。工人节约材料的奖励，仍以施工定额来衡量。

（4）施工定额是计算工人劳动报酬和奖励、实行按劳分配的依据。施工定额是计算计件工资的基础，也是对工人超额奖励的依据。施工定额的贯彻执行，使工效和材料消耗的考核有了尺度，并把工人的劳动付出和劳动所得直接联系起来，体现了多劳多得、少劳少得的社会主义分配原则。

（5）施工定额是编制预算定额的基础。预算定额是以施工定额为基础编制的。利用施工定额编制预算定额，可以减少现场测量定额的大量工作，使预算定额更符合现实的施工生产和经营管理水平。

3. 施工定额的编制

1）施工定额的编制原则

（1）施工定额的水平必须遵循平均先进的原则。定额水平是对定额消耗量的高低、松紧程度的描述。它是指在正常的施工条件下，完成单位质量合格产品所必需消耗的人工、材料和机械台班等的数量标准。它是对施工管理水平、生产技术水平，劳动生产率水平和职工思想觉悟水平的综合反映。

在确定定额水平时，要本着有利于提高劳动生产率，降低消耗，便于考核劳动成果，有利于科学管理的原则。考虑那些已经成熟、被广泛推广的先进技术和经验以及市场竞争的环境要求，经认真地研究、比较和反复平衡后进行制定。使定额水平在正常条件下，具有多数企业或个人努力能够达到或超过、少数落后的企业或个人经过努力也能接近的鼓励先进、勉励中间、鞭策落后的平均先进的理想水平。

（2）施工定额的编制要遵循实事求是的原则。定额来源于生产实践，又用于组织生产。因此，在定额的编制过程中，除要进行全面的比较和反复平衡外，还要本着实事求是的原则，深入实际，调查各项影响因素，注意挖掘企业的潜力，考虑在现有的技术条件下能够达到的程度，经过科学分析、计算和试验，编制出切合实际的，不完全局限于劳动定额和预算定额水准的施工定额。

（3）施工定额的内容和形式要贯彻简明适用的原则。施工定额是要直接在工人群众中执行的。这就要求它在内容和形式上做到简明适用、灵活方便、通俗易懂；做到及时将已成熟的新材料、新结构和新技术以及缺少的定额项目尽可能地补编到定额中；淘汰实际中不采用、陈旧过时的项目，使得划分的定额项目少而全、严密明确、简明扼要、粗细适度；各项指标具有灵活性，以满足劳动组织、班组核算、计取劳动报酬和简化计算工作的要求，同时满足不同工程和地区的使用要求。注意计量单位的选择，系数的利用，说明和附注的合理设计，防止执行中发生争议的现象。

（4）施工定额的编制要贯彻专群结合、以专为主的原则。定额的编制工作具有很强的技术性、政策性和经济性。这就要求施工定额的编制应由专门的机构和人员负责组织、协调指挥、掌握方针政策、制定编制方案，以具有丰富专业技术知识和管理经验的人员为主，对日常的定额资料，做好积累、分析、整理、测定、管理、编制、颁发和执行等工作；以具有丰富实践经验的工人代表为辅，发挥其民主权利，取得他们的密切配合和支持。从而可克服片面性，确保定额的质量，使定额的管理、使用和执行工作具有良好的群众基础。

2）施工定额的编制依据

施工定额的编制应遵守以下几个标准。

（1）现行的装饰工程劳动定额、材料消耗定额和机械台班消耗定额。

（2）现行的装饰工程施工验收规范、质量检验评定标准、技术安全操作规程。

（3）现场测定的定额资料和有关的统计数据。

（4）装饰工人技术等级标准。

（5）有关的技术资料，如标准图、半成品配合比资料等。

1.2.2 劳动定额

劳动定额也称人工定额。它是表示装饰工人劳动生产率的一个先进合理的指标，反映的是装饰工人劳动生产率的社会平均先进水平，是施工定额的重要组成部分。

1. 劳动定额的形式

劳动定额的表现形式可分为时间定额和产量定额。

1）时间定额

时间定额是指在正常装饰施工条件（生产技术和劳动组织）下，工人为完成单位合格装饰产品所必需消耗的工作时间。定额时间包括人工的有效工作时间（准备与结束时间、基本工作时间、辅助工作时间）、必需的休息与生理需要时间和不可避免的中断时间。

时间定额以“工日”为单位，按现行制度规定，每个工日工作时间为 8 小时。

时间定额的计算公式如下：

$$单位产品的时间定额（工日）=\frac{1}{每单位工日完成的产量（每工产量）}$$

或

$$单位产品的时间定额（工日）=\frac{小组成员工日数之和}{组台班产量（班子完成产品数量）}$$

2）产量定额

产量定额是指在正常装饰施工条件（生产技术和劳动组织）下，工人在单位时间内完成合格装饰产品的数量。其计量单位为产品计量单位/工日，其计算公式如下：

$$每工产量定额=\frac{1}{单位装饰产品的时间定额（工日）}$$

或

$$台班产量定额=\frac{完成合格装饰产品的数量}{组成员工日数之和}$$

3）时间定额与产量定额的关系

时间定额与产量定额互为倒数，即

$$时间定额\times产量定额=1$$

例如，已知干挂 1 m^2 花岗岩内墙面的时间定额是 0.082 4 工日，则每工日产量定额应是 1/0.082 4 工日/m^2=12.13 m^2/工日。

所谓消耗量（也可称为定额消耗量），是指承包商在科学组织施工生产和资源要素合理配置的条件下，规定在单位假定建筑产品上消耗的劳动、材料和机械的数量标准。

以前，国家组织专家编写、确定消耗量，并通过颁布，统一实施；在市场竞争激烈的今天，各承包商需要根据本企业的技术水平和管理水平，编制完成单位合格产品所需的人工、材料和机械台班的消耗量，即企业定额。从一定意义上讲，企业定额是承包商参与市场竞争的核心竞争能力的具体表现。

2．劳动定额的测定方法

劳动定额水平的测定方法较多，比较常用的方法有技术测定法、经验估计法、统计分析法和比较类推法 4 种。

1）技术测定法

技术测定法是指在正常的施工条件下，对施工过程各工序时间的各个组成要素，进行现场观察测定，分别测定出每一工序的工时消耗，然后对测定的资料进行分析整理来制定定额的方法，该方法是制定定额最基本的方法。

根据施工过程的特点和技术测定的目的、对象和方法的不同，技术测定法又分为测时法、写实记录法、工作日写实法和简易测时法4种。

2）经验估计法

经验估计法是根据老工人、施工技术员和定额员的实践经验，并参照有关技术资料，结合施工图纸、施工工艺、施工技术组织条件和操作方法等进行分析、座谈讨论和反复平衡来制定定额的方法。

由于估计人员的经验和水平的差异，同一项目往往会提出一组不同的定额数据。此时应对提出的各种不同数据进行认真的分析处理，反复平衡，并根据统筹法原理进行优化，以确定出平均先进的指标。计算公式如下：

$$t=\frac{a+4m+b}{6}$$

式中　t —— 定额优化时间（平均先进水平）；

a —— 先进作业时间（乐观估计）；

m —— 一般作业时间（最大可能）；

b —— 后进作业时间（保守估计）。

实例 1.1　某一施工过程单位产品的工时消耗，通过座谈讨论估计出了三种不同的工时消耗，分别为0.5工日、0.6工日、0.8工日，试计算出定额时间。

解　$t=\frac{a+4m+b}{6}=\frac{0.5+4\times0.6+0.8}{6}$=0.62（工日）

经验估计法具有工作过程短、工作量较小、省时和简便易行等特点。但是，其准确度在很大程度上取决于参加估计人员的经验，有一定的局限性。因此，他只适用于产品品种多、批量小的施工过程以及某些次要的定额项目。

3）统计分析法

统计分析法是指把过去一定时期内实际施工中的同类工程或生产同类产品的实际工时消耗和产品数量的统计资料（如施工任务书、考勤报表和其他有关的统计资料）与当前生产技术水平相结合，进行分析研究制定定额的方法。统计分析法简便易行，与经验估计法相比有较多的原始统计资料。采用统计分析法时，应注意剔除原始资料中相差悬殊的数值，并将数值换算成统一的定额单位，用加权平均的方法求出平均修正值。该方法适用于条件正常、产品稳定、批量较大、统计工作制度健全的施工过程。

4）比较类推法

比较类推法又称“典型定额法”，它是以同类产品或工序定额作为依据，经过分析比较，以此推算出同一组定额中相邻项目定额的一种方法。

采用这种方法编制定额时，对典型定额的选择必须恰当。通常采用主要项目和常用项目作为典型定额来进行比较类推。对用来对比的工序、产品的施工工艺和劳动组织等特征必须是“类推”或“近似”，这样才具有可比性，才可以做到提高定额的准确性。另外，这种方法简便易行、工作量小，适用于产品品种多、批量小的施工过程。

1.2.3 材料消耗定额

1．材料消耗定额的概念

材料消耗定额是指在正常装饰施工条件和节约、合理使用装饰材料的条件下，完成质量合格的单位产品所必须消耗的一定品种规格的材料、成品、半成品或配件等的数量标准。其计量单位为实物的计量单位。

2．材料消耗定额的组成

材料消耗定额由材料消耗净用量定额和材料损耗量定额两部分组成。

净用量是指直接组成工程实体的材料用量；损耗量是指不可避免的损耗。例如场内运输及场内堆放中在允许范围内不可避免的损耗、加工制作中的合理损耗及施工操作中的合理损耗等。

$$\text{材料消耗定额}=\text{材料消耗净用量定额}+\text{材料损耗量定额}$$

$$\text{材料损耗率}=\frac{\text{材料损耗量}}{\text{材料总消耗量}}\times 100\%$$

$$\text{材料损耗量}=\text{材料总消耗量}\times\text{材料损耗率}$$

$$\text{材料消耗量}=\text{材料净用量}\times(1+\text{材料损耗率})$$

材料损耗率是由国家有关部门根据观察和统计资料确定的。对大多数材料可查预算手册，对一些新型材料可通过现场实测，报有关部门批准。

实例 1.2　采用 1∶1 水泥砂浆贴 100 mm×200 mm×5 mm 瓷砖墙面，结合层厚度为 10 mm，灰缝宽度为 5 mm，试计算 100 m^2 墙面瓷砖和砂浆的总消耗量（瓷砖、砂浆损耗率分别为 2.5%、1%）。

解　每 10m^2 瓷砖墙面中瓷砖净用量=100 m^2/［(0.1+0.005)×(0.2+0.005)］m^2/块

=4 646 块

瓷砖总消耗量=4 646 块×(1+2.5%)=4 762 块

每 100 m^2 墙面中结合层砂浆净用量=100 m^2×0.01 m=1 m^3

每 100 m^2 墙面中灰缝砂浆净用量= (100−4 646×0.1×0.2)×0.005 m^3=0.035 4 m^3

每 100 m^2 瓷砖墙面砂浆总消耗量= (0.1+0.035 4)×(1+1%)m^3=1.045 8 m^3

1.2.4 机械台班消耗定额

机械台班消耗定额，是指施工机械在正常的施工条件和合理的劳动组织条件下，完成单位合格产品所必需的工作时间（台班）；或在单位台班，应完成合格产品的数量标准。

机械台班消耗定额有两种表达形式，即机械时间定额和机械产量定额。

1．机械时间定额

机械时间定额是指在正常装饰施工条件下，在合理的劳动组织和合理使用机械的前提下，某种施工机械完成单位合格装饰产品所必须消耗的工作时间，包括有效工作时间、不可避免的中断时间和不可避免的空转时间等。

计算单位是“台班”，以8小时为1个台班或工日，计算公式如下：

$$机械时间定额（台班）=\frac{1}{机械台班产量}$$

$$机械人工时间定额=\frac{小组成员工日数之和}{机械台班产量}$$

2．机械产量定额

机械产量定额是指在正常装饰施工条件下，在合理的劳动组织和合理使用机械的前提下，某种施工机械在每个台班时间内，必须完成合格装饰产品的数量标准。应按下式计算：

$$机械台班产量定额=\frac{1}{机械时间定额}$$

$$机械台班产量定额=\frac{小组成员工日数总和}{机械人工时间定额}$$

机械时间定额与机械台班产量定额互为倒数。

例如，塔式起重机吊装一块预制构件，建筑物层数在6层以内，构件质量在0.5 t以内，如果规定机械时间定额为0.004台班，则该塔式起重机的台班产量定额应为

$$\frac{1}{0.004}台班/块=250块/台班$$

1.2.5 施工定额的内容及应用

1．装饰工程施工定额的主要内容

装饰工程施工定额手册是施工定额的汇编，其主要内容由文字说明、分节定额和附录三部分组成。文字说明包括总说明、分册说明和分章说明。分节定额包括定额表的文字说明、定额表和附录。附录一般包括名词解释、图示及有关参考资料，如混凝土、砂浆配合比，材料损耗率等。

2．装饰工程施工定额的应用

要正确使用装饰工程施工定额，首先必须熟悉定额的文字说明，了解定额项目的工作内容、有关规定、工程量计算规则、施工方法等，只有这样，才能正确地套用和换算定额。

1）定额的套用

当工程项目的设计要求、施工条件和施工方法与定额项目的内容和规定完全一致时，可直接套用施工定额分析工料。

实例1.3 某建筑物外装修需建造一外廊，外廊砖柱设计采用M7.5混合砂浆砌筑。施工条件和施工方法与定额项目规定完全一致。工程量14 m^3，计算工料用量。

解 （1）直接查定额（全国统一装饰工程定额），可得

人工：14 m^3×2 工日/m^3=28 工日

红（青）砖：14 m^3×544 块/m^3=7 616 块

砂浆：14 m^3×0.23 m^3/m^3=3.22 m^3（砌1 m^3砖用0.23 m^3砂浆）

（2）查施工定额附录（常用砌筑砂浆配合比表）计算水泥、石灰、砂子数量。

325 号水泥：3.22 m^3×0.232 t/m^3=0.747 t

生石灰：3.22 m^3×0.064 t/m^3=0.206 t

砂子：3.22 m^3×1.533 t/m^3=4.936 t

2）定额的换算

当工程项目的设计要求、施工条件和施工方法与定额项目的内容和规定不完全相符时，可按定额规定进行换算。当工程项目的设计要求与定额项目内容相同，但施工条件或施工方法有所改变时，该工程项目的工、料用量应进行换算调整。

实例 1.4 已知工程设计如例 1.3，但标准砖场内堆放点距离使用点水平距离为 60 m，砂浆运距为 65 m，其余条件不变，计算其工料用量。

解 工程项目的设计与定额项目一致，但施工条件和施工方法与定额不完全相符，即砖和砂浆的运距比定额规定运距 50 m 有所增加，所以在执行该定额的基础上，应增加用量。

砖超运距为 10 m，砂浆超运距为 15 m，均在 20 m 以内。查该定额分册砖和砂浆超运距加工表，超运距在 20 m 以内时，每立方米砖砌体增加人工分别为 0.021 9 工日和 0.008 16 工日。故人工用量为

14 m^3×(2+0.021 9+0.008 16)工日/m^3=28.4 工日

材料用量同实例 1.4。

1.3 预算定额

1.3.1 装饰工程预算定额的概念及作用

1. 装饰工程预算定额的概念

装饰工程预算定额，是规定消耗在合格质量的单位工程基本构造要素上的人工、材料和机械台班的数量标准，是计算装饰产品价格的基础。

所谓基本构造要素，即通常所说的分项工程和结构构件。预算定额按工程基本构造要素规定劳动力、材料和机械的消耗数量，以满足编制施工图预算、规划和控制工程造价的要求。

预算定额是工程建设中一项重要的技术经济文件。它的各项指标，反映了在完成规定计量单位符合设计标准和施工及验收规范要求的分项工程消耗的劳动和物化劳动的数量限度。这种限度最终决定着单项工程和单位工程的成本和造价。

在我国，现行的工程建设概算和预算制度，规定了通过编制概算和预算确定造价，还需要借助于某些可靠的参数计算人工、材料、机械（台班）的消耗量，提供统一的可靠参数。同时现行制度还赋予了概算和预算定额的权威性，是指成为建设单位和施工单位之间建立经济关系的重要基础。

装饰工程预算定额是随着我国建筑技术经济的发展逐渐产生的，它是工程预算定额的延伸。因此，它可以作为工程预算定额的组成部分。

2. 装饰工程预算定额的作用

（1）装饰工程预算定额是编制装饰施工图预算，确定装饰工程造价的主要依据。

（2）装饰工程预算定额是装饰工程投标中确定标底和投标报价的依据。

（3）装饰工程预算定额是对装饰设计方案，进行技术分析、评价的依据。

（4）装饰工程预算定额是企业进行经济活动分析的依据。

（5）装饰工程预算定额是编制施工组织设计，确定人工、材料、机械台班用量的依据。

（6）装饰工程预算定额是控制装饰项目投资，办理装饰工程拨、贷款及决算的依据。

（7）装饰工程预算定额是编制装饰概算定额及概算指标的基础资料。

3. 预算定额与施工定额的关系

预算定额是以施工定额为基础编制的，但是两种定额水平确定的原则是不同的。预算定额是按社会消耗的平均劳动时间确定其定额水平，它要对先进、中等和落后三种类型的企业和地区进行分析，比较它们之间存在着水平差距的原因，并要注意能够切实反映大多数企业和地区经过努力能够达到和超过的水平。因此，预算定额基本上是反映了社会平均水平。然而，施工定额反映的则是平均先进水平。这就说明两种定额存在着一定差别。因为预算定额比施工定额考虑的可变因素多，需要保留一个合理的水平幅度差，即预算定额的水平比施工定额水平相对低一些。预算定额与施工定额的主要区别表现在定额的作用、内容和编制水平等方面，参见表1.1。

表1.1 装饰建筑工程预算定额与施工定额的主要区别

	施工定额	预算定额
编制水平	反映建筑施工生产的平均先进水平	反映社会生产的平均水平
主要内容	规定分项工程或工序的人工、材料和机械台班的消耗量	除规定分项工程的工人、材料、机械台班消耗量外，还列有费用及单价
主要作用	施工企业编制施工预算的依据	编制施工图预算、标底及工程造价结算的依据
使用范围	施工企业内部	施工企业、建设单位、设计单位和建设银行等各单位之间

1.3.2 预算定额的组成

装饰工程预算定额是编制装饰施工图预算的主要依据。装饰工程预算定额的组成和内容一般包括：总说明、建筑面积的计算规则、分部工程（章）定额的说明及计算规则、分项工程（节）工程内容、定额项目表、定额附录等。

1. 总说明

（1）装饰工程预算定额的适用范围、指导思想及目的和作用。

（2）装饰工程预算定额的编制原则、编制依据及上级主管部门下达的编制或修订文件精神。

（3）使用装饰工程预算定额必须遵守的规则及其适用范围。

（4）装饰工程预算定额在编制过程中已经考虑的和没有考虑的因素及未包括的内容。

（5）装饰工程预算定额所采用的材料规格、材质标准、允许或不允许换算的原则。

（6）各部分装饰工程预算定额的共性问题和有关统一规定及使用方法。

2. 建筑面积的计算规则

建筑面积是计算单位平方米取费或工程造价的基础，是分析装饰工程技术经济指标的重要数据，是计划和统计的指标依据。必须根据国家有关规定（有些地区还有补充规定），对建筑面积的计算做出统一的规定。

3. 分部工程（章）定额的说明及计算规则

（1）说明分部工程（章）所包括的定额项目内容和子目数量。

（2）分部工程（章）各定额项目工程量的计算规则。

（3）分部工程（章）定额内综合的内容及允许和不允许换算的界限及特殊规定。

（4）使用本分部工程（章）允许增减系数范围规定。

4. 分项工程（节）工程内容

（1）在本定额项目表表头上方说明各分项工程（节）的工作内容及施工工艺标准。

（2）说明本分项工程（节）项目包括的主要工序及操作方法。

5. 定额项目表

（1）分项工程定额编号（子目录）及定额单位。

（2）分项工程定额名称。

（3）定额基价，其中包括人工费、材料费、机械费。

① 人工表现形式：一般只表示综合工日数。

② 材料（含构、配件）表现形式：材料一览表内一般只列出主要材料和周转性材料名称、型号、规格及消耗数量。次要材料多以其他材料费的形式以“元”表示。

③ 施工机械表现形式：一般只列出主要机械名称及数量，次要机械及其他机械费形式以“元”表示。

（4）预算定额单价（基价）：包括人工工资单价、材料价格、机械台班单价，此三部分均为预算价格。在计算工程造价时还要按各地规定调整价差。

有的定额表下面还列有与本节定额有关的说明和附注，说明设计与本定额规定不符时应如何调整，以及说明其他应明确的但在定额总说明和分部说明不包括的问题。

6. 定额附录

装饰预算定额内容最后一部分是附录（也称附表），是配合本定额使用不可缺少的组成部分。它一般包括以下内容：

（1）各种不同强度等级的混凝土和砂浆的配合比表，不同体积比的砂浆、装饰油漆、涂料等混合材料的配合比用量表。

（2）各种材料成品或半成品场内运输及施工操作损耗率表。

（3）常用的装饰材料名称及规格、表观密度换算表。

（4）材料、机械综合取定的预算价格表。

1.3.3 预算定额的编制

1．预算定额的编制原则

（1）必须按平均水平确定装饰预算定额。装饰预算定额是确定装饰产品预算价格的工具，其编制应遵守价值规律的客观要求，也就是说，应在正常的施工条件下，以社会平均的技术熟练程度和平均的劳动强度，并在平均的技术装备条件下，确定完成单位合格产品所需的劳动消耗量，作为定额的消耗量水平，即社会必要劳动时间的平均水平。这种定额水平，是大多数施工企业能达到和超过的水平。

（2）必须体现简明、准确、方便和适用的原则。预算定额中所列工程项目必须满足施工生产的需要，便于计算工程量。每个定额子目的划分要恰当才能方便使用，预算定额编制中，对施工定额所划分的工程项目要加以综合或合并，尽可能减少编制项目。对于那些主要的、常用的、价值量大的项目，分项工程划分宜细；次要的、不常用的、价值量相对较小的项目则可以放粗一些。

定额项目的多少，与定额的步距有关。步距大，定额的子目就会减少，精确度就会降低；步距小，定额子目则会增加，精确度会提高。

预算定额要项目齐全。要注意补充那些因采用新技术、新结构、新材料而出现的新的定额项目。

对定额的活口要适当设置。所谓活口，是指在定额中规定当符合一定条件时，允许该定额另行调整。

简明实用还要求合理确定预算定额的计算单位，简化工程量的计算，尽可能地避免同一种材料用不同的计量单位和一量多用；尽量减少定额附注和换算系数。

2．预算定额的编制依据

（1）现行国家装饰工程施工及验收规范、质量标准、技术安全操作规程和有关装饰标准图。

（2）全国统一装饰工程劳动定额、施工定额。

（3）现行有关设计资料，包括各种装饰通用标准图集，构件、产品的定型图集等。

（4）现行的人工工资标准、材料预算价格、机械台班预算价格，其他有关设备及构配件等价格资料。

（5）新技术、新材料、新结构和先进经验资料等。

（6）施工现场测定资料、实验资料和统计资料。

3．预算定额的编制步骤

1）准备阶段

调集人员、成立编制小组；收集编制资料；拟定编制方案；确定定额项目、水平和表现形式。

2）编制初稿阶段

对调查和收集的各种资料，进行认真测算和深入细致的分析研究。

按确定编制的项目，由选定的设计图纸计算工程量，根据取定的各项消耗和编制依据，计算各定额项目的人工、材料和施工机械台班消耗量，制定项目表。最后，汇总形成预算定额初稿。

预算定额初稿编成后，应将新编定额与原定额进行比较，测算新定额的水平。

对新定额水平的测算结果应作认真分析，弄清水平过高或过低的原因，并进行适当调整，直到符合社会平均水平。

3）审定阶段

广泛征求意见，修改初稿后，定稿并写出编制说明和送审报告报送上级主管部门审批。

4．定额计量单位的选定

在装饰工程定额编制过程中，确定了定额项目名称和工程内容及施工方法后，就要确定定额项目的计量单位。

定额计量单位的选择原则参见表 1.2。

表 1.2　定额计量单位的选择原则

根据物体特征及变化规律	定额计量单位	实　例
断面形状固定，长度不定	延米	木装饰、踢脚线等
厚度固定，长、宽不定	m	楼地面、墙、面、屋面、门窗等
长、宽、高都不固定	m^3	土石方、砖石、混凝土、钢筋混凝土等
面积或体积相同，质量和价格差异大	t 或kg	金属构件等
形体变化不规律的	台、件、套、个、根	零星装修、给排水管道工程等

定额消耗计量单位及精确度的选择方法参见表 1.3。

表 1.3　定额消耗计量单位及精确度的选择方法

项　目		单　位	小数位数取定
人工		工日	取两位小数
主要材料及成套设备	木材	m^3	取三位小数
	钢材	t	取三位小数
	铝合金型材	kg	取两位小数
	水泥	kg	取两位小数
	通风设备、电气设备	台	取整数
	其他材料	元	取两位小数
机械		台班	取两位小数
砂浆、混凝土、玛蹄脂等		m^3	取两位小数
定额基价（单价）		元	取两位小数

定额计量单位公制表示法参见表 1.4。

表 1.4　定额计量单位公制表示法

计量单位名称	定额计量单位	计量单位名称	定额计量单位
长度	mm、cm、m	体积	m^3
面积	mm^2、cm^2、m^2	质量	t 或kg

1.3.4 预算定额的应用

1. 定额的直接套用

当施工图的设计要求与预算定额的项目内容完全相符时，可直接套用预算定额。

实例 1.5 某工程有普通花岗岩地面 280 m²，其构造为：素水泥一道，20 mm 厚 1:3 水泥砂浆找平层，采用 8 mm 厚 1:1 水泥砂浆粘贴花岗岩，试确定其定额合价。

解 （1）确定定额编号为 1-56（全国统一装饰工程定额）。

根据判断可知，花岗岩地面分项工程内容与定额的工程内容一致，可直接套用定额子目。

（2）确定定额基价。其中：人工费为 268.49 元/100 m²，材料费为 17 609.69 元/100 m²，机械费为 46.66 元/100 m²。

定额基价=(268.49+17 609.69+46.66)元/100 m²=17 924.84 元

（3）确定花岗地面的定额合价。

17 924.84 元/100 m²×280 m²=5 018 955.20 元/100 m²

2. 定额的换算后套用

当施工图的设计要求与预算定额项目的条件不完全相符时，不能直接套用预算定额，应根据定额的规定进行换算。

1）工程量换算法

实例 1.6 某装饰工程分项工程为双层（一板一纱）木门，按施工图纸单面洞口面积计算出的工程量为 900 m²。设计要求刷调和漆两遍、瓷漆一遍（白浅色），确定定额合价。

解 （1）确定定额编号为 11-421（全国统一建筑工程基础定额）。

（2）确定额定基价。

人工费=21.82 工日/100 m²×13.86 元/工日（六类工资区单价，此单价根据不同地区，时间做相应调整）

=302.43 元/100 m²

材料费=1 175.38 元/100 m²

机械费=0

定额基价=(302.43+1 175.38)元/100 m²=1 477.81 元/100 m²

（3）换算后工程量=按施工图算量×定额规定系数，即

900 m²×1.36=1 224.00 m²

（4）计算定额合价。

(1 477.81×1 224.00/100)元=18 088.40 元

2）系数换算法

实例 1.7 某装饰工程分项工程为汉白玉大理石（600 mm×600 mm×20 mm）螺旋楼梯 100 m²，进行系数换算并确定定额合价。

解 （1）确定定额编号为 8-51（全国统一建筑工程基础定额）。

（2）确定定额基价。

人工费=61.79 工日/100 m^2×13.86 元/22 工日=856.41 元/100 m^2

材料费=39 936.28 元/100 m^2

机械费=297.96 元/100 m^2

定额基价=(856.41+39 936.28+297.96)元/100 m^2=41 090.65 元/100 m^2

（3）计算换算后定额基价。人工、机械乘以系数 1.20，块料用量乘以系数 1.10，即

换算后定额基价=［41 090.65+(856.41×0.20+297.96×0.20−144.69×0.10×271.40)］元/100 m^2

=37 394.64 元/100 m^2

（4）计算定额合价。

(37 394.64×100/100)元=37 394.64 元

3）砂浆配合比换算法

实例 1.8 某装饰工程分项工程为混凝土柱面挂贴大理石，天然大理石采用 1∶2 水泥砂浆结合，但定额项目为 1∶2.5 水泥砂浆结合，工程量为 70 m^2。请换算定额基价并计算换算定额合价。

解 （1）确定定额编号为 11-114（全国统一建筑工程基础定额）。

（2）确定定额基价。

人工费=96.93 工日/100 m^2×13.86 元/工日=1 343.45 元/100 m^2

材料费=26 156.69 元/100 m^2

机械费=408.05 元/100 m^2

定额基价=(1 343.45+26 156.69+408.05)元/100 m^2=27 908.19（元/100 m^2）

根据全国统一建筑工程基础定额总说明第六条第 2 款规定，砂浆、混凝土等配合比可按各地现行预算材料消耗量进行调整，则可查地方预算定额配合比表。按该工程所在某地区定额附录，查得 1∶2 水泥砂浆（特细砂）单价为 216.58 元/m^3，1∶2.5 水泥砂浆（特细砂）单价为 196.08 元/m^3，水泥砂浆定额用量为 6.09 m^3/100 m^2。

换算后定额基价=定额原基价+定额砂浆用量×(设计砂浆单价−定额砂浆单价)，即

11-114 换算定额基价=［27 908.19+6.09×(216.58−196.08)］元/100 m^2

=28 033.04 元/100 m^2

（3）计算定额换算后定额合价为

(28 033.04×70/100)元=19 623.13 元

4）材料价格换算法

对于建筑“三材”以及装饰“主材”，如钢材、圆木、水泥、大理石、花岗石、马赛克、瓷砖、铝合金、钢门窗、有色金属、轻钢龙骨、石膏板、塑料地板等可根据各地区市场价格信息资料或购入价在原定额预算基价基础上进行换算。其换算公式为

换算后预算价格=原定额基价±$\sum$［换算材料定额消耗量×(换算材料市场价格−换算材料预算价格)］

实例 1.9 某商业楼安装铝合金玻璃幕墙 3 000 m^2。铝合金型材为金黄色，规格 140 mm×50 mm，茶色玻璃δ=6 mm 厚，市场购入价铝合金 30 元/kg、茶色玻璃 120 元/m^2，换算该分

项工程定额预算价格并计算定额合价。

解　（1）确定定额编号为 11-252（全国统一建筑工程基础定额）。

（2）确定定额基价。

人工费=158.91 工日/100 m²×13.86 元/工日=2 202.49 元/100 m²

材料费=29 894.94 元/100 m²

机械费=1 403.56 元/100 m²

定额基价=(2 202.49+29 894.94+1 403.56)元/100 m²=33 500.99 元/100 m²

（3）确定换算材料。

铝合金型材市场价 30 元/kg，铝合金型材预算价 24 元/kg；

茶色玻璃市场价 120 元/m²，茶色玻璃预算价 101 元/m²；

铝合金型材定额消耗量 662.75 kg/100 m²，茶色玻璃定额消耗量 123 m²/100 m²。

（4）将数据代入换算公式进行预算价格换算。

11-252 换基价=［33 500.99+662.750×(30−24)+123×(120−101)］元/100 m²

=39 814.49 元/100 m²

则换算后定额合价为

定额合价=(39 814.49×3 000/100)元=1 194 434.70 元

由于各地区差异，“三材”和装饰主材只能进行价差调整，而调整的价差不便作为计费基价，实际应用时须注意。

5）材料规格换算法

如果设计工程项目主材的规格同定额主材规格不同，可进行材料调整，其计算公式为

换算后的定额基价=原定额基价+(设计规格主材实耗量×相应主材预算价

−定额计量单位规格主材消耗量×相应的主材预算价)

实例 1.10　某装饰工程单扇地弹门 58.60 m²（无上亮），定额按 101.6 mm×44.5 mm×1.5 mm 方管制定，设计图采用 76.2 mm×44.5 mm×2 mm 方管制作，外框均为 950 mm×2 075 mm，计算换算后定额基价和定额合价。

解　（1）确定定额编号为 7-259（全国统一建筑工程基础定额）。

（2）确定定额基价。

人工费=168.96 工日/100 m²×13.86 元/工日=2 341.79 元/100 m²

材料费=25 894.64 元/100 m²

综合机械费=205.65 元/100 m²

定额基价=(2 341.79+25 894.64+205.65)元/100 m²=28 442.08 元/100 m²

（3）确定换算材料价格和消耗量。设计图规格和定额规格铝合金型材预算价格均为 24 元/kg；铝合金型材设计图规格消耗量 775.16 kg/100 m²，定额规格消耗量 745.99 kg/100 m²。将以上数据代入换算公式，可得

7-259 换基价=［28 442.08+(775.16−745.99)×24］元/100 m²

=29 142.16 元/100 m²

则换算后定额合价为

定额合价=29 142.16×58.60/100 元=17 077.31 元

注意：如果是结算，要进行价差调整，可将设计图规格主材实耗量乘以主材市场价。

3．定额缺项基价的确定

凡国家或各省、市、自治区颁发的统一定额和专业部门主编的专业性定额如有缺项，可编制补充定额。

1）基本因素

补充定额的组成，应包括人工、材料及机械费三个部分。

补充定额分部工程范围划分（所属分部）、计量单位、编制内容及工程说明等应与相应定额一致，对一些较复杂的整体构件，可适当扩大其工程范围，以简化编制预算工作，对分部范围属几道工序完成的，应以占其比重较大的为主。

人工、材料及机械台班用量的确定，可根据设计图、施工定额或者现场实测资料以及类似工程项目进行计算。

补充定额编好后，应随预算文件一并报送主管部门审定。

经审批后的补充定额组合单价，仅适用于同一建设单位的各项工程。

2）编制方法

根据施工图，对所编制的补充定额组合单价的构配件编制范围以及计量单位，同所计算的工程量取得一致，以便对号入座。例如，当编制"美术水磨石地面"的补充定额组合单价时，其编制范围应包括全部工作内容：清扫、刮底、弹线、嵌条、扫浆、配色、找平、滚压、抹面、磨光、擦浆、补砂眼、理光、上草酸打蜡、擦光等全部操作过程。

计算材料数量，以美术水磨石为例，主要材料可按理论计算法；次要材料参照类似定额用量根据比例计算，如磨石用金刚石、助磨剂用草酸、打蜡使用石蜡等。

计算人工数量的方法有两种：一种是劳动定额计算方法，该方法较为复杂，首先按编制补充定额范围所需的操作工序及其内容，分别列出后，再按劳动定额找出每一道工序需用的工种、工人数、等级，计算出需用人工数量。最后相加得到所需全部人工数量。另一种方法是比照类似定额计算方法，该方法较为简易，工作量小，但准确性差，其方法可将各部分比照类似项目计算出人工消耗数量，最后将各部分相加即得人工消耗总数量。

计算机械台班数量，该方法也有两种：一种是采用劳动定额的机械台班来确定所需台班数量；另一种是比照类似预算定额项目中的机械台班数量来确定。

按上述步骤及方法，确定出人工、材料及机械台班数量后，把结果填在定额相应栏目中，其价值计算与一般定额单价计算相同。

实例 1.11　以"美术水磨石地面"为例，进行装饰工程补充定额的编制。

解　（1）选择美术水磨石原料，需要的原料有以下几种。

① 水泥：标号不小于 325 号，不得受潮结块。浅色美术水磨石面层，采用普通硅酸盐水泥（青色）或白色水泥作为胶结材料。

② 色石子：由天然大理石以及天然石材加工制成，色泽各异，其中用于美术水磨石的石子，有白云石、汉白玉、铁岭红、丹东绿、东北黑、湖北黄等大理石石子。色石子要求具

有棱角，不含风化石以及泥块等杂质，常用规格粒径参见表 1.5。

表 1.5 色石子规格粒径表

规　格	大八厘	中八厘	小八厘	大二分	一分半	米石
粒径 / mm	约 8	约 6	约 4	约 20	约 15	2～4

③ 颜料：选用耐碱、耐光的矿物颜料，掺入量不大于水泥质量的 15%，以免降低强度，可配成多种多样颜色水泥粉。常用矿物颜料有以下几种：

- 红色——氧化铁红、朱红、镉红；
- 黄色——氧化铁黄、铅铬黄、镉黄；
- 蓝色——群青蓝、铁蓝；
- 绿色——氧化铁绿、铬绿、锌绿；
- 黑色——炭黑、氧化铁黑。

矿物颜料在水磨石拌合物中的掺量，以占水泥质量的百分率计算，其掺量等级参见表 1.6。

表 1.6 颜料掺量占水泥质量的百分比表

颜料掺量等级	微量级	轻量级	中量级	重量级	特重量级
占水泥质量百分率/%	0.1 以下	0.1～0.9	1～5	6～10	11～15

④ 助磨剂：草酸为无色或白色结晶粉末。

⑤ 分格条：可采用玻璃条、铝条或铜条制成，一般宽为 10～12 mm、厚为 2～3 mm，视石子粒径而定，长度不超过 1 200 mm。

⑥ 金刚石：水磨石分磨三遍或四遍（高档），通常采用“二浆三磨”，即磨光二次，擦水泥浆两次。美术水磨石（高档）应再用 400 号细金刚石磨光一遍，使水磨石达到镜面程度。

⑦ 打蜡：可以采用成品蜡或自配制蜡液，蜡液的配合比为川蜡 : 油 : 松香水 : 油（1 : 4～5 : 0.6 : 1）。

（2）料用量计算。

美术水磨石用白色水泥或青水泥，加色石（大理石子），磨光打蜡。其种类及用料配合比，可以参考“常用美术水磨石配合比表”（参见表 1.7），材料配合比以 m^3 为单位，计算公式为

$$色石子用量=\frac{色石子之比}{(配合比之和-色石子之比\times 石子空隙率)}$$

式中　石子空隙率=(1-色石子堆积密度/色石子体积密度)×100%。

水泥用量以 kg 为单位，计算公式为

$$水泥用量=水泥之比\times 水泥堆积密度/色石子之比\times 色石子用量$$

表 1.7 常用美术水磨石配合比表

磨石名称	石　子				水　泥			颜　料		
	种类	规格（mm）	占石子总量（%）	用量（kg/m³）	种类	占水泥总量（%）	用量（kg/m²）	名称	占水泥量（%）	用量（kg/m³）
黑墨玉	墨玉	2～12	100	26	青水泥	100	9	炭墨	2	0.18

续表

磨石名称	石子				水泥			颜料		
	种类	规格（mm）	占石子总量（%）	用量（kg/m³）	种类	占水泥总量（%）	用量（kg/m²）	名称	占水泥量（%）	用量（kg/m³）
沉香玉	沉香玉 汉白玉 墨玉	2～12 2～12 3～4	60 30 10	15.6 7.8 2.6	白水泥	100		铬黄	1	0.09
晚霞	晚霞 汉白玉 铁岭红	2～12 2～12 3～4	65 25 10	16.9 6.5 2.6	白水泥 青水泥	90 10	8.1 0.9	铬黄 地板黄 朱红	0.1 0.2 0.08	0.009 0.018 0.007 1
白底墨玉	墨玉（圆石）	2～12	100	26	白水泥	100	9	铬绿	0.08	0.007 2
小桃红	桃红 墨玉	2～12 3～4	90 10	23.4 2.6	白水泥	100	10	铬黄 朱红	0.50 0.42	0.045 0.036
海玉	海玉 彩霞 海玉	5～30 2～4 2～4	80 10 10	10.8 2.6 2.6	白水泥	100	10	铬黄	0.80	0.072
彩霞	彩震 彩霞	15～30 2～8	80 20	20.8 5.2	白水泥 青水泥	90 10	8.1 0.9	氧化铁红 地板黄	0.06 1.20	0.005 4 0.108
彩霞	彩霞 彩霞	2～12 2～3	70 20～40	10，1 5.2～10	白水泥 青水泥	90 10	8.1 0.9	氧化铁红 地板黄	0.06 1.2	0.005 4 0.108
铁岭红	铁岭红	2～12	100	26	白水泥 青水泥	20 80	1.8 7.2	氧化铁红	1.5	0.135

实例 1.12 某工程设计铁岭红美术水磨石地面，配合比为水泥与色石子 1 : 2.6。其中，白水泥占 20%，青水泥占 80%，氧化铁红占水泥质量 1.5%，求各材料用量及定额基价。水泥体积密度为 1 200 kg/m³，色石子堆积密度为 1 510 kg/m³，色石子密度为 26 501 kg/m³，色石子损耗率为 4%，水泥损耗率为 1%，颜料损耗率为 3%。

解 （1）主要材料用量计算：

色石子空隙率=(1−1 510/2 650)×100%=43%

色石子用量=2.6/(1+2.6−2.6×0.43)=1.05 m³>1 m³（取 1 m³）

色石子总消耗量=［1×(1+0.04)×1 510］=1 570.40 kg

水泥用量=1×1 200/2.6 m³×1 m³=461.54 kg

白水泥消耗量=［461.54×20%×(1+1%)］=93.23 kg

青水泥消耗量=［461.54×80%×(1+1%)］=372.92 kg

氧化铁红（颜料）消耗量=［461.54×1.5%×(1+3%)］=7.13 kg

以上即为每立方米色石子浆的主要材料用量，配合比表参见表 1.8。

（2）次要材料、人工和机械台班使用量计算。为简化编制工作，主要材料按理论重量计算，但对次要材料、人工和机械台班数量等均可套用定额项目。

（3）铁岭红美术水磨石地面基价计算（单位：100 m²）。工作内容包括：清理基层；调制水泥砂浆和水泥色石子浆；刷素水泥浆打底，嵌铜条、抹面找平；磨光清洗、打蜡、上光

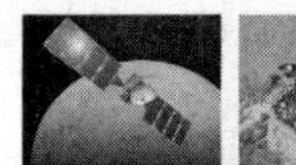

蜡、抛光、养护等。

表 1.8 铁岭红色石子浆配合比表

项 目		单 位	数 量	单价/元	合价/元	计算依据
基价					810.61	
材料	水泥 325 号	kg	372.92	0.28	104.42	按理论质量计算
	白水泥	kg	93.23	0.59	55.01	按理论质量计算
	色石子	kg	1 570.4	0.39	612.46	按理论质量计算
	氧化铁红	kg	7.13	5.41	38.57	按理论质量计算
	水	m^3	0.30	0.50	0.15	参照类似定额

铁岭红美术水磨石地面基价计算参见表 1.9。

表 1.9 铁岭红美术水磨石地面基价计算表

项 目		单位	数量	单价/元	合价/元	计算依据
基价					4 638.78	
其中：人工费 材料费 机械费					795.84 3 582.06 260.88	
人工	综合工日	工时	57.42	13.86	795.84	参照定额人工用量 52.20 工日，因增加上光蜡、抛光，人工增加 10% 52.20 工日×(1+10%)=57.42 工日
材料	水泥砂浆 1:3	m^3	1.52	170.00	258.40	按定额计算
	素水泥浆	m^3	0.12	461.70	55.40	按定额计算
	色石子浆 1:2.6	m^3	1.43	810.61	1 159.17	见计算及配合比表
	水泥 325 号	kg	26.00	0.28	7.28	按定额计算
	金刚石（三角）	块	35.00	4.44	155.40	按定额计算
	铜条	kg	61.66	26.13	1 661.18	铜条厚度 1.8 mm，4.03 m^2×15.30 kg/m^2）=61.66 kg
	草酸	kg	1.00	8.49	8.49	按定额计算
	硬白蜡	kg	2.65	106.11	281.19	按定额计算
	煤油	kg	4.00	11.24	44.96	按定额计算
	溶剂油	kg	0.53	3.28	1.74	按定额计算
	上光蜡	kg	3.00	5.62	16.86	100 m^2×0.03 kg/m^2=3 kg
	水	m^3	5.80	0.50	2.90	按定额计算
	其他材料费	元	—	—	12.82	按定额计算
机械	砂浆搅拌机(200L)	台班	0.25	15.92	3.98	按定额计算
	卷扬机	台班	0.51	28.84	14.71	按定额计算
	磨石机	台班	12.77	19.04	243.14	参照定额机械台班用量，增加 10%台班为换布轮抛光

注：1. 铁岭红美术水磨石地面基价未含踢脚线工料。

2. 单价根据不同地区、时间做相应调整，此表仅供参考。

1.4 概算定额与概算指标

1.4.1 概算定额的概念与编制原则

1. 概算定额的概念

概算定额是在装饰预算定额基础上，根据有代表性的装饰工程、通用图集和标准图集等资料进行综合扩大而成的一种定额。用以确定一定计量单位的扩大装饰分部分项工程的人工、材料、机械的消耗数量指标和综合价格。

2. 概算定额的作用

（1）概算定额是编制装饰设计概算、修正概算的主要依据。

（2）概算定额是编制主要装饰材料消耗量的基础。

（3）概算定额是进行装饰设计方案技术经济比较的依据。

（4）概算定额是确定装饰工程设计方案招标标底、投标报价的依据。

（5）概算定额是编制装饰概算指标的依据。

3. 概算定额与预算定额形式上的区别

装饰工程预算定额的每一个项目编号是以分部分项工程划分的，而概算定额是将预算定额中一些施工顺序相衔接的、相关性较大的分部分项工程综合成一个分部工程项目，是经过“综合”、“扩大”、“合并”而成的，因而概算定额使用更大的定额单位来表示。

概算定额不论在工程量计算方面，还是在编制概算方面，都比预算简化了计算程序，省时省事。当然，精确性相对降低了一些。

在正常情况下，概算定额与预算定额的水平基本一致。但它们之间应保留一个必要的、合理的幅度差，以便用概算定额编制的概算，能控制用预算定额编制施工图预算。

4. 概算定额的编制原则

（1）按平均水平确定装饰概算定额。

装饰概算定额是确定装饰产品概算的计价工具，其编制应遵守价值规律的客观要求，即按产品生产过程中所消耗的社会必要劳动时间来确定定额水平。所谓装饰概算定额的平均水平，是根据在现实的平均中等生产条件、平均劳动熟练程度、平均劳动强度下，生产单位合格装饰产品所需消耗的劳动时间来确定的。

（2）必须全面贯彻国家的方针、政策。

装饰概算定额一经颁布执行即具有法令性。装饰概算定额的编制工作，实质上是一种立法工作。其影响面较广，在编制时必须全面贯彻国家的方针、政策。

（3）装饰概算定额必须体现简明适用的原则。

（4）为了事先确定工程造价，控制项目投资，概算定额要尽量少留活口或不留活口。

5．概算定额的编制依据

（1）现行国家装饰工程施工及验收规范、质检标准、技术安全操作规程和有关装饰标准图。

（2）全国统一装饰工程预算定额及各省、市、自治区现行装饰预算定额或单位估价表。

（3）现行有关设计资料（各种现行设计标准规范，各种装饰通用标准图集，构件、产品的定型图集，其他有代表性的设计图纸）。

（4）现行的人工工资标准、材料预算价格、机械台班预算价格、其他有关设备及构配件等价格资料。

（5）新材料、新技术、新结构和先进经验资料等。

1.4.2　概算指标的概念与编制依据

1．概算指标的概念

概算指标是在概算定额的基础上综合、扩大，介于概算定额和投资估算指标之间的一种定额。它是以每 100 m^2 建筑面积或 1 000 m^3 建筑体积为计算单位，构筑物以“座”为计算单位，规定所需人工、材料、机械消耗和资金数量的定额指标。

概算指标和概算定额、预算定额一样，都是与各个设计阶段相适应的多次性估价的产物。

2．概算指标的作用

（1）概算指标是编制初步设计概算，确定工程概算造价的依据。

（2）概算指标是设计单位进行设计方案的技术经济分析，衡量设计水平、考核投资效果的标准。

（3）概算指标是建设单位编制基本建设计划，申请投资拨款和主要材料计划的依据。

（4）概算指标是建设单位编制投资估算指标的依据。

3．概算指标的编制依据

（1）现行的标准设计，各类工程的典型设计和有代表性的标准设计图纸。

（2）国家颁发的建筑标准、设计规范、施工技术验收规范和有关技术规定。

（3）现行预算定额、概算定额、补充定额和有关的费用定额。

（4）地区工资标准、材料预算价格和机械台班预算价格。

（5）国家颁发的工程造价指标和地区的造价指标。

（6）典型工程的概算、预算、结算和决算资料。

（7）国家和地区现行的基本建设政策、法令和规章等。

4．概算指标的内容

概算指标是比概算定额综合性更强的一种指标，它的内容主要包括以下五个部分。

（1）总说明：主要从总体上说明概算指标的作用、编制依据、适用范围和使用方法等。

（2）示意图：说明工程的结构形式，工业项目还表示出吊车及起重能力等。

（3）结构特征：主要对工程的结构形式、层高、层数和建筑面积等做进一步说明。

（4）经济指标：说明该项目每 100 m^2、每座或每 10 m 的造价指标及其中各单位工程的相应造价。

（5）构造内容及工程量指标：说明该工程项目的构造内容和相应计算单位的工程量指标及其人工、材料消耗指标。

5. 概算指标的表现形式

概算指标的表现形式有两种，分别是综合概算指标和单项概算指标。

（1）综合概算指标：是指按建筑类型而制定的概算指标。综合概算指标的概括性较大，其准确性和针对性不够精确，会有一定幅度的偏差。

（2）单项概算指标：是为某一建筑物或构筑物而编制的概算指标。单项概算指标的针对性较强，编制出的概算比较准确。

1.5 装饰工程费用的构成和计算程序

1.5.1 装饰工程费用的构成

装饰工程工程费用由直接费、间接费、利润和税金组成，其具体说明参见表1.10。

表1.10 装饰工程工程费用项目组成表

<table>
<tr><td rowspan="22">装饰工程费用组成</td><td rowspan="14">直接费</td><td rowspan="3">直接工程费</td><td>1. 人工费</td></tr>
<tr><td>2. 材料费</td></tr>
<tr><td>3. 施工机械使用费</td></tr>
<tr><td rowspan="11">措施费</td><td>1. 环境保护费</td></tr>
<tr><td>2. 文明施工费</td></tr>
<tr><td>3. 安全施工费</td></tr>
<tr><td>4. 临时设施费</td></tr>
<tr><td>5. 夜间施工费</td></tr>
<tr><td>6. 二次搬运费</td></tr>
<tr><td>7. 大型机械设备进出场及安拆费</td></tr>
<tr><td>8. 混凝土、钢筋混凝土模板及支架费</td></tr>
<tr><td>9. 脚手架费</td></tr>
<tr><td>10. 已完工程及设备保护费</td></tr>
<tr><td>11. 施工排水、降水费</td></tr>
<tr><td rowspan="5">间接费</td><td rowspan="5">规费</td><td>1. 工程排污费</td></tr>
<tr><td>2. 工程定额测定费</td></tr>
<tr><td>3. 社会保障费：
（1）养老保险费；
（2）失业保险费；
（3）医疗保险费</td></tr>
<tr><td>4. 住房公积金</td></tr>
<tr><td>5. 危险作业意外伤害保险</td></tr>
</table>

续表

<table>
<tr><td rowspan="14">装饰工程费用组成</td><td rowspan="12">间接费</td><td rowspan="12">企业管理费</td><td>1. 管理人员工资</td></tr>
<tr><td>2. 办公费</td></tr>
<tr><td>3. 差旅交通费</td></tr>
<tr><td>4. 固定资产使用费</td></tr>
<tr><td>5. 工具用具使用费</td></tr>
<tr><td>6. 劳动保险费</td></tr>
<tr><td>7. 工会经费</td></tr>
<tr><td>8. 职工教育经费</td></tr>
<tr><td>9. 财产保险费</td></tr>
<tr><td>10. 财务费</td></tr>
<tr><td>11. 税金</td></tr>
<tr><td>12. 其他</td></tr>
<tr><td>利润</td><td colspan="2"></td></tr>
<tr><td>税金</td><td colspan="2"></td></tr>
</table>

1. 直接费

直接费由直接工程费和措施费组成。

1）直接工程费

直接工程费是指施工过程中耗费的构成工程实体的各项费用，包括人工费、材料费、施工机械使用费。

（1）人工费是指直接从事装饰工程施工的生产工人开支的各项费用，其具体内容包括以下几项。

① 基本工资：是指发放给生产工人的基本工资。

② 工资性补贴：是指按规定标准发放的物价补贴，如煤、燃气补贴，交通补贴，住房补贴，流动施工津贴等。

③ 生产工人辅助工资：是指生产工人年有效施工天数以外非作业天数的工资，包括职工学习、培训期间的工资，调动工作、探亲、休假期间的工资，因气候影响的停工工资，女工哺乳时间的工资，病假在六个月以内的工资及产、婚、丧假期的工资。

④ 职工福利费：是指按规定标准计提的职工福利费。

⑤ 生产工人劳动保护费：是指按规定标准发放的劳动保护用品的购置费及修理费，职工服装补贴，防暑降温费，在有碍身体健康环境中施工的保健费用等。

（2）材料费是指在施工过程中耗费的构成工程实体的原材料、辅助材料、构配件、零件、半成品的费用，其具体内容包括以下几项。

① 材料原价（或供应价格）。

② 材料运杂费：是指材料自来源地运至工地仓库或指定堆放地点所发生的全部费用。

③ 运输损耗费：是指材料在运输装卸过程中不可避免的损耗。

④ 采购及保管费：是指为组织采购、供应和保管材料过程中所需要的各项费用，包括采购费、仓储费、工地保管费、仓储损耗。

⑤ 检验试验费：是指对建筑材料、构件和装饰工程物进行一般鉴定、检查所发生的费用，包括自设实验室进行实验所耗用的材料和化学药品等费用；不包括新结构、新材料的试验费和建设单位对具有出厂合格证明的材料进行检验，对构件做破坏性试验及其他特殊要求检验试验的费用。

（3）施工机械使用费是指施工机械作业所发生的机械使用费以及机械安拆费和场外运输费。施工机械使用费应由下列七项费用组成。

① 折旧费：指施工机械在规定的使用年限内，陆续收回其原值及购置资金的时间价值。

② 大修理费：指施工机械按规定的大修理间隔台班进行必要的大修理，以恢复其正常功能所需的费用。

③ 经常修理费：指施工机械除大修理以外的各级保养和临时故障排除所需的费用，包括为保障机械正常运转所需替换的设备与随机配备工具、附具的摊销和维护费用，机械运转中日常保养所需润滑与擦拭的材料费用及机械停滞期间的维护和保养费用等。

④ 安拆费及场外运费：安拆费指施工机械在现场进行安装与拆卸所需的人工、材料、机械和试运转费用以及机械辅助设施的折旧、搭设、拆除等费用；场外运费指施工机械整体或分体自停放地点运至施工现场或由一施工地点运至另一施工地点的运输、装卸、辅助材料及架线等费用。

⑤ 人工费：指施工机械上司机（司炉）和其他操作人员的工作日人工费及上述人员在施工机械规定的年工作台班以外的人工费。

⑥ 燃料动力费：指施工机械在运转作业中所消耗的固体燃料（煤、木柴）、液体燃料（汽油、柴油）及水电等。

⑦ 养路费及车船使用税：指施工机械按照国家规定和有关部门规定应缴纳的养路费、车船使用税、保险费及年检费等。

2）措施费

措施费是指为完成工程项目施工，发生于该工程施工前和施工过程中非工程实体项目的费用，包括环境保护费，文明施工费，安全施工费，临时设施费，夜间施工费，二次搬运费，大型机械设备进出场及安拆费，混凝土、钢筋混凝土模板及支架费，脚手架费，已完工程及设备保护费、施工排水、降水费。

（1）环境保护费：是指施工现场为达到环保部门要求所需要的各项费用。

（2）文明施工费：是指施工现场文明施工所需要的各项费用。

（3）安全施工费：是指施工现场安全施工所需要的各项费用。

（4）临时设施费：是指施工企业为进行建筑工程施工所必须搭设的生活和生产用的临时建筑物、构筑物和其他临时设施费用等。

① 临时设施包括临时宿舍、文化福利及公用事业房屋与构筑物、仓库、办公室、加工厂以及规定范围内道路、水、电、管线等临时设施。

② 临时设施费用包括临时设施的搭设、维修、拆除费或摊销费。

（5）夜间施工费：是指因夜间施工所发生的夜班补助费、夜间施工降效、夜间施工照明设备摊销及照明用电等费用。

（6）二次搬运费：是指因施工场地狭小等特殊情况而发生的二次搬运费用。

（7）大型机械设备进出场及安拆费：是指机械整体或分体自停放场地运至施工现场或由一个施工地点运至另一个施工地点，所发生的机械进出场运输及转移费用及机械在施工现场进行安装、拆卸所需的人工费、材料费、机械费、试运转费和安装所需的辅助设施的费用。

（8）混凝土、钢筋混凝土模板及支架费：是指混凝土施工过程中需要的各种钢模板、木模板、支架等的支、拆、运输费用及模板、支架的摊销（或租赁）费用。

（9）脚手架费：是指施工需要的各种脚手架搭、拆、运输费用及脚手架的摊销（或租赁）费用。

（10）已完工程及设备保护费：是指竣工验收前，对已完工程及设备进行保护所需费用。

（11）施工排水、降水费：是指为确保工程在正常条件下施工，采取各种排水、降水措施所发生的各种费用。

2．间接费

间接费由规费、企业管理费组成。

1）规费

规费是指政府和有关权力部门规定必须缴纳的费用（简称规费），包括工程排污费、工程定额测定费、社会保障费、住房公积金、危险作业意外伤害保险。

（1）工程排污费：是指施工现场按规定缴纳的工程排污费。

（2）工程定额测定费：是指按规定支付工程造价（定额）管理部门的定额测定费。

（3）社会保障费具体包括养老保险费、失业保险费、医疗保险费。

① 养老保险费：是指企业按规定标准为职工缴纳的基本养老保险费。

② 失业保险费：是指企业按照国家规定标准为职工缴纳的失业保险费。

③ 医疗保险费：是指企业按照规定标准为职工缴纳的基本医疗保险费。

④ 住房公积金：是指企业按规定标准为职工缴纳的住房公积金。

⑤ 危险作业意外伤害保险：是指按照建筑法规定，企业为从事危险作业的装饰工程施工人员支付的意外伤害保险费。

2）企业管理费

企业管理费指装饰工程企业组织施工生产和经营管理所需费用，包括管理人员工资、办公费、差旅交通费、固定资产使用费、工具用具使用费、劳动保险费、工会经费、职工教育经费、财产保险费、财务费、税金、其他。

（1）管理人员工资：是指管理人员的基本工资、工资性补贴、职工福利费、劳动保护费等。

（2）办公费：是指企业管理办公用的文具、纸张、账表、印刷、邮电、书报、会议、水电、烧水和集体取暖（包括现场临时宿舍取暖）用煤等费用。

（3）差旅交通费：是指职工因公出差、调动工作的差旅费，住勤补助费，市内交通费和误餐补助费，职工探亲路费，劳动力招募费，职工离退休、退职一次性路费，工伤人员就医路费，工地转移费以及管理部门使用的交通工具的油料、燃料、养路费及牌照费。

（4）固定资产使用费：是指管理和实验部门及附属生产单位使用的属于固定资产的房屋、设备仪器等的折旧、大修、维修或租赁费。

（5）工具用具使用费：是指管理使用的不属于固定资产的生产工具、器具、家具、交通工具和检验、实验、测绘、消防用具等的购置、维修和摊销费。

（6）劳动保险费：是指由企业支付离退休职工的易地安家补助费、职工退职金、六个月以上的病假人员工资、职工死亡丧葬补助费、抚恤费、按规定支付给离休干部的各项经费。

（7）工会经费：是指企业按职工工资总额计提的工会经费。

（8）职工教育经费：是指企业为职工学习先进技术和提高文化水平，按职工工资总额计提的费用。

（9）财产保险费：是指施工管理用的财产、车辆保险。

（10）财务费：是指企业为筹集资金而发生的各种费用。

（11）税金：是指企业按规定缴纳的房产税、车船使用税、土地使用税、印花税等。

（12）其他：包括技术转让费、技术开发费、业务招待费、绿化费、广告费、公证费、法律顾问费、审计费、咨询费等。

3．利润

利润是指施工企业完成所承包工程获得的盈利。

4．税金

税金是指国家税法规定的应计入装饰工程工程造价内的营业税、城市维护建设税及教育费附加等。

1.5.2 装饰工程各项费用的计算程序

装饰工程费用计算程序也称装饰工程造价计算程序，是指计算装饰工程造价有规律的顺序。

装饰工程费用计算程序没有全国统一的格式，一般由省、市、自治区工程造价主管部门结合本地区具体情况制定。

1．装饰工程费用计算程序的拟定

拟定装饰工程费用计算程序主要有两个方面的工作：

（1）装饰工程费用项目及其计算顺序的拟定。各地区应参照国家主管部门规定的装饰工程费用项目和取费基础，结合本地区实际情况拟定计算顺序，并规定在本地区范围内使用的装饰工程费用计算程序表。

（2）费用计算基础和费率的拟定。拟定装饰工程费用计算基础，必须遵守国家的有关规定，必须遵守确定工程造价的客观经济规律，使工程造价的计算较准确地反映本行业的生产力水平。

当取费基础确定以后，就可以根据有关资料测算出各项费用的费率，以满足计算工程造价的需要。

2．装饰工程费用计算程序

某地区装饰工程费用计算程序，在国家规定费用项目的基础上重新组合了有关费用项目，列出了需单独计算的项目，这些增加的费用项目包括单项材料价差调整、综合系数调整材料价差、施工图预算包干费、劳动保险费、远地施工增加费、施工队伍迁移费、定额管理费。

一般情况下，土建工程造价用直接费为取费基础；装饰工程、安装工程用定额人工费为取费基础。

1.6 装饰工程预（概）算编制

1.6.1 装饰工程预（概）算书的内容及编制依据

编制装饰工程预（概）算书、投标报价、签订工程承包合同、办理竣工结算，是承包商经营的一个重要环节。在经济体制改革的新形势下，装饰工程预（概）算书的编制，在承包商中起到了举足轻重的作用，它关系到施工企业的兴衰成败，因此引起了承包商的高度重视。

一项工程，无论是从地域上来分的涉外工程或国内工程、外省市的工程或本地区的工程，还是从资金来源上来分的三资工程或是国内投资工程、自筹资金工程或贷款工程，组织招标承包商接到邀请并决定参加投标后，首先就要在熟读标函和勘察施工现场的基础上编制标书，然后进行投标报价。在激烈的竞争中，承包商能否中标及中标后能否取得较好的经济效益，投标报价是很关键的一个环节。

投标报价是招标、投标的核心。编制工程预（概）算是企业投标报价的基础。装饰工程预（概）算的编制是确定工程造价的具体文件。

编制装饰工程预（概）算书，要在搜集和熟悉资料的基础上，熟悉施工图纸（含效果图）、设计说明、选用图册和材料（工程）做法，以及施工现场的自然条件、地形地理位置或以业主认定的样板间做法，包括选用的材质、色调规格来确定施工组织方案。然后根据国家或地方颁发的工程预（概）算定额、文件汇编和取费标准等技术资料，结合市场行情配套地进行预算，并通过货币的形式评价和反映出建筑产品的经济价值。

下面将对装饰工程预（概）算书的内容及编制依据做具体的阐述。

1．装饰工程预（概）算书的内容

一份完整的装饰工程预（概）算书应包括以下几项内容。

（1）封面：应依据造价管理部门印制的样品。

（2）编制说明：包括工程概况和编制依据。

（3）费用计算程序表。

（4）直接费汇总表。

（5）工料分析表。

（6）分项工程预算书。

（7）工程量计算书。

2. 装饰工程预（概）算书的编制依据

（1）审批后的设计施工图和说明书。经业主、设计单位和承包商共同进行商讨并经有关部门会审后的施工图和说明书，是编制装饰工程预（概）算的重要依据之一。它主要包括装饰工程施工图纸说明，总平面布置图、平面图、立面图、剖面图，梁、柱、地面、楼梯、屋顶、门窗等各种详图，以及门窗和材料明细表等。这些资料表明了装饰工程的主要工作对象和主要工作内容，以及结构、构造、零配件等尺寸，材料的品种、规格和数量等。

（2）批准的工程项目设计总概算文件。主管单位在批准拟建（或改建）项目的总投资概算后，将在拟建项目投资最高限额的基础上，对各单项工程也规定了相应的投资额。因此，在编制装饰工程预（概）算时，必须以此为依据，使其预算造价不能突破单项工程预算中所规定的限额。

（3）施工组织设计资料。装饰施工组织设计具体地规定了装饰工程中各分项工程的施工方法、施工机具零配件加工方式、技术组织措施和现场平面布置图等内容。它直接影响整个装饰工程的预算造价，是计算工程量、选套预算定额或单位估价表和计算其他费用的重要依据。

（4）现行装饰工程预（概）算定额。现行装饰工程预（概）算定额是编制装饰工程预（概）算的基本依据。在编制预（概）算时，从分部分项工程项目的划分到工程量的计算，都必须以此为标准。

（5）地区单位估价表。地区单位估价表是根据现行的装饰工程预（概）算定额、建设地区的工资标准、材料预算价格、机械台班价格以及水、电、动力资源等价格进行编制的。它是现行预（概）算定额中各分项工程及其子目在相应地区价值的货币表现形式，是地区编制装饰工程预（概）算的基本依据之一。

（6）材料预算价格。工程所在地区不同、运费不同，必将导致材料预算价格的不同。因此，必须以相应地区的材料预算价格进行定额调整或换算，以作为编制装饰工程预算的依据。

（7）有关的标准图和取费标准。编制装饰工程预（概）算除应具备全套的施工图纸以外，还必须具备所需的一切标准图（包括国家标准图、地区标准图）和相应地区的其他直接费、间接费、利润及税金等费率标准，作为计算工程量、计取有关费用、最后确定工程造价的依据。

（8）预算定额及有关的手册。预算定额及有关的手册是准确、迅速地计算工程量、进行工料分析、编制装饰工程预算的主要基础资料。

（9）装饰工程施工合同。施工合同是发包单位和承包单位履行双方各自承担的责任和分工的经济契约，也是当事人按有关法令、条例签订的权利和义务的协议。它明确了双方的责任及分工协作、互相制约、互相促进的经济关系。经双方签订的合同包括双方同意的有关修改承包合同、设计及变更文件，具体包括承包范围、结算方式、包干系数的确定，材料量、质和价的调整，协商记录，会议纪要，以及资料和图表等。这些都是编制装饰工程预（概）算的主要依据。

（10）其他资料。其他资料一般是指国家或地区主管部门，以及工程所在地区的工程造价管理部门所颁布的编制预算的补充规定（如项目划分、取费标准和调整系数等）、文件和说明等资料。

1.6.2 装饰工程预算书的编制方法及编制程序

装饰工程预算书的编制方法及编制程序做具体的阐述。

1. 装饰工程预（概）算书的编制方法

装饰工程预（概）算书通常由承包商负责编制，其编制的方法主要有以下两种。

1）单位估价法

单位估价法又称工程预算单价法，是根据各分部分项工程的工程量，按当地人工工资标准、材料预算价格及机械台班费等预算定额基价或地区单位估价表，计算工程定额直接费、其他直接费，并由此计算企业管理费、利润、税金及其他费用，最后汇总得出整个工程预算造价的方法。

2）实物造价法

装饰工程多采用新材料、新工艺、新构件和新设备，有些项目在现行装饰工程定额中没有包括编制临时定额，同时在时间上又不允许，则通常采用实物造价法编制预算。实物造价法是根据实际施工中所用的人工、材料和机械等单价，按照现行的定额消耗量计算人工费、材料费和机械费，并汇总后计算其他直接费用，然后再按照相应的费用定额计算间接费、利润、其他费用和税金，最后汇总形成工程预算造价的方法。

2. 装饰工程预（概）算书的编制程序

编制装饰工程预（概）算书，在满足编制条件的前提下，一般可按下列程序进行。

1）收集相关的基础资料

收集相关的基础资料主要包括经过交底会审后的施工图纸、批准的设计总概算书、施工组织设计和有关技术组织措施、国家和地区主管部门颁发的现行装饰工程预算定额、工人工资标准、材料预算价格、机械台班价格、单位估价表（包括各种补充规定）及各项费用的收费率标准、有关的预算工作手册、标准图集、工程施工合同和现场情况等资料。

2）熟悉审核施工图纸

施工图纸是编制预（概）算的主要依据。预算人员在编制预算之前应充分、全面地熟悉、审核施工图纸，了解设计意图，掌握工程全貌，这是准确、迅速地编制装饰工程施工图预算的关键。熟悉审核施工图纸，一般按以下步骤进行。

（1）整理施工图纸。

把目录上所排列的总说明、平面图、立画图、剖面图和构造详图等按顺序进行整理，将目录放在首页，装订成册，避免使用过程中引起混乱而造成失误。

（2）审核施工图纸。

目的是检查图纸是否齐全，根据施工图纸的目录，对全套图纸进行核对，发现缺少应及时补全，同时收集有关的标准图集。

（3）熟悉施工图纸，正确计算工程量。

经过对施工图纸进行整理、审核后，就可以进行阅读。其目的在于了解该装饰工程中各图纸之间、图纸与说明之间有无矛盾和错误，各设计标高、尺寸、室内外装饰材料和做

法要求，以及施工中应注意的问题，采用的新材料、新工艺、新构件和新配件等是否需要编制补充定额或单位估价表，各分项工程的构造、尺寸和规定的材料品种、规格以及它们之间的相互关系是否明确，相应项目的内容与定额规定的内容是否一致等。熟悉图纸时应做好记录，为精确计算工程量、正确套用定额项目创造条件。

（4）交底会审。

承包商在熟悉和审核图纸的基础上，参加由业主主持、设计单位参加的图纸交底会审会议，并妥善解决好图纸交底和会审中发现的问题。

3）熟悉施工组织设计

施工组织设计是承包商根据施工图纸、组织施工的基本原则和上级主管部门的有关规定以及现场的实际情况等资料编制的，用于指导拟建工程施工过程中各项活动的技术、经济组织的综合性文件。它具体地规定了组成拟建工程各分项工程的施工方法、施工进度和技术组织措施等。编制装饰工程预（概）算前应熟悉并注意施工组织设计中影响工程预算造价的有关内容，严格按照施工组织设计所确定的施工方法和技术组织措施等要求，准确计算工程量，套用相应的定额项目，使施工图预算能够反映客观实际。

4）熟悉预算定额或单位估价表

预算定额或单位估价表是编制装饰工程施工图预算基础资料的主要依据。在编制预算之前熟悉和了解装饰工程预算定额或单位估价表的内容、形式和使用方法，是结合施工图纸迅速、准确地确定工程项目和计算工程量的根本保证。

5）确定工程量的计算项目

项目划分具有极其重要的作用，它可使工程量计算有条不紊，避免漏项和重项。下面将详细地介绍装饰工程分部分项子目的划分和确定。

（1）装饰工程分部分项工程的划分。

根据《建设工程预算定额》，装饰工程可划分为楼地面工程，天棚工程，墙面工程，隔墙、隔断和保温工程，独立柱工程，门窗工程，栏杆、栏板、扶手工程，装饰线条工程，变形缝工程，建筑配件工程，油漆工程，脚手架工程，以及垂直运输和高层建筑超高费等 13 个分部工程。

装饰工程的每个分部工程划分为若干个分项工程，参见表 1.11，分项工程名称可理解为定额中的节名。例如，楼地面分部工程划分为垫层、找平层、面层、楼梯、踢脚、台阶、坡道、散水等分项工程。根据使用材料、施工条件和构造方法等的不同所细分的一个具体的分项工程，称为子项工程。每个定额子目有一个编号，即×-×，前面数字代表分部工程序号，后面数字代表该分部工程中的定额子目序号。例如，1-1 子目表示楼地面工程（第 1 章）的第 1 号子目，内容为 3∶7 灰土垫层。

（2）装饰工程分项子目列项。

对一个装饰工程分部、分项、子目的具体名称进行列项，可按照下述步骤进行。

① 认真阅读工程施工图，了解施工方案、施工条件及建筑用料说明，参照《建设工程预算定额》先列出各分部工程的名称，再列出分项工程的名称，最后逐个列出与该工程相关的定额子目名称。

表 1.11 装饰工程分部分项的一般划分

序号	分部工程	分项工程
1	楼地面工程	垫层、找平层、面层、楼梯、踢脚、台阶、坡道、散水
2	天棚工程	天棚龙骨、天棚面层、天棚面层装饰、其他项目
3	墙面工程	外墙装修、内墙装修、零星项目
4	隔墙、隔断和保温工程	龙骨式隔墙、板式隔墙、隔断、墙体保温
5	独立柱工程	抹灰、块料、装饰板、柱基座和柱帽、成品装饰柱
6	门窗工程	木门窗、铝合金门窗、塑钢门窗、彩板组角门窗、不锈钢门、厂库房大门、特殊五金、其他项目
7	栏杆、栏板、扶手工程	楼梯栏杆（板）、通廊栏杆（板）、楼梯扶手、通廊扶手、楼梯靠墙扶手、通廊靠墙扶手
8	装饰线条工程	木装饰线、石膏装饰线、PVC 贴面装饰线、金属装饰线、塑料装饰线、石材装饰线、欧式装饰线、其他装饰线
9	变形缝工程	变形缝
10	建筑配件工程	池槽、厕浴隔断、其他项目
11	油漆工程	木材面油漆、金属面油漆、抹灰面及其他油漆、防火涂料
12	脚手架工程	脚手架
13	垂直运输和高层建筑超高费	垂直运输及高层建筑超高费

② 分部工程名称的确定：一般的装饰工程包括楼地面工程，天棚工程，墙面工程，隔墙、隔断和保温工程，独立柱工程，门窗工程，栏杆、栏板、扶手工程，装饰线条工程，变形缝工程，建筑配件工程，油漆工程，脚手架工程，以及垂直运输和高层建筑超高费，若实际工程仅指一般装饰工程中的几个分部工程，则其他分部工程就无须列出。

③ 分项工程名称的确定：分项工程名称的确定需要根据具体的施工图纸来进行，不同的工程其分项工程也不同。例如，有的工程在楼地面工程中会列出垫层、找平层和整体面层等分项工程；有的工程在楼地面工程中会列出垫层、找平层、块料面层等分项工程。

④ 定额子目名称的确定：根据具体的施工图纸中各分项工程所用材料种类、规格以及使用机械的不同情况，对照定额在各分项工程中列出具体的相关定额子目。例如，在墙面工程中的块料面层这一分项工程中，根据材料的种类进行划分有大理石、陶瓷锦砖等；根据施工工艺进行划分有干挂、挂贴等。根据这些具体划分和施工图具体情况，最终列出某工程具体空间的块料面层的一个定额子目。例如 3-57（外墙挂贴大理石）、3-153（内墙挂贴大理石）等。

⑤ 一般列定额子目的方法：一般按照对施工过程与定额的熟悉程度，可分为以下两种方法。

- 如果对施工过程和定额只是一般了解，根据图纸按分部工程和分项工程的顺序，逐个按照定额子目的编号顺序查找列出定额子目。若施工图中有该内容，则按照定额子目

名称列出；若施工图中无该内容，则不列。

- 如果对施工过程和定额相当熟悉，根据图纸按照整个工程施工过程对应列出发生的定额子目，即从工程开工到工程竣工，每发生一定施工内容对应列出一个定额子目。

⑥ 特殊列定额子目的方法：在特殊情况下列定额子目的方法包括以下两种情况。

- 如果施工图中设计的内容与定额子目内容不一致，在定额规定允许的情况下，应列出一个调整子目的名称。在这种情况下，在调整的定额子目编号前应加一个“换”字。
- 如果施工图中设计的内容在定额上根本就没有相关的类似子目，可按当地颁发的有关补充定额来列子目。若当地也无该补充定额，则应按照造价管理部门有关规定制定补充定额，并需要经过业主、承包商双方认可和管理部门批准。在这种情况下，在该定额子目编号前应加一个“补”字。

确定分部分项定额子目名称并检查无误后，便可以此为主线进行相关工程量的计算。在熟悉图纸的基础上，列出全部所需编制的预算工程项目，并根据预算定额或单位估价表将设计中有关定额上没有的项目单独列出来，以便编制补充定额或采用实物造价法进行计算。

6）计算工程量

工程量是以规定的计量单位（自然计量单位或法定计量单位）所表示的各分项工程或结构件的数量，是编制预算的原始数据。

在装饰工程中，有些项目采用自然计量单位，例如淋浴隔断以“间”为单位，而有些则是采用法定计量单位。例如，楼梯栏杆扶手等以“m”为单位，墙面、地面、柱面、顶棚和铝合金工程等以“m^2”为单位。

7）工程量汇总

各分项工程量计算完毕并经仔细复核无误后，应根据预（概）算定额手册或单位估价表的内容、计量单位的要求，按分部分项工程的顺序逐项汇总、整理，以防止工程量计算时对分项工程的遗漏或重复，为套用预算定额或单位估价表提供良好条件。

8）套用预算定额或单位估价表

根据所列计算项目和汇总整理后的工程量，就可以进行套用预算定额或单位估价表的工作，即汇总后求得直接费。

9）计算各项费用

定额直接费求出后，按有关的费用定额即可进行其他直接费、间接费、其他费用和税金等的计算。

10）比较分析

各项费用计算结束，即形成了装饰工程预算造价。此时，还必须与设计总概算中装饰工程概算部分进行比较，如果前者没有突破后者，则进行下一步；否则，要查找原因，纠正错误，保证预算造价在装饰工程概算投资额内。因工程需要的改变而突破总投资所规定的百分比时，必须向有关部门重新申报。

11）工料分析

12）编制装饰工程施工预算书

根据上述有关项目求得相应的技术经济指标后，就要编制装饰工程预算书，一般包括以下几个步骤。

（1）编写装饰工程预算书封面。

（2）编制工程预算汇总表。

（3）编写编制说明：主要包括工程概况、编制依据和其他有关说明等。

（4）编制工程预算表：将装饰工程概预算书封面、工程预算汇总表、编制说明、工程预算表格和工程量计算表等按顺序装订成册，即形成了完整的装饰工程施工预算书。

1.6.3 工料分析

1．工料分析的概念

装饰工程造价中人工、材料费用占很大比重，个别项目的造价主要由人工和材料费用组成。因此，进行工料分析，合理地调配劳动力，正确管理和使用材料，是降低工程造价的重要措施之一。

工料分析是分析完成一个装饰工程项目中所需消耗的各种劳动力、各种种类和规格的装饰材料的数量。其内容主要包括分部分项工程工料分析、单位装饰工程工料分析和有关的文字说明。

2．工料分析的意义

人工、材料消耗量的分析是装饰工程预算的主要组成部分，其主要作用表现在以下几个方面。

（1）工料分析是承包商的计划、材料供应和劳动工资部门编制工程进度、材料供应和劳动力调配计划等的依据。

（2）工料分析是签发施工任务单、考核工料消耗和各项经济活动分析的依据。

（3）工料分析是进行“两算”对比的依据。

（4）工料分析是承包商进行成本分析、制定降低成本措施的依据。

3．工料分析的方法

工料分析是以算得的工程量和已经填好的预算表为依据，按定额编号从预算定额手册中查出各分项工程定额计量单位人工、材料的数量，并以此计算出相应分项工程所需各工种人工和各种材料的消耗量，最后汇总计算出该装饰工程所需各工种人工、各种不同规格的材料的总消耗量。

4．工料分析的步骤

和其他单位工程一样，装饰工程的工料分析，一般也以表格的形式进行，其步骤如下所述。

（1）将各分部分项工程名称、定额编号和工程量分别填入表中，并从预算定额中查出各分项工程的计量单位、所需人工和各种材料的消耗量，分别填入表中各栏内。

（2）根据计算出的各分项工程的人工、材料消耗量，按工种、材料规格进行分析汇总，计算出分部工程所需相应人工、材料的消耗量。

（3）将各分部工程相应的人工、材料消耗量进行汇总，即可计算出该装饰工程所需人工、不同种类不同规格材料的总消耗量，并分别列入表中。

思考题 1

1．什么是定额？装饰工程定额在价格形成中的作用如何？

2．什么是施工定额？其作用有哪些？

3．简述材料消耗定额的概念及其组成。

4．装饰工程施工定额手册由哪些内容构成？

5．什么是预算定额？预算定额与施工定额有什么区别？

6．预算定额的组成内容包括哪些？

7．简述预算定额的编制步骤。

8．什么是建筑工程概算定额？其作用是什么？

9．什么是概算指标？其主要作用是什么？概算指标的主要组成内容是什么？

10．装饰工程费用由哪几项组成？什么是间接费？它由哪些内容构成？

任务2

工程量清单计价方法

内容提要

（1）工程量清单的概念及实行工程量清单计价的目的和意义。
（2）工程量清单的编制内容。
（3）招标文件中提供的工程量清单的标准格式。
（4）工程量清单计价的基本原理。
（5）工程量清单计价中费用的确定。
（6）综合单价的确定方法。

2.1 工程量清单的概念和内容

工程量清单计价方法是国际上普遍使用的通行做法，工程量清单计价方法是与国际上通行的工程合同文本、工程管理模式相配套的，具有科学合理性与广泛的适用性。工程量清单计价方法相对于传统计价方法是一种新的计价模式，是由建设产品的买方和卖方在建筑市场上根据供求状况、信息状况进行自由竞价，从而最终能够签订工程合同价格的方法。在工程量清单计价过程中，工程量清单为建设市场的交易双方提供了一个平等的平台，其内容和编制原则的确定是整个计价方式改革中的重要工作。工程量清单计价是改革和完善工程价格管理体制的一个重要组成部分。实施工程量清单计价后，在装饰工程招投标中，将形成按国家统一标准制定的《建设工程工程量清单计价规范》、《工程量清单项目及工程量计算规则》，由招标人提供工程量数量清单，投标人自主报价，这种新的市场定价形成机制，更能体现市场公平竞争，企业自主报价，政府宏观调控，有利于降低工程造价，提高投资效益。

2.1.1 工程量清单的概念与特点

1. 工程量清单的概念

工程量清单是指招标人将拟进行装饰工程的分部分项工程项目、措施项目、其他项目、零星工作项目名称和相应实物数量等内容详细地列在规定的一系列表格中供投标人报价，这些表格就称为工程量清单。

2. 装饰工程计价实施工程量清单的特点

装饰工程计价实施工程量清单的特点主要是规定性、实用性、竞争性。

1）工程量清单计价特点的规定性

工程清单的规定性是指通过制定统一的建设工程量清单计价办法、统一的工程量计量规则、统一的工程量清单项目设置规则，达到规范计价行为的目的。这些规则和办法是强制性的。

建设工程工程量清单计价规则和办法的强制性主要体现在以下两个方面：一是规定全部使用国有资金或国有资金投资为主的大中型建设工程按计价规范规定执行；二是明确工程量清单是招标文件的组成部分，并规定了招标人在编制工程量清单时必须做到工程量的四个统一，即统一的工程项目划分、统一的计量规则、统一的计量单位、统一的项目编码。装饰工程量清单计价项目编码统一由 12 位阿拉伯数字组成，前 9 位为全国统一编码，编制分部分项工程量清单时，应按《全国统一装饰工程量清单计量规则》中第 1 章至第 3 章的相应编码设置，不得变动；后 3 位是清单项目名称编码，由清单编制人根据设置的清单项目编制。

2）工程量清单计价特点的实用性

计价办法中工程量清单项目及计算规则的项目名称表现的是工程实体项目，项目名称明确清晰，特别还标列有项目特征和工程内容，便于编制工程量清单时确定具体项目名称和投标报价。例如“水磨石楼地面”分项工程，在清单项目表中可以看到它的计量单位是“m^2”，

计算规则是“按实铺面积计算，不扣除 0.1 m^2 以内孔洞所占面积”，备注栏还列有“分不同构造要求、型号规格、颜色、品牌”等。

3）工程量清单计价特点的竞争性

它的竞争性主要有以下两点：一是计价办法中的措施项目，在工程量清单中只列“措施项目”一栏，具体采用什么措施，如大型机械安装、拆除和进出场、脚手架、垂直运输机械使用、临时设施等详细内容由投标人根据企业的施工组织设计或施工方案，视具体情况报价，因这些项目在各投标企业间各有不同，是企业竞争项目，是留给投标企业的空间。二是计价办法中人工、材料和施工没有具体的消耗量，将工程消耗量定额中的工、料、机价格和利润、管理费全面放开，由市场的供求关系自行确定价格。投标企业可以依据企业的定额和市场价格信息，也可以参照建设行政主管部门发布的社会平均消耗量定额进行报价，计价办法将报价权还给投标企业。

2.1.2　工程量清单的内容

按《建设工程工程量清单计价规范》规定，装饰工程量清单采用统一格式，由下列内容组成：封面、填表须知、总说明、分部分项工程量清单、措施项目清单、其他项目清单、零星工作项目清单，其中，零星工作项目清单是其他项目清单的附表，是为其他项目清单计价服务的。

（1）表 2.1 为工程量清单中“封面”的表式及填表示例。

表 2.1　封　　面

×××装饰工程 工程量清单 招标人（单位签字盖章）： 法定代表人（签字盖章）： 中介机构法定代表人（签字盖章）： 造价工程师及注册证号（签字盖执业专用章）： 编制时间：　　年　　月　　日

（2）表 2.2 为工程量清单中“填表须知”的表式及填表示例。

表 2.2　填 表 须 知

1．工程量清单及其计价格式中所有要求签字、盖章的地方，必须由规定的单位和人员签字、盖章。 2．工程量清单及其计价格式中的任何内容不得随意删除或涂改。 3．工程量清单计价格式中列明的所有需要填报的单价和合价，投标人均应填报，未填报的单价和合价，视为此项费用已包含在工程量清单的其他单价和合价中。 4．金额（价格）均应以　（人民币）　表示。

（3）表 2.3 为工程量清单中“总说明”的表式及填表示例。

表 2.3　总　说　明

工程名称：×××装饰工程　　　　　　　　　　　　　　第　页　共　页

按“计价规范”要求，工程量清单总说明应填写下列内容： 1．拟招标工程概况：建设规模、工程特征、计划工期、施工现场实际情况、交通运输情况、自然地理条件、环境保护要求等； 2．工程招标和分包范围；

续表

3．工程量清单编制的依据； 4．工程质量、材料、施工等的特殊要求； 5．招标人自行采购材料的名称、规格型号、数量等； 6．预留金、自行采购材料的金额数量； 7．其他要说明的问题。

（4）表 2.4 为工程量清单中“分部分项工程量清单”的表式及填表示例。

表 2.4　分部分项工程量清单

工程名称：×××装饰工程　　　　　　第　页　共　页

序号	项目编码	项目名称	计量单位	工程数量
		B.1　楼地面工程		
1	020102001001	大理石楼面，1∶3 水泥砂浆找平层、厚 20 mm、500 mm×500 mm	m^2	48
		B.2　墙柱面工程		
12	020201001001	水刷豆石墙面，砖墙面 12 mm+12 mm	m^2	230
13	020204003001	瓷板 200 mm×150 mm 砂浆粘贴墙面	m^2	75
		B.3　天棚工程		
21	020302001001	吊顶天棚，方木龙骨、单层、石膏板面	m^2	93
		B.4　门窗工程		
28	020406001001	铝合金推拉窗 C-6，90 系列、厚 1.2 mm、白玻璃 6 mm	樘	12
		B.5　油漆、涂料、裱糊工程		
31	020501001001	单层木门磁漆面二遍	樘	14
32	020504014001	木地板清漆面二遍	m^2	108

（5）表 2.5 为工程量清单中“措施项目清单”的表式及填表示例。

表 2.5　措施项目清单

工程名称：×××装饰工程　　　　　　第　页　共　页

序号	项目名称
1	临时设施
2	垂直运输机械
3	室内空气污染测试

（6）表 2.6 为工程量清单中“其他项目清单”的表式及填表示例。

（7）表 2.7 为工程量清单中“零星工作项目清单”的表式及填表示例。

表 2.6　其他项目清单

工程名称：×××装饰工程　　　　　　　　　　　第　页　共　页

序号	项 目 名 称
1	招标人部分 （1）预留金 （2）铝合金门购置费
2	投标人部分 （1）零星工作项目费 （2）总承包服务费

表 2.7　零星工作项目清单

工程名称：×××装饰工程　　　　　　　　　　　第　页　共　页

序号	名　称	计 量 单 位	数　量
1	人工		
2	材料		
3	机械		

2.1.3　工程量清单的编制

分部分项工程量清单应满足工程计价的要求，同时还应满足规范管理、方便管理的要求。为此，《建设工程工程量清单计价规范》按照“统一项目编码、统一项目名称、统一计量单位、统一工程量计算规则”的原则，设计了如表 2.4 所示的“分部分项工程量清单”，该表由序号、项目编码、项目名称、计量单位、工程数量等栏目组成。

1. 项目编码

分部分项工程量清单中的项目编码统一由 12 位阿拉伯数字表示，前 9 位为全国统一编码，在编制分部分项工程量清单时，应按《建设工程工程量清单计价规范》附录 B 的规定设置，不得变动；后 3 位是清单项目名称编码。如图 2.1 所示为一具体示例，第 1、2 位表示装饰工程编码，即《建设工程工程量清单计价规范》附录 B 顺序码 02；第 3、4 位表示专业工程顺序编码；第 5、6 位表示分部工程（节）顺序编码；第 7、8、9 位表示分项工程项目名称顺序编码。

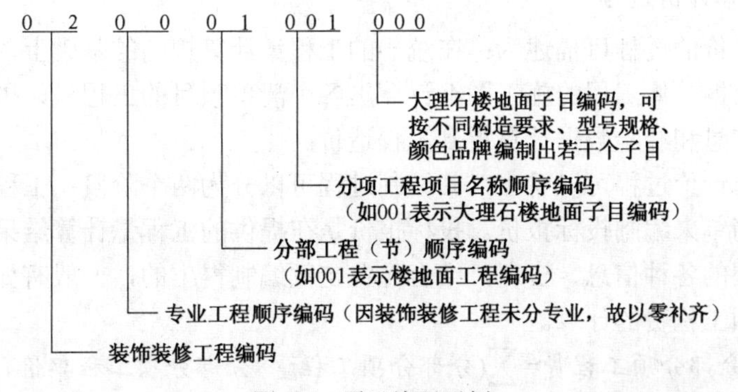

图 2.1　项目编码示例

2. 项目名称

确定项目名称时应考虑以下因素：

（1）施工图纸；

（2）《建设工程工程量清单计价规范》附录B中的项目名称；

（3）附录中的项目特征，包括项目的要求、材料的规格、型号、材质等特征要求；

（4）拟建工程的实际情况；

（5）结合装饰工程消耗量定额，依次列出各分部分项子目的名称，这些项目名称就称为工程量清单项目。

在列分项工程项目名称时，凡遇到附录中缺项的，编制人可进行补充，补充项目应填写在工程量清单相应分部工程项目之后，并在“项目编码”栏中以“补”字示之。

3. 计量单位

计量单位均应按《建设工程工程量清单计价规范》附录B中各分部分项工程规定的“计量单位”执行。

2.2 工程量清单计价的基本原理、特点及作用

为了规范建设工程施工发包与承包计价行为，维护建设工程发包与承包双方的合法权益，促进建筑市场的健康发展，推进中华人民共和国《招标投标法》在建设领域的贯彻执行，改革工程造价管理的“量价合一”传统做法和建立通过市场竞争形成工程价格机制以提高投资效益和施工企业经营管理水平。

2.2.1 工程量清单计价的基本原理

工程量计价办法的制定主要遵循以下几条原则：包括项目编码、项目名称、计量单位、计量规则、工程内容与特征，将工、料、机消耗量分离出去。考虑现行招标标底编制、投标报价、评标定标实际需要和今后改革的要求的原则，以招标人提供的工程量清单为平台，投标人根据自身的技术、财务和管理能力进行投标报价，招标人根据具体的招标细则进行优选。

1. 工程量清单计价过程

工程量清单计价的过程可描述为：在统一的工程量计算规则的基础上，制定工程量清单项目设置规则，根据具体工程的施工图纸计算出各个清单项目的工程量，再根据各种渠道所获得的工程造价信息和经验数据计算得到工程造价。

从工程量清单计价过程可以看出，其编制过程可以分为两个阶段：工程量清单格式的编制和利用工程量清单来编制投标报价。投标报价是在提供的工程量计算结果的基础上，根据承包商自身所掌握的各种信息、资料，结合企业定额编制得出的，一般有如下公式。

（1）分部分项工程费的计算。

$$\text{分部分项工程费}=\sum(\text{分部分项工程量}\times\text{分部分项工程单价})$$

式中，分部分项工程单价由人工费、材料费、机械费、管理费、利润等组成，并考虑风险费用。

（2）措施项目费的计算。

$$措施项目费=\sum(措施项目工程量\times措施项目综合单价)$$

式中，措施项目包括通用项目、建筑工程措施项目、安装工程措施项目和市政工程措施项目；措施项目综合单价的构成与分阶段部分项目工程单价构成类似。

（3）单位工程报价的计算。

$$单位工程报价=分部分项工程费+措施项目费+其他项目费+规费+税金$$

（4）单项工程报价的计算。

$$单项工程报价=\sum单位工程报价$$

（5）建设项目总报价的计算。

$$建设项目总报价=\sum单项工程报价$$

2. 工程量清单计价的基本方法和程序

根据《建设工程工程量清单计价规范》，装饰工程量清单计价采用统一格式，不得变更或修改。工程量清单计价款包括完成招标文件规定的工程量清单项目所需要的全部费用，即分部分项工程费、措施项目费、其他项目费和规费、税金。工程量清单计价采用综合单价计价。

工程量清单计价是由投标人根据招标人提供的工程项目的工程量清单，按工程量清单计价统一表式、价格组成、计价规定，自主投标报价。

工程量清单计价格式由下列内容组成：

（1）封面；

（2）投标总价；

（3）工程项目总价表；

（4）单项工程费汇总表；

（5）单位工程费汇总表；

（6）分部分项工程量清单计价表；

（7）措施项目清单计价表；

（8）其他项目清单计价表；

（9）零星工作项目计价表；

（10）分部分项工程量清单综合单价分析表；

（11）措施项目费分析表；

（12）主要材料价格表。

表 2.8 至表 2.13 是某单位装饰工程的工程量清单计价格式部分表式及填写示例。

表 2.8　封　面

×××装饰工程
工程量清单报价表
招标人（单位签字盖章）：×××装饰工程公司
法定代表人（签字盖章）：李××
中介机构法定代表人（签字盖章）：张××
造价工程师及注册证号（签字盖执业专用章）：王××

表 2.9 单位工程费汇总表

工程名称：×××装饰工程　　　　第 页 共 页

序号	项 目 名 称	金额（元）
1	分部分项工程量清单计价合计	46 115.50
2	措施项目清单计价合计	10 700.00
3	其他项目清单计价合计	35 090.00
4	规费	2 297.64
5	税金	3 212.33
合计		97 415.47

表 2.10 分部分项工程量清单计价表

工程名称：×××装饰工程　　　　第 页 共 页

序号	项 目 编 码	项 目 名 称	计量单位	工程数量	金额（元）	
					综合单价	合价
B.1 楼地面工程						
1	020102001001	大理石楼面，1:3 水泥砂浆找平层，厚 20 mm，500 mm×500 mm	m^2	48	250.00	12 000.00

表 2.11 措施项目清单计价表

工程名称：×××装饰工程　　　　第 页 共 页

序号	项 目 名 称	金额（元）
1	临时设施	6 800.00
2	垂直运输机械	2 300.00
3	室内空气污染测试	1 600.00
合计		10 700.00

表 2.12 其他项目清单计价表

工程名称：×××装饰工程　　　　第 页 共 页

序号	项 目 名 称	金额（元）
1	招标人部分 （1）预留金 （2）铝合金门购置费	 10 000.00 22 000.00
	小计	32 000.00
2	投标人部分 （1）零星工作项目费 （2）总承包服务费	 1 090.00 2 000.00
	小计	3 090.00
合计		35 090.00

表 2.13　分部分项工程量清单综合单价分析表

工程名称：×××装饰工程　　　　　　　　　　　　　　　　　　　　　　第　页　共　页

序号	项目编码	项目名称	工程内容	综合单价组成					综合单价
				人工费	材料费	机械使用费	管理费	利润	
1	020102001001	大理石楼面 500 mm×500 mm	面层	60.00	80.00	7.50	50.00	4.00	250.0 元/m²
		1∶3 水泥砂浆找平层，1∶2 水泥砂浆结合层	找平层	7.50	25.00	3.00	10.00	3.00	
			小计	67.50	105.00	10.50	60.00	7.00	
2		（余略）							

在工程量清单计价中，所指综合单价实际上包含两部分计费项目的综合单价。一类是形成工程实体的与实物工程量相对应的综合单价，称为实物工程量综合单价；另一类是与施工技术措施相关的综合单价，称为措施项目综合单价。

（1）分部分项工程量清单项目综合单价的确定。综合单价由为完成工程量清单项目所必需的人工费、材料费、施工机械台班费，以及管理费、利润、风险因素等六个部分组成。

人工、材料、机械台班消耗量可由《全国统一装饰工程消耗量定额》中的工、料、机消耗量标准确定，或按企业定额取定；人工、材料、机械台班单价由市场形成；人工单价可按工程所在地人力资源行情综合考虑，计算确定；各种材料价格可按照当地工程造价管理机构发布的市场价格信息，或按施工企业自行编制的材料价格表确定；施工机械台班单价由折旧费、大修费、维修费、润滑擦拭材料费、燃料动力费和操作人员人工费等组成。

人工、材料、机械台班消耗量确定后，还应考虑企业管理费、利润和风险因素，这一部分费用为竞争性费用，应分别进行计算。计算时，根据实际情况考虑（包括工程情况、施工企业的自身水平，以及竞争程度等）。

各清单项目的人工、材料、机械台班消耗量与综合费率分摊部分之和即为清单综合单价。

确定综合单价的另一种方法是：根据清单项目的特征，列出完成本项目所必需的工程内容，按照完成每个“小”的工程内容（相当于工序）所需要的人工费、材料费、机械使用费、管理费、利润、必要时计入风险金，最后将完成各工程内容的全部费用汇总后，即为该清单项目的综合单价值。

（2）措施项目和其他项目清单综合单价的确定。按《建设工程工程量清单计价规范》，综合单价不但适用于分部分项工程清单，也适用于措施项目清单和其他项目清单等。不过，措施项目清单综合单价和其他项目清单综合单价的性质、内容有所差别。措施综合单价项目包括垂直运输机械使用费，大型机械安装、拆除和进出场费，脚手架使用费，超高增加费，室内空气污染测试费等；其他项目综合单价包括预留金、材料购置费、总承包服务费、零星工作项目费等。措施项目清单综合单价的确定，应考虑不同的措施项目，其综合单价组成内容可能有差异，因此要根据具体项目而定，《建设工程工程量清单计价规范》所规定的综合单价组成仅供计价时参考。

其他项目清单中的预留金、材料购置费、零星工作项目费，均为估算、预测数，虽在投

标时计入投标人的报价中，但不应视为投标人所有。当工程竣工结算时，应按承包人实际完成的工作内容结算，剩余部分仍归招标人所有。

措施项目综合单价的计算基本有以下几种情况。

（1）由构成技术措施项目每计量单位所必需的人工费、材料费、机械费及管理费、利润之和确定，其中“三费”的计算方法与实物清单项目综合单价中“三费”相同，如脚手架使用费、垂直运输机械使用费、超高增加费、已完工程保护费等。

（2）按有关部门的规定计算，包括文明施工增加费、安全措施增加费、环境保护费等。

（3）按招标文件或甲、乙双方施工合同载明的条款确定，例如赶工增加费、优质优价等。

（4）按工程实际需要列项计算，如临时设施费，应按工程规模、施工方案或施工组织设计的具体要求列项计算，对于一些小型项目，也可按工程造价的百分比计取，一般按工程总造价的1%～2%计取。

3. 工程量清单计价的操作过程

1）工程量清单计价形成机制

工程量清单计价作为市场价格的形成机制，其作用主要在工程招投标阶段。

（1）招标阶段。

招标单位在工程方案、初步设计或部分施工图设计完成后，即可委托标底编制单位（或招标代理单位）按照统一的工程量计算规则，再以单位工程为对象，计算并列出各分部分项工程的工程量清单（应附有相关的施工内容说明），作为招标文件的组成部分发放给各投标单位。其工程量清单的粗细程度、准确程度取决于工程的设计深度及编制人员的技术水平和经验等。在分部分项工程量清单中，项目编号、项目名称、计量单位和工程数量等项，由招标单位根据全国统一的工程量清单项目设置规则和计量规则填写。单价与合价由投标人根据自己的施工组织设计（如工程量的大小、施工方案的选择、施工机械和劳动力的配备、材料供应等）以及招标单位对工程的质量要求等因素综合评定后填写。

（2）投标阶段。

投标单位接到招标文件后，首先，要对招标文件进行透彻的分析研究，对图纸进行仔细的理解。其次，要对招标文件中所列的工程量清单进行审核，在审核中，要视招标单位是否允许对工程量清单所列的工程量误差进行调整来确定审核办法。如果允许调整，就要详细审核工程量清单所列的各工程项目的工程量，发现有较大误差的，应通过招标单位答疑会提出调整意见，取得招标单位同意后进行调整；如果不允许调整工程量，则不需要对工程量进行详细的审核，只对主要项目或工程量大的项目进行审核，发现这些项目有较大误差时，可以通过调整这些项目单价的方法来解决。最后，工程量套用单价及汇总计算。工程量单价的套用有两种方法：一种是工料单价法，另一种是综合单价法。工料单价法即工程量清单的单价，按照现行预算定额的工、料、机消耗标准及预算价格来确定。其他直接费、现场经费、管理费、利润、有关文件规定的调价、风险金和税金等费用计入其他相应标价计算表中。综合单价法即工程量清单的单价综合了直接工程费、间接费、有关文件规定的调价、材料价格差价、利润和税金等一切费用。工料单价法虽然在价格的构成上比较清晰，但缺点也是明显的，它反映不出工程实际的质量要求和投标企业的真实技术水平，容易使承包商再次陷入定额计价的老路。综合单价法的优点是当工程量发生变更时，便于查对，能够反映承包商的技术能力

和工程管理能力。《建设工程工程量清单计价规范》中单价采用综合单价。

（3）评标阶段。

在评标时可以对投标单位的最终总报价以及分项工程的综合单价的合理性进行评分。由于采用了工程量清单计价方法，所有投标单位都站在同一起跑线上，因而竞争更为公平合理，有利于实现优胜劣汰，而且在评标时应坚持倾向于合理低标价中标的原则。当然，在评标时仍然可以采用综合计分的方法，不仅考虑报价因素，而且还对投标单位的施工组织设计、企业业绩或信誉等按一定的权重分值分别进行计分，按总评分的高低确定中标单位。或者采用两阶段评标的办法，即先对投标单位的技术方案进行评价，在技术方案可行的前提下，再以投标单位的报价作为评标定标的唯一因素。

2）工程量清单预算造价编制

装饰工程量清单预算造价编制，通常按下列顺序进行。

（1）熟悉施工图纸和有关资料。

施工图纸及其说明是计算工程量、编制预算的基本依据。阅读图纸，掌握工程全貌，有利于正确划分工程项目，熟悉工程内容和各部位尺寸；有利于准确计算工程量，了解工程结构、施工做法和所用材料。这样就能正确掌握清单项目的构成，准确计算工程消耗量。熟悉图纸包括以下几方面工作。

① 将图纸按规定顺序编排，装订成册，如发现图纸缺漏，应即时补齐。

② 阅读审核图纸。图纸齐全后，认真阅读，做到全面熟悉工程内容、做法和各相应尺寸。发现设计问题，及时研究解决。

③ 掌握交底、会审资料。在熟悉图纸的基础上参加由建设单位主持，设计单位参加的图纸交底、会审会，了解会审记录的有关内容。

④ 掌握已经批准的招标文件，包括工程范围和内容、技术质量和工期的要求等。

⑤ 必要时查阅有关局部构造或构配件的标准图样。

⑥ 准备足够的其他基础资料，包括消耗量定额，施工组织设计和施工技术措施方案，材料价格信息，政府部门发布的各项工程造价文件等。

（2）列出分部分项工程量清单项目。

根据设计图纸、工程量清单项目及计算规则、消耗量定额、工程量计算表等，按顺序列出全部需要编制预算的装饰工程清单项目。

① 列工程子项时应掌握的基本原则：既不能多列、错列，也不能少列、漏列。具体列项如下：

- 凡图纸上有的工程内容，应列子项。
- 凡图纸上有的工程内容，而定额无相应子项的，也要列项。
- 图纸上没有的项目，不得列子项。

② 分项的项目名称。按图纸的构造做法、所用材料、规格并结合“清单项目及计算规则”中“项目特征”和“工程内容”的要求，具体而翔实地列出，以便于计算标底和施工单位进行投标报价。

（3）计算实体工程量。

工程量是以规定的计量单位（自然计量单位或法定计量单位）所表示的各分项（子

项）工程或结构构件的数量，它是编制预算造价的主要基础数据。工程量的正确与否直接影响到预算造价的准确性，工程量要按《建设工程工程量清单计价规范》规定的计算规则，仔细认真地逐项计算。在实际工作中，用工程量计算表进行计算。

（4）计算并确定分部分项综合单价。

全费用综合单价经综合计算后生成。按有关造价管理部门规定的计算程序，计算人工、材料、机械台班费单价，计算相关的分摊费用项目，然后确定工程量清单项目综合单价。

（5）计算分部分项工程费。

按表 2.10 计算各分项工程合价，计算方法为

$$\text{实物工程量清单计价合计}=\sum(\text{清单项目工程量}\times\text{综合单价})$$

（6）计算并确定措施项目清单、其他项目清单和零星工作项目表。

根据工程情况、装饰构造做法以及施工方法等的具体要求，确定并填列措施项目清单、其他项目清单和零星工作项目表。

（7）计算措施项目清单价格、其他项目清单价格。

$$\text{措施项目清单计价合计}=\sum(\text{各措施项目费})$$

（8）单位工程造价计算。

将表 2.10、表 2.11 及表 2.12 所计算的合价金额填入表 2.9，汇总即得单位装饰工程总造价，其计算公式为

$$\text{单位工程预算造价}=\sum(\text{分项工程费})+\text{措施项目费合计}+\text{其他项目费合计}+\text{规费}+\text{税金}$$

4．装饰工程结算和竣工结算

1）工程量的调整

采用工程量清单计价时，不论由于工程量清单有误或漏项，还是由于设计变更引起新的工程量清单项目或清单项目工程数量的增减，均应按实际完成调整，即当工程竣工结算时，实际发生了招标时所依据施工图纸以外的工程变更和由于招标人原因造成的工程量清单漏项或计算误差均应予以调整。由招标人提供的工程量清单项目、工程数量与实际完成的不符时，按合同约定调整。

2）工程量变更后，综合单价的确定方法

工程量清单计价的综合单价一般是通过招标中报价的形式体现的，一旦中标，报价即作为签订施工合同的依据相对固定下来，因此清单计价单价就不能随意调整。若工程量变更，综合单价应按下列办法确定。

（1）由于工程量清单的工程数量有误或设计变更引起工程量增减，属于合同约定幅度以内的，应执行原有的综合单价；属于合同约定幅度以外的，其增加部分的工程量或减少后剩余部分的工程量的综合单价由承包人提出，发包人确认后作为结算的依据。

（2）由于工程量清单漏项或设计变更引起新的工程量清单项目，其相应的综合单价由承包人提出，经发包人确认后作为结算的依据。

（3）如合同中对变更后综合单价的确定方法有明确条款规定的，按合同规定执行。

（4）凡实行合同价一次性包定的装饰工程，按合同约定执行。

3）工程量清单与工程变更计价管理的原则与实用方法

在工程建设实施阶段，工程变更的管理是合同管理的重要内容，对提高合同管理的质量与水平具有重要的意义，工程变更常常伴随着合同价格的调整。合理地处理工程变更能促进合同管理的深化和细化，它是建设单位施工阶段投资控制的主要方面，是承包商工程造价管理的重要工作与任务，是监理单位维护建设单位和承包商合法权益、促进工程顺利进行的难点与重点。因此在工程造价的控制过程中，合同双方及合同的监理单位都必须重视工程变更对造价控制的影响。

采用工程量清单报价对工程造价的管理提出了更高的要求，高水平与高质量的工程变更管理是工程量清单计价模式与工程合同顺利实施与履行的基础与保证。表面上看，采用工程量清单计价模式，由于工程量清单单价清楚、具体，很多人认为造价控制也相对简单与规范，但殊不知有更深层次的问题需要我们去研究、把握，因为工程清单模式下工程变更的处理已不是定额计价模式下进行变更费用按计价时的定额标准简单地加加减减的算术问题，它常常引起合同双方对增减项目及费用合理性的争执，处理不好不但会影响工程量清单计价的合理性与公正性，更严重的可能会引起合同双方的争执，影响合同的正常履行和工程的顺利进行。

（1）根据《建设工程施工合同（示范文本）》及国际通用的 FIDIC 合同条款的专业解释，工程变更可能来自许多方面，或建设单位的原因、或承包商的原因、或监理工程师的原因，工程变更经分析归纳其定义与分类一般包括以下几个方面：

① 更改工程有关部分的标高、基线、位置和尺寸；

② 增减合同中约定的工程量；

③ 增减合同中约定的工程内容；

④ 改变工程质量、性质或工程类型；

⑤ 改变有关工程的施工时间和顺序；

⑥ 其他有关工程变更需要的附加工作。

（2）《建设工程施工合同（示范文本）》及《建设工程工程量清单计价规范》对工程变更的计价一般情况做了必要的说明与规定，这里做了几点归纳与补充：

① 工程变更计价的一般方法与原则：

a．工程量清单中已有适用于变更工程的单价，按已有的单价执行。

b．工程量清单中只有类似于变更工程的单价，按类似的单价经换算后确定。

c．如果工程量清单中没有适用于变更工程的单价，则由建设单位和承包人一起协商单价，意见不一致时，由监理工程师进行最终确定或按合同中争议的规定解决。

d．当工程变更规模超过合同规定的某一范围时，则单价或合同价格应予以调整。

e．如果监理工程认为有必要和可取，对变更工程也可以采取计日工的方法进行。

上述第 a 条和第 b 条在处理工程变更费用中经常用到，并取得了成功的经验。第 d 条在实际使用中要慎重处理，因为如果合同条件中并未就工程范围超范围后如何调整单价的具体规定与模式，稍不注意就会产生十分严重的后果，甚至有可能使工程造价管理失控，即如果合同中的任何一个工程项目变更后的金额超过合同总价的 2%（参考值），而且该项目的实际数量大于或小于工程量清单所列数量的 15%（参考值）时才考虑价格调整，实践证明，单项工程变更后采用“双控”指标是十分必要的。第 e 条应尽量避免使用或不使用。通过《建设

工程工程量清单计价规范》的学习知道，种类单一而价格普遍较高的计日工，是不适用于种类繁杂而难易程度不定的变更工程的。

② 不平衡报价情况下工程变更的计价。

所谓不平衡报价是相对于常规的平衡报价而言的，它是指在总的标价固定不变前提下，相对于正常水平，提高某些分项工程的单价，同时降低另外一些分项工程的单价。不平衡报价的实质是将合同工程量清单中的单价分别作为工期时间和分项工程数量的函数，即在报价时经过分析，有意识地预先对时间参数与验工计价的回收款项做出对承包商有利的不平衡分配，从而使承包商尽快回收工程款并增加流动资金，同时获得可观的额外收入。在实施过程中，承包商总力图保证这一目标的实现或争取获得更大的额外利润，而建设单位则会力图减少不平衡报价给自己带来的不利影响，因此双方都会不约而同地利用工程变更来寻找对自己有利的机会，造成工程变更的管理更加困难与复杂。大家常常会遇到这样的情况：当某一项目单价偏高时，建设单位往往会对这一项目内容做出更改甚至取消这一项目的施工；当某一项目单价偏低时，承包商往往会以无法取得所需的材料或其他理由要求对这一项目内容做出更改，甚至退出这一项目的施工。处理这样的问题，长期以来都是造价工程师与监理工程师深感棘手的难题。一般规定适用于合同单价比较合理的正常情况，如果承包单位投标时采用了不平衡报价且在签订承包合同时双方又未对明显不平衡的单价进行调整，则可参照如下方式处理。

a．若项目合同单价较高，建设单位故意要求减少此工程项目或工程量，则双方应按合理的市场单价扣减此项目单价及总价，或承包商也有权按合同的有关规定进行索赔。

b．若项目合同单价较低，建设单位故意要求增加此工程量，则双方应协商，对增加部分按合理的市场单价计算合同总价。除非工程合同中有明确的规定，否则承包商有权认为此部分为新增加的工程内容而拒绝施工或索赔。

c．若项目合同单价较高且设计或清单错漏又不得不增加此工程量，则双方应按“双控”的标准重新计算增加部分的单价及总价。

d．若项目合同单价较低，承包商故意以市场、材料、工艺等借口要求减少此工程项目或工程量，则建设单位有权按另行分包的单价或总价扣减此项目单价及总价。

e．当上述原则在工程造价管理的过程中出现矛盾或不一致的现象时，合同双方及工程监理工程师均应避免发生滥用权力的现象，应以工程建设的大局为重，友好协商，避免采取过激或违背合同精神的行为。即变更工程的结算一方面要有合同依据，另一方面又要公平合理，即客观地反映施工成本以及竞争、供求等因素对价格的影响，将总造价控制在合理的范围之内。

③ 单价分析对工程变更计价处理的重要作用与意义。

根据《建设工程工程量清单计价规范》的有关规定，工程量清单项目的划分，一般是以一个“综合实体”考虑的，一般包括多项工程内容，且当工程实际与工程量清单项目的“可组合主要内容”不同时，“可组合的主要内容”可作调整，因此对一个具体工程而言，工程量清单单价包含的内容是多方面的、特有的。在工程建设实施过程中，变更的可能仅仅只是工程内容的一部分，由于清单单价不能清楚地反映每一具体工作内容的费用价值，因此对部分内容变更导致清单单价的重新确定缺少了参照的依据，给工程变更费用的管理带来了很大的难度。为了避免或减少经济纠纷，合理确定工程造价，我们必须加强合

同管理，将允许变更的内容与方式在合同中进行明确，规范投标报价行为，对工程量清单的每一项单价进行详细的单价分析，为工程变更单价的合理确定提供合理的对比依据（包括消耗量、标准、价格、管理费率及利润等）。

（3）进行工程量清单单价分析，可以避免或减少不平衡报价现象的发生，降低工程变更管理的难度，因此建设单位及招标机构在招标时就应认真按《建设工程工程量清单计价规范》的要求编制工程量清单，在清单中对项目内容进行详细的描述与说明，对投标单位的清单单价进行详细分析，确定合理的合同单价，为以后工程变更的管理和合同管理打下良好的基础。对承包商而言则可为以后工程投标报价提供经验，为成本控制提供依据。

工程变更的管理是一项复杂而重要的系统工作，为保证工程变更计价的合理性与可操作性除应遵循上述计价原则与方法外，还应遵循一定的工作程序，关注工程变更在工程清单计价模式下对工程造价及合同的影响，努力提高我们工程清单计价的造价及合同管理水平。

① 建设单位或承包商提出设计变更，应提交监理单位审查。

② 设计单位对原设计存在的缺陷提出工程变更，应编制设计变更文件。

③ 当监理单位审查设计文件时，应对工程变更的费用和工期等做出评估。

④ 监理单位应就工程变更费用、工期、质量等方面同建设单位和承包商协商，或促使建设单位和承包商协商并达成一致。

⑤ 工程变更在监理单位签发变更指令之前，承包商不得实施。未经同意而实施的工程变更不得予以计量。

2.2.2 工程量清单计价的特点及作用

1. 工程量清单计价的特点

按照《建设工程工程量清单计价规范》，装饰工程量清单的计价方法是指在装饰工程招标、投标中，由招标人或受委托具有资质的中介机构编制反映工程实体消耗和措施性消耗的工程量清单，并作为招标文件的一部分提供给投标人，由投标人依据工程量清单自主报价的计价方法。

工程量清单计价是指投标人完成由招标人提供的工程量清单项目所需要的全部费用，包括分部分项工程费、措施项目费、其他项目费和规费、税金。

工程量清单计价采用综合单价计价。综合单价是指完成单位工程量清单项目所必需的各项费用的总和，或称全费用单价。全费用单价包括直接工程费、间接费、利润和税金等费用项目。

装饰工程量清单（简称工程量清单），是招标文件的组成部分，是编制招标标底、投标报价的依据。工程量清单是由招标人或招标代理单位编制的。工程量清单是按照招标文件、施工图纸和技术资料的要求，将拟建招标工程的全部项目内容，依据《装饰工程量清单计量规则》的规定，计算拟招标工程项目的全部分部分项的实物工程量和措施项目清单，技术性措施项目，并以统一的计量单位和表式列出的工程量表，称为工程量清单。工程量清单包括分部分项工程量清单、措施项目清单、其他项目清单。

2. 装饰工程量清单的编制人、编制依据及其作用

工程量清单应由具备招标文件编制资格的招标人或受招标人委托的具有相应资质的招标代理机构、工程造价咨询机构负责编制。

1）编制工程量清单的依据

（1）招标文件有关规定；

（2）施工设计图纸及相关技术资料；

（3）统一的工程量计算规则；

（4）统一的工程量清单项目划分标准；

（5）统一的工程量计量单位；

（6）统一的分部分项清单项目编码和项目名称；

（7）施工现场实际情况。

2）工程量清单的主要作用

（1）招标人编制并确定标底价的依据；

（2）投标人编制投标报价，策划投标方案的依据；

（3）工程量清单是招标人、投标人签订工程施工合同的依据；

（4）工程量清单是工程结算和工程竣工结算的依据。

3. 工程量清单计价与工程招投标、工程合同管理的关系

工程量清单主要适用于新建、扩建、改建等建设工程招标、投标的计价活动（包括建筑工程、装饰工程、安装工程、市政工程和园林绿化工程等）。

1）投标报价中工程量清单计价

工程量清单计价的内容包括编制标底、投标报价、合同价款的确定与调整以及办理工程结算等。

（1）招标工程如设标底，标底应根据招标文件中的工程量清单和有关要求、施工现场实际情况、合理的施工方法以及按照建设行政主管部门制定的有关工程造价计价办法进行编制。

（2）投标报价应根据招标文件中的工程量清单和有关要求、施工现场实际情况及拟定的施工方案或施工组织设计，以及企业定额和市场价格信息，并参照建设行政主管部门发布的现行消耗量定额进行编制。

（3）工程量清单计价应包括按招标文件规定完成工程量清单所需的全部费用，通常由分部分项工程费、措施项目费和其他项目费及规费、税金组成。

① 分部分项工程费是指为完成分部分项工程量所需的实体项目费用。

② 措施项目费是指除分部分项工程费以外，为完成该工程项目施工，发生于该工程施工前和施工过程中的技术、生活、安全等方面的非工程实体项目所需的费用。

③ 其他项目费是指分部分项工程费和措施项目费以外，该工程项目施工中可能发生的其他费用。

④ 分部分项工程费、措施项目费和其他项目费均采用综合单价计价，综合单价由完成

规定计量单位工程量清单项目所需的人工费、材料费、机械使用费、管理费、利润等费用组成，综合单价应考虑风险因素。

（4）工程量变更及其计价：合同中综合单价因工程量变更，除合同另有约定外，应按以下办法确定。

① 工程量清单漏项或由于设计变更引起新的工程量清单项目，其相应综合单价由承包方提出，经发包人确认后作为结算的依据。

② 由于设计变更引起工程量增减部分，属合同约定幅度以内的，应执行原有的综合单价；增减的工程量属合同约定幅度以外的，其综合单价由承包人提出，经发包人确认后作为结算的依据。由于工程量的变更，且实际发生了规定以外的费用损失，承包人提出索赔要求，与发包人协商确认后，给予补偿。

2）招标中的工程量清单计价

工程量清单应由具有编制招标能力的招标人或受其委托具有相应资质的中介机构，依据招标文件、施工图纸、施工现场条件和国家规定的统一工程量计算规则、分部分项项目划分、计量单位等进行编制。

工程量清单的编制，应包括分部工程量清单、措施项目清单、其他项目清单，且必须严格按照规定的计价规则和标准格式进行。在编制工程量清单时应根据规范和设计图及其他有关要求。

标底是装饰工程工程造价的表现形式之一，是招标单位对招标项目在方案、质量、工期、价格、措施等方面的自我控制指标或要求。招标标底的编制应依据建设行政主管部门制定的工程造价计价办法、有关规定以及市场价格信息进行编制。编制标底时应注意：若编制工程量清单与编制标底是同一单位，那么发放招标文件中的工程量清单和编制标底的工程量清单在格式、内容、描述等各方面保持一致，避免由此造成招标的失败和评标的不公正。

3）工程量清单计价与合同管理

在招标阶段运用工程量清单计价办法确定的合同价格需要在施工过程中得到实施和控制，因此，工程量清单计价方法对于合同管理体制将带来新的挑战和变革。

（1）工程量清单计价制度要求采用单价合同的合同计价方式。在现行的施工承包合同中，按计价方式不同主要有总价合同与单价合同两种形式。

① 总价合同的特点是总价包干、按总价办理结算，它适用于施工图纸明确、工程规模较小且技术不太复杂的工程。在这种情况下，合同管理的工作量小，结算工作也十分简单，便于进行投资控制。

② 单价合同的特点是合同中各工程细目的单价明确，承包商所完成的工程量要通过计量来确定，单价合同在合同管理中具有便于处理工程变更及施工索赔的特点，且合同的公正性和可操作性相对较好。工程量清单是一份与技术规范相对应的文件，清单中详细地说明了合同中需要或可能发生的工程细目及相应的工程量，可用于作为办理计量支付和结算的依据，因此，工程量清单计价制度必须配套单价合同的合同计价方式，当然最常用的还是固定合同单价的形式，即在工程结算时，结算单价按照投标人的投标价格确定，而工程量则依照实际完成的工程量结算，这是因为工程量清单中的工程量是由招标人提供的，因此，工程量变动的风险应该由招标人承担。

（2）工程量清单计价制度中工程量计算对合同管理的影响。由于工程量清单中所提供的工程量是投标单位投标报价的基本依据，因此其计算的要求相对比较高，在工程量的计算过程中，要做到不重、不漏，更不能发生计算错误，否则会带来下列问题：

① 工程量的错误一旦被承包商发现和利用，会给业主带来损失。

② 工程量的错误会引发其他施工索赔。承包商除通过不平衡报价获取了超额利润外，还可能提出索赔，例如，由于工程数量增加，承包商的开办费用（如施工队伍调遣费、临时设施费等）不够开支，可能要求业主赔偿。

③ 工程量的错误还会增加变更工程的处理难度。由于承包商采用了不平衡报价，所以当合同发生设计变更而引起工程量清单中工程量的增减时，会使得工程师不得不和业主及承包商协商确定新的单价，对变更工程进行计价。

④ 工程量的错误会造成投资控制和预算控制的困难。由于合同的预算通常是根据投标报价加上适当的预留费后确定的，工程量的错误还会造成项目管理中预算控制的困难和预算追加的难度。

2.3 工程量清单计价费用的确定

2.3.1 综合单价的确定

分部分项工程综合单价是指完成一个规定计量单位的分部分项工程所需的人工费、材料费、机械使用费、管理费和利润，并考虑风险因素。综合单价为以上各项费用之和。

人工费=综合工日定额×综合工日单价

材料费=材料消耗定额×材料单价

机械使用费=机械台班定额×台班单价

管理费=(人工费+机械使用费)×费率

利润=(人工费+机械使用费)×费率

实例 2.1 计算 1 m^3 砖基础的综合单价。

解 查《全国统一建筑工程基础定额》（GJD-101—95）第 141 页定额编号 4-1 得出完成 1 m^3 砖基础需用：

综合工日　1.218 工日
水泥砂浆 M5　0.236 m^3
普通黏土砖　0.523 6 千块
水　0.105 m^3
灰浆搅拌机（200 L）　0.039 台班

基础定额的计量单位为 1 m^2，现按 1 m^3 折算成上述需用量。

综合工日单价为 30 元；

1 m^3 水泥砂浆 M5 单价为 88.40 元；

千块普通黏土砖单价为236元；

1 m^3 水单价为1.50元。

查《全国统一施工机械台班费用编制说明》（2001版）第108页编码06016，灰浆搅拌机（200L）台班单价为51.49元。

综合单价计算如下：

人工费=1.218×30=36.54元

材料费=0.236×88.40+0.523 6×236+0.105×1.50=20.86+123.57+0.16=144.59元

机械使用费=0.039×51.49=2.01元

管理费=(36.54+144.59+2.01)×34%=183.14×0.34=62.27元

利润=(36.54+144.59+2.01)×8%=183.14×0.08=14.65元

综合单价=36.54+144.59+2.01+62.27+14.65=260.06元

如果当地有现行的《××省建筑工程预算定额》，则人工费、材料费、机械使用费可直接从预算定额查取，不必再按各基础定额及单价计算。但必须注意预算定额上的计量单位要换算成工程量清单要求的计量单位。

各分部分项的综合单价组成及综合单价计算完成后，应连同项目编码、项目名称、工程内容详细填入分部分项工程量清单综合单价分析表内。

2.3.2 分部分项工程量清单合价

分部分项工程的合价是分部分项工程量与综合单价的乘积，即

合价=工程量×综合单价

实例2.2 砖基础53.2 m^3，试计算其合价（已知综合单价为260.53元）。

解 合价=53.2×260.53元=13 860.20元

各个分部分项工程的合价相加成为分部分项工程量清单计价合计。

各分部分项工程合价计算完毕后，应连同项目编码、项目名称、计量单位、工程数量、综合单价详细填入分部分项工程清单计价表内，再把各部分项工程的合价相加成合计，填入合计栏目中。

2.3.3 措施项目费

措施项目是指为完成工程项目施工，发生于该工程施工前和施工过程中的技术、生活、安全等方面的非工程实体项目。

措施项目分为通用项目和专业项目。通用项目是指各专业工程必须计价的措施项目，专业项目是指某个专业工程增设计价的措施项目。

1．通用项目

通用项目包括环境保护计价；文明施工计价；安全施工计价；临时设施计价；夜间施工计价；二次搬运计价；大型机械设备进出场及安拆计价；混凝土计价、钢筋混凝土模板及支架计价；脚手架计价；已完工程及设备保护计价；施工排水、降水计价。

1）环境保护计价

环境保护计价是指工程在施工过程中为保护周围环境所需的费用，一般是根据工程施工中排污、防噪声、防振动等情况进行费用估算，待竣工后按实际支出费用结算。

2）文明施工计价

文明施工计价是指工程施工过程中应达到上级主管部门颁布的文明施工要求所需的费用，一般可取分部分项工程量清单计价合计的0.8%左右。

3）安全施工计价

安全施工计价是指在工程施工过程中为保障施工人员的人身安全，采取必要的安全保护措施所需的费用。一般可取分部分项工程量清单计价合计的0.8%左右，且与文明施工计价合计不超过分部分项工程量清单计价合计的1.6%。

4）临时设施计价

临时设施包括：临时宿舍、文化福利及公用事业房屋与构筑物、仓库、办公室、加工厂以及规定范围内的道路、便桥、围墙和施工用水、用电及其他动力管线等。临时设施计价是指临时设施的搭设、维修、拆除或摊销等所需的费用。临时设施计价一般取分部分项工程量清单计价合计的2.34%。若建设单位能提供一些房屋作为施工单位临时设施使用，则临时设施计价应酌情降低。

5）夜间施工计价

夜间施工是指在当晚10点钟至次日凌晨6点钟之间的时间段内进行施工。夜间施工计价是指夜间施工所增加的费用，包括人工费、照明费、伙食费等。夜间施工的人工费不超过日班人工费的两倍。夜间施工计价可预先估算，待竣工后，按实际的夜间施工记录进行费用结算。

6）二次搬运计价

二次搬运计价是指建筑材料和设备首次搬运不到位，而发生再次搬运所增加的费用，包括增加的人工费和机械使用费。二次搬运计价可预先估算，工程施工过程中如发生二次搬运应做好记录，工程竣工后，按实际发生的费用结算。

7）大型机械设备进出场及安拆计价

大型机械设备进出场及安拆计价应包括大型机械设备进出场费、安拆费、辅助设施费。

（1）大型机械设备进出场费包括运输、装卸、辅助材料和架线等费用，可查阅《全国统一施工机械台班费用编制说明》得出台次单价。

（2）大型机械设备安拆费包括施工现场机械安装和拆卸一次所需的人工费、材料费、机械费及试运转费等，可查阅《全国统一施工机械台班费用编制说明》得出台次单价。

（3）大型机械设备辅助设施费包括基础、底座、固定锚桩、行走轨道枕木等的折旧、搭设和拆除等费用，可查阅《全国统一施工机械台班费用编制说明》得出单价。

8）混凝土、钢筋混凝土模板及其支架计价

混凝土、钢筋混凝土模板及其支架计价是指工程施工过程中为浇筑混凝土、钢筋混凝土结构构件而安装和拆除模板及其支架所需的费用。

模板及其支架计价=工程量×综合单价

模板工程量计算规定：

（1）现浇混凝土及钢筋混凝土模板工程量，应区别模板的不同材质，按混凝土与模板接触面的面积计算。计量单位：m^2。

（2）现浇钢筋混凝土悬挑板模板工程量，应按悬挑板的外挑部分水平投影面积计算，挑出墙外的挑梁及板边模板不另计算。计量单位：m^2。

（3）现浇钢筋混凝土楼梯模板工程量，应按楼梯露明部分的水平投影面积计算，不扣除小于500 mm楼梯井所占面积，楼梯的踏步、梯板、平台梁等侧面模板不另计算。计量单位：m^2。

（4）预制钢筋混凝土构件模板工程量，按混凝土实体体积计算。计量单位：m^3。

综合单价计算方法如前所述。

模板及其支架计价的计算比较复杂。例如施工单位近期施工过相似的模板工程，可按工程量大小对比，确定一个模板及其支架计价，或者取其综合单价，乘以拟建工程的模板工程量，得出模板及其支架计价。

9）脚手架计价

脚手架计价是指为工程施工需要而搭设和拆除脚手架所需的费用。

脚手架计价=工程量×综合单价

（1）砌筑脚手架工程量计算规定：

① 外脚手架工程量，按外墙外边线长度乘以外墙砌筑高度计算，突出墙外宽度超过240 mm以外的墙垛、附墙烟囱等的侧面面积并入外脚手架工程量内。计量单位：m^2。

② 独立柱脚手架工程量，按柱结构外围周长另加3.6 m乘以柱砌筑高度计算。计量单位：m^2。套用相应外脚手架定额。

③ 里脚手架工程量按墙面垂直投影面积计算。计量单位：m^2。

（2）现浇钢筋混凝土框架脚手架工程量计算规定：

① 现浇钢筋混凝土柱脚手架工程量，按柱外围周长另加3.6 m乘以柱高计算，计量单位：m^2。套用相应外脚手架定额。

② 现浇钢筋混凝土梁、墙脚手架工程量，按设计是外地坪或楼板上表面至楼板底之间的高度乘以梁、墙的净长计算。计量单位：m^2。套用相应双排外脚手架定额。

（3）装饰工程脚手架工程量计算规定：

① 满堂脚手架，按室内净面积计算，其高度在3.6～5.2 m之间时，计算基本层，超过5.2 m时，每增加1.2 m按增加一层计算，不足0.6 m的不计，计算式表示如下：

$$\text{满堂脚手架增加层}=\frac{\text{室内净高度}-5.2}{1.2}$$

② 挑脚手架，按搭设长度和层数，以延长米计算。

③ 悬空脚手架，按搭设水平投影面积计算。计量单位：m^2。

综合单价计算方法如前所述。

脚手架计价的计算比较复杂，在一般情况下，施工单位根据以往施工经验及拟建工程的

脚手架工程量，确定一个脚手架计价。

10）已完工程及设备保护计价

已完工程及设备保护计价是指为保护已完工程及设备而发生的费用，包括人工费、材料费、管理费和利润。已完工程及设备保护计价一般采取估算方法，根据欲保护的工程量确定一个保护计价，以后不再调整。

11）施工排水、降水计价

施工排水、降水计价是指在工程施工过程中为排除地下水、降低地下水位而发生的费用，包括人工费、材料费、机械使用费、管理费和利润。

排水、降水计价=工程量×综合单价

2. 专业项目

专业项目分为建筑工程专业项目和装饰工程专业项目。其中，建筑工程专业项目包括垂直运输机械计价；装饰工程专业项目包括垂直运输机械和室内空气污染测试计价。

1）垂直运输机械计价

垂直运输机械计价是指工程施工过程中，为垂直运输材料、构件而发生的费用，包括人工费、机械使用费、管理费和利润。

垂直运输机械计价应区别建筑工程垂直运输机械计价和装饰工程垂直运输机械计价分别计算。

垂直运输机械计价=工程量×综合单价

当计算建筑工程垂直运输机械计价时，工程量按建筑面积计算，综合工日定额及机械台班定额应查阅《全国统一建筑工程基本定额》。

2）室内空气污染测试计价

室内空气污染测试计价是指装饰工程完成后，为测定室内空气被污染的程度而发生的测定费用。室内空气污染测试计价一般是先估算，待正式测定时按实际开支的费用结算。

2.3.4　其他项目清单费

其他项目计价包括预留金、材料购置费、总承包服务费、零星工作项目费等。其他项目计价应区别招标人部分和投标人部分所列费用。

（1）预留金是招标人为可能发生的工程量变更而预留的金额。

（2）材料购置费是招标人为购置材料所需的费用。

（3）总承包服务费是投标人为配合协调招标人进行的工程分包和材料采购所需的费用。

（4）零星工作项目费是为完成招标人提出的、工程量暂估的零尾工作所需的费用。零星工作项目计价应分别按人工、材料、机械计算，其工程量可估计，综合单价应计算。合价是工程量与综合单价的乘积。零星工作项目费应详细填入零星工作项目计价表内。

上述四项费用之合便是其他项目清单计价合计。

2.3.5　工程费汇总

1. 单位工程费

单位工程费包括分部分项工程量清单计价合计、措施项目清单计价合计、其他项目清单计价合计、规费和税金。

前三项计价合计前面已做过介绍，此处不再赘述。

（1）规费是指按规定支付劳动定额管理部门的定额测定费，以及按有关部门规定支付的上级管理费。规费一般不超过分部分项工程量清单计价合计的0.5%。

（2）税金是指国家税法规定的应计入工程费内的营业税、城市维护建设税和教育费附加。

$$税金=不含税工程费\times税率$$

式中　不含税工程费——分部分项工程量清单计价合计、措施项目清单计价合计、其他项目清单计价合计三项费用之和；

税率——根据纳税人所处地理位置不同而不同，组成单位工程费的各项费用应填入单位工程费汇总表内。

2. 单项工程费

单项工程费是各个单位工程费的合计。组成单项工程费的各个单位工程费应填入单项工程费汇总表内，包括单位工程名称及金额。各单项工程金额合计即为单项工程费。

3. 工程项目总价

工程项目总价是各个单项工程费的合计。

组成工程项目总价的各个单项工程费应填入单项工程项目总价表内，包括单位工程名称及金额。各单项工程的金额合计即为工程项目总价。

4. 投标总价

投标人投的是单位工程标，投标总价为单位工程费。

投标人投的是单项工程标，投标总价为单项工程费。

投标人投的是工程项目标，投标总价为工程项目总价。

投标总价可按单位工程费、单项工程费或工程项目总价上下浮动2%。

2.4　装饰工程造价计算程序

装饰工程造价计算程序（包工包料）参见表2.14。

表2.14　装饰工程造价计算程序（包工包料）

序号	费用名称		计算公式	备　注
一	分部分项工程量清单费用		综合单价×工程量	按计价表
	其中	1. 人工费	计价表人工消耗量×人工单价	

续表

序号	费用名称		计算公式	备注
一	其中	2. 材料费	计价表材料消耗量×材料单价	
		3. 机械费	计价表机械消耗量×机械单价	
		4. 管理费	[(1+3)]×费率	
		5. 利润	[(1+3)]×费率	
二	措施项目清单计价		分部分项工程费×费率或综合单价×工程量	按计价表或费用计算规则
三	其他项目费用			双方约定
四	规费			
	其中	1. 工程定额测定费	[(一)+(二)+(三)]×费率	按规定计取
		2. 安全生产监督费		按规定计取
		3. 建筑管理费		按规定计取
		4. 劳动保险费		按各市规定计取
五	税金		[(一)+(二)+(三)+(四)]×费率	按各市规定计取
六	工程造价		(一)+(二)+(三)+(四)+(五)	

装饰工程造价计算程序（包工不包料）参见表2.15。

表2.15 装饰工程造价计算程序（包工不包料）

序号	费用名称		计算公式	备注
一	分部分项工程量清单人工费		计价表人工消耗量×人工单价	按计价表
二	措施项目清单计价		(一)×费率	按计价表或费用计价规则
三	其他项目费用			双方约定
四	规费			按规定计取
	其中	1. 工程定额测定费	[(一)+(二)+(三)]×费率	按各市规定计取
		2. 安全生产监督费		按各市规定计取
		3. 建筑管理费		
五	税金		[(一)+(二)+(三)+(四)]×税率	
六	工程造价		(一)+(二)+(三)+(四)+(五)	

实例 2.3 某二级装饰施工企业单独施工江苏省某市区内的综合楼花岗岩楼面工程，合同人工单价为50元/工日，该楼面位于第十二层，采用紫罗红花岗岩，其构造为20 mm厚、1∶3水泥砂浆找平层，刷素水泥浆一道，8 mm厚1:1水泥砂浆粘贴石材面，面层酸洗打蜡。按计价规范计算出的工程量为619.8 m^2，按计价表计算出工程量为：水泥砂浆粘贴花岗岩面层623 m^2，面层酸洗打蜡623 m^2，假设施工单位进行调研后，紫罗红花岗岩市场价为620元/m^2，其他材料市场价同计价表中的价格，机械费不调整，试按计价表规定进行报

价。(已知：临时设施费为 0.5%，工程定额测定费为 0.1%，安全生产监督费率为 0.6%，劳动保险费为 1.8%，税率为 3.445%)。

解 (1) 确定项目编码和计量单位：

查计价规范项目编码为 020102001001，计价单位为 m^2。

(2) 按计价规范规定计算的工程量为 619.8 m^2。

(3) 按计价表计算含量。

水泥砂浆粘贴花岗岩面层：

$623 \div 619.8 \div 10 = 0.100\ 52$

面层酸洗打蜡：

$623 \div 619.81 \div 10 = 0.100\ 52$

(4) 套用计价表计算各工程(含量)单价及清单综合单价。

12-57 水泥砂浆粘贴花岗岩石材面层：

$[2789.19+4.22\times(50-28)+(4.22\times28+4.96)\times(48\%-25\%+15\%-12\%)+4.22\times(50-28)\times(48\%+15\%+10.25\%)+10.2\times(620-250)]\times0.10052$
$=678.98$(元/m^2)

12-121 面层酸洗打蜡：

$[22.73+0.48\times(50-28)+(0.48\times28+0)\times(48\%-25\%+15\%-12\%)+0.48\times(50-28)\times(48\%+15\%)]\times0.100\ 52=4.37$(元/$m^2$)

18-20 超高费：

$[(4.22\times50+0.48\times50)\times7.5\%]\times0.10052\times(1+48\%+15\%)=2.89$(元/$m^2$)

分部分项工程量综合单价：

$678.16+4.37+2.89=685.42$(元/ m^2)

22-31 垂直运输费(措施项目费)。

① 垂直运输费应套 22-31：

$[(4.22+0.48)\div10]\times(1+7.5\%)\times(26.46+19.31\times26\%)\times0.100\ 52\times619.8=990.95$(元/$m^2$)

② 临时设施费：

$685.42\times619.8\times0.5\%=2\ 124.12$(元)

(5) 总造价计算程序。

① 分部分项工程量清单费用=综合单价×工程量
=685.42×619.8=424 823.32(元)

② 措施项目清单计价：

990.95+2 124.12=3 115.07(元)

③ 其他费：无

④ 规费：

$[(1)+(2)+(3)]\times$费率$=(424\ 823.32+3\ 115.07)\times(0.1\%+0.06\%+0+1.8\%)=8\ 387.59$(元)

⑤ 税金：

$[(1)+(2)+(3)+(4)]\times$税率$=436\ 325.98\times3.445\%=15\ 031.43$(元)

⑥ 工程总价：

$(1)+(2)+(3)+(4)+(5)=451\ 357.41$(元)

思考题 2

1. 什么是工程量清单？实行工程量清单计价有何目的和意义？
2. 简述工程量清单的编制内容。
3. 招标文件中提供的工程量清单的标准格式是怎样的？
4. 工程量清单的项目编码应如何设置？
5. 在工程量清单计价模式中，单位工程报价如何计算？
6. 什么是分部分项工程量清单综合单价？它是怎样确定的？
7. 什么是措施性项目？措施性项目中的专业项目包含哪些内容？通用项目包含哪些内容？
8. 其他项目清单包含哪些内容？

内容提要

（1）装饰工程量的计算依据及方法。
（2）建筑面积的计算规则。
（3）装饰工程定额计量规则。

3.1 装饰工程量的计算依据与顺序

3.1.1 装饰工程量的计算依据

1. 经审定的施工图

施工图是计算工程量的基础资料，施工图反映了装饰工程的各部位构造、做法及其相关尺寸，是计算工程量获取数据的基本依据。在取得施工图和设计说明等资料后，应全面、细致地熟悉与核对有关图纸和资料，检查图纸是否齐全、正确。如发现设计图纸有错漏或相互间有矛盾的，应及时向设计人员提出修正意见，及时更正。

2. 装饰工程量计算规则

在《建设工程工程量清单计价规范》附录 B 中，编制了装饰工程量清单计算规则，工程量计算规则由项目编码、项目名称、计量单位、工程量计算规则和工程内容等五项构成。

装饰工程量清单及计算规则列表详细地规定了各分部分项工程量的计算规则、工程内容、项目特征、项目名称、计算方法和计量单位。它们是计算工程量的唯一依据，计算工程量时必须严格按照计算规则和方法进行。

3. 装饰工程施工组织设计及措施方案

装饰施工组织设计是确定施工方案、施工方法和主要施工技术措施等内容的基本技术经济文件。例如，在施工组织设计中要明确：铝合金吊顶，是方板面层吊顶方案，还是条板面层吊顶方案；大理石或花岗岩贴墙柱面项目中，是挂贴式，还是粘贴式或者是干挂；粘贴时是用水泥砂浆粘贴还是用干粉型黏结剂。施工方案或施工方法不同，与分项工程的列项及套用定额相关，工程量计算也不一样。

3.1.2 正确计算工程量的意义

工程量是以物理计量单位或自然计量单位表示的各分项工程或结构构件的数量。

自然计量单位是指以物体本身的自然属性为计量单位表示完成工程的数量。一般以件、块、个、只、台、套、组等或它们的倍数作为计量单位。例如，柜台、衣柜以台为单位，装饰灯具以套为单位。

物理计量单位是以物体的某种物理属性为计量单位，均以国家标准计量单位表示工程数量。以长度（m）、面积（m^2）、体积（m^3）、重量（t）等或它们的倍数为单位。例如，楼地面、墙柱面的装饰工程量以平方米（m^2）为计量单位，扶手、栏杆以延长米（m）为计量单位。

计算工程量是编制装饰工程量清单的基础工作，是招标文件和投标报价的重要组成部分。工程量清单计价或工程量清单报价主要取决于两个基本因素，一是工程量，二是综合单价。为了准确计算工程造价，这两者的数量都得正确，缺一不可。

工程量又是施工企业编制施工组织计划，确定工程工作量、组织劳动力、合理安排施工进度和供应装饰材料、施工机具的重要依据。同时，工程量也是建设项目各管理职能部门（如计划部门和统计部门）的工作内容之一。

工程量的计算是一项复杂而细致的工作，其工作量在整个预算中所占比重较大，任何粗心大意都会造成计算上的错误，致使工程造价偏离实际，正确计算工程量，对建设单位、施工企业和工程项目管理部门，对正确确定装饰工程造价都有重要的现实意义。

3.1.3 定额与清单计价方式工程量计算的对比

传统的定额计价方式的分部分项工程一般按施工工序进行设置，包含的工程内容较为单一，并据此规定了相对应的工程量计算规则；工程量清单计价方式分部分项工程的划分，是以一个“综合实体”考虑的，一般包括多个施工工序的内容，因此，两者的内涵有明显的区别（参见表3.1）。此外，定额与清单计价的工程量计算在某些计量单位上也有一些区别。

表3.1 工程量项目包含内容的对比表

序号	工程量清单项目	施工图预算分项工程项目
1	现浇水磨石楼地面（m^2） （项目编码：020101002×××）	混凝土垫层（m^2）（定额子目：1～7） 水泥砂浆找平层（m^2）（定额子目：1～14） 美术水磨石镶条（定额子目：1～42）
2	天棚吊顶（m^2） （项目编码：020302001×××）	U形轻钢龙骨安装（m^2）（定额子目：2～6） 纸面石膏板面层（m^2）（定额子目：2～69） 天棚面层耐擦洗涂料（m^2）（定额子目：2～109）

3.1.4 工程量计算的顺序

一个单位装饰工程，分项繁多，少则几十个分项，多则几百个，甚至更多，而且很多分项雷同，相互交叉。如果不按科学的顺序进行计算，就有可能出现漏算或重复计算工程量的情况，计算了工程量的子项进入工程造价，漏算或重复计算的，就少计或多算了工程造价，给造价带来虚假性，同时，也给审核、校对带来诸多不便。因此计算工程量必须按一定顺序进行，以免出错。常用的计算顺序有以下几种。

1. 按工程量清单项目及计算规则表顺序计算

按《建设工程工程量清单计价规范》附录B装饰工程量清单项目及工程量计算规则表的顺序进行计算。

2. 按装饰工程消耗量定额分部分项顺序计算

一般装饰分部分项的顺序为楼地面工程、墙柱面工程、天棚工程、门窗工程、油漆涂料、裱糊工程、其他工程等七个部分。此外还有脚手架、垂直运输超高费、安全文明施工增加费等分部。

接下来是列工程分项，列分项的顺序一般也就是消耗定额子项目的编排顺序，即工程量计算的顺序，依此顺序列项并计算工程量，就可以有效地防止漏算工程量和漏算定额，确保预算造价真实可靠。

3. 从下到上逐层计算

对不同楼层来说，可先底层，后上层；对同一楼层或同一房间来说，可以先楼地面，再墙柱面，最后顶棚，先主要，后次要；对室内外装饰来说，可先室内，后厅室，按一定的先

后次序计算。

4．计算工程量技巧

（1）将计算规则用数学语言表达成计算式，然后再按计算公式的要求从图纸上获取数据代入计算，数据的单位要换算成与定额计量单位一致，不要将图纸上的尺寸单位（毫米）代入，以免在换算时搞错。

（2）采用表格法计算，其顺序及项目编码与所列子项一致，这样可避免错漏项，也便于检查复核。

（3）采用、推广计算机软件计算工程量，它可使工程量计算既快又准，减少手工操作，提高工作效率。

运用以上各种方法计算工程量，应结合工程大小、复杂程度，以及个人经验，灵活掌握，综合运用，以使计算全面、快速、准确。

3.1.5 计算工程量应注意的问题

1．严格按计算规则的规定进行计算

工程量计算必须与工程量计算规则（或计算方法）一致，才符合要求。在《装饰工程量清单项目及计算规则》中，对各分项工程的工程量计算规则和计算方法都做了具体规定，计算时必须严格按规定执行。例如，楼地面整体面层、块料面层按饰面的净面积计算，而楼梯按水平投影面积计算。

2．工程量计算所用原始数据（尺寸）的取得必须以施工图纸（尺寸）为准

工程量是按每一分项工程、根据设计图纸进行计算的，计算时所采用的原始数据都必须以施工图纸所表示的尺寸或施工图纸能读出的尺寸为准进行计算，不得任意加大或缩小各部位尺寸。在装饰工程量计算中，较多的使用净尺寸，不得直接按图纸轴线尺寸，更不得按外包尺寸取代之，以免增大工程量，净尺寸要按图示尺寸经简单计算取定。

3．计算单位必须与规定的计量单位一致

当计算工程量时，所算各工程子项的工程量单位必须与《建设工程工程量清单计价规范》附录B中相应项目的单位一致。例如，在《建设工程工程量清单计价规范》中门窗分项的计量单位以“樘”为单位，所计算的工程量也必须以“樘”为单位。

在《建设工程工程量清单计价规范》附录B中，主要计量单位采用以下规定：

（1）以面积计算的为平方米（m^2）；

（2）以长度计算的为米（m）；

（3）以质量计算的为吨（t）或千克（kg）；

（4）以件（个或组）计算的为件（个或组）。

4．工程量计算的准确度

工程量计算数字要准确，有效位数应遵守下列规定：

（1）以立方米（m^3）、平方米（m^2）及米（m）为单位的，应保留小数点后两位数字，第三位按四舍五入；

（2）以吨（t）为单位的，应保留小数点后三位数字，第四位按四舍五入；

（3）以“个”、“根（套）”等为单位的，应取整数。

5. 分项工程各项目应标明

各分项工程应标明项目名称、项目编码、项目特征及相应的工程内容，以便于检查和审核。

3.2　建筑面积计算

3.2.1　建筑面积的概念

建筑面积也称为建筑展开面积，是指建筑物外墙勒脚以上的外围水平面积，是各层面积的总和。它包括有效面积和结构面积，其中有效面积又分为使用面积和辅助面积。

1. 使用面积

使用面积是指建筑物各层平面中直接为生产或生活使用的净面积的总和。

2. 辅助面积

辅助面积是指建筑物各层平面为辅助生产或生活活动所占的净面积的总和。例如，居住建筑中的楼梯、走道、厕所、厨房等均为辅助面积。

3. 结构面积

结构面积是指建筑物各层平面中的墙、柱等结构所占面积的总和。

3.2.2　建筑面积的作用

（1）建筑面积是一项重要的技术经济指标。在国民经济一定时期内，完成建筑面积的多少，也标志着一个国家的工农业生产发展状况、人民生活居住条件的改善和文化生活福利设施发展的程度。

（2）建筑面积是计算结构工程量或用于确定某些费用指标的基础。例如，计算出建筑面积之后，利用这个基数，就可以计算地面抹灰、室内填土、地面垫层、平整场地、脚手架工程等项目的预算价值。为了简化预算的编制和某些费用的计算，有些取费指标的取定，如中小型机械费、生产工具使用费、检验试验费、成品保护增加费等也是以建筑面积为基数确定的。

（3）建筑面积是编制、控制与调整施工进度计划和竣工验收的重要指标。

（4）建筑面积的计算对于建筑施工企业实行内部经济承包责任制、投标报价、编制施工组织设计、配备施工力量、成本核算及物资供应等，都具有重要的意义。

3.2.3　建筑面积计算依据

中华人民共和国住房和城乡建设部颁布公告（第269号）文件，规定《建筑工程建筑面积计算规范》为国家标准，编号为GB/T50353—2013，自2014年7月1日起实施。原《建筑工程建筑面积计算规范》GB/T50353—2005同时废止。

《建筑工程建筑面积计算规范》主要规定了3个方面的内容：

（1）计算全部建筑面积的范围和规定；

（2）计算部分建筑面积的范围和规定；

（3）不计算建筑面积的范围和规定。

3.2.4 建筑面积计算规则

相关知识

1．层高

上下两层楼面或楼面与地面之间的垂直距离称为层高。建筑物的首层层高，按室内设计地坪标高至首层顶部的结构层（楼板）顶面的高度。其余各层的层高，均为上下结构层顶面标高之差，如图 3.1 所示。建筑物层高是计算结构工程、装饰工程和脚手架工程的重要依据。

2．净高

楼面或地面至上部楼板底面或吊顶底面之间的垂直距离称为净高，如图 3.1 所示。

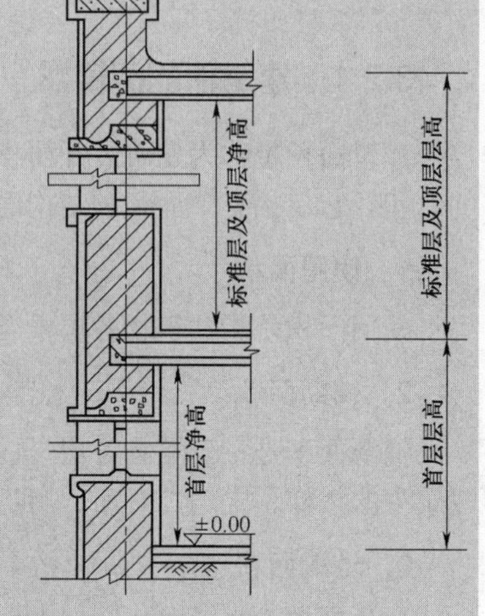

图 3.1　层高示意图

3．檐高

室外设计地坪至檐口的高度称为檐高。

檐高和层高的数据跟工程量计算及定额的套用有直接关系，其计算规则如下。

建筑物檐高的计算。建筑物檐高以室外设计地坪标高作为计算起点。

（1）平屋顶带挑檐者，算至挑檐板下皮标高，如图 3.2 和图 3.3 所示。

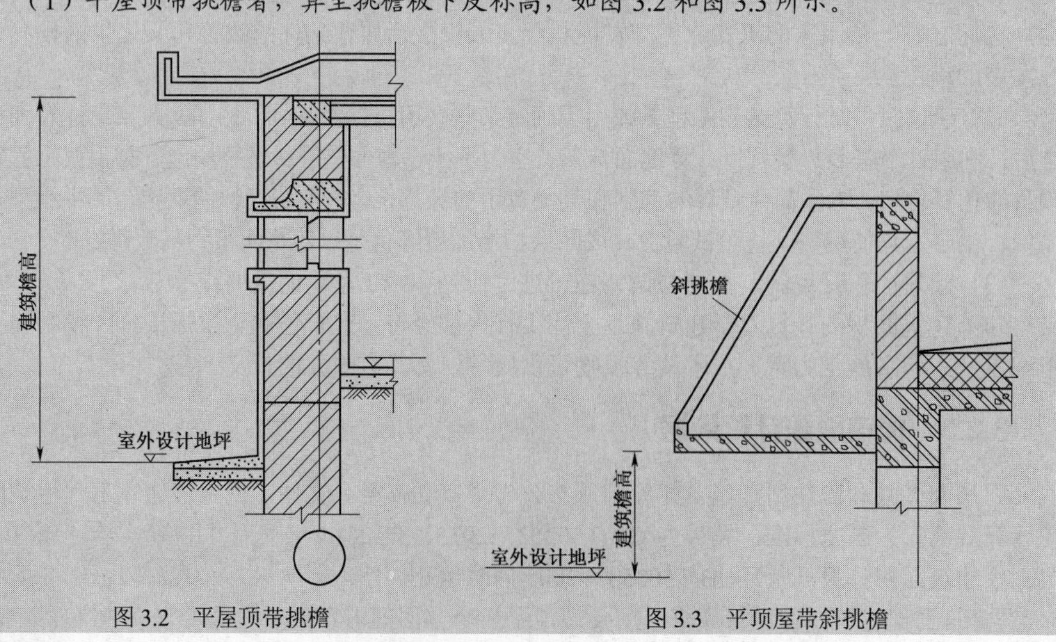

图 3.2　平屋顶带挑檐　　图 3.3　平顶屋带斜挑檐

（2）平屋顶带女儿墙者，算至屋顶结构板上皮标高，如图 3.4 所示。

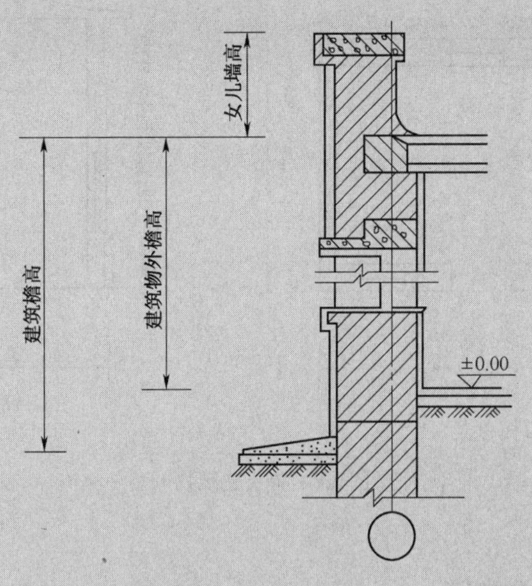

图 3.4 平屋顶带女儿墙

（3）坡屋面或其他曲面屋顶者，均算至墙的中心线与屋面板交点的高度，如图 3.5 和图 3.6 所示。

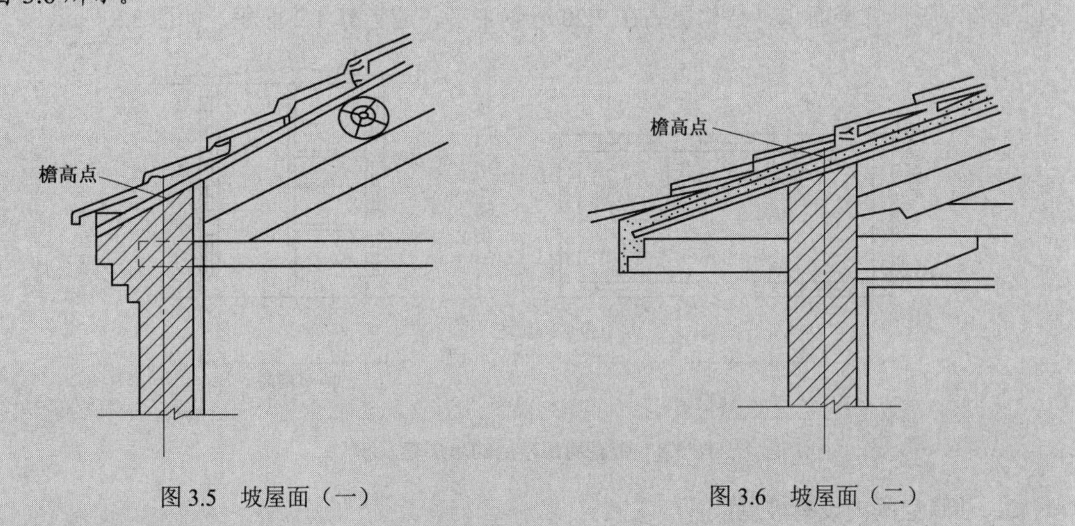

图 3.5 坡屋面（一）

图 3.6 坡屋面（二）

（4）阶梯式建筑物按高层的建筑物计算檐高。

（5）突出屋面的水箱间、电梯间、亭台楼阁等均不计算檐高。

1. 单层及多层建筑物

结构层高在 2.20 m 及以上者，应计算全面积；结构层高在 2.20 m 以下者，应计算 1/2 面积，如图 3.7 所示。

单层建筑物的高度是指室内地面标高至屋面板板面结构标高之间的垂直距离。遇有以屋面板找坡的平屋顶单层建筑物，其高度指室内地面标高至屋面板最低处板面结构标高之间的

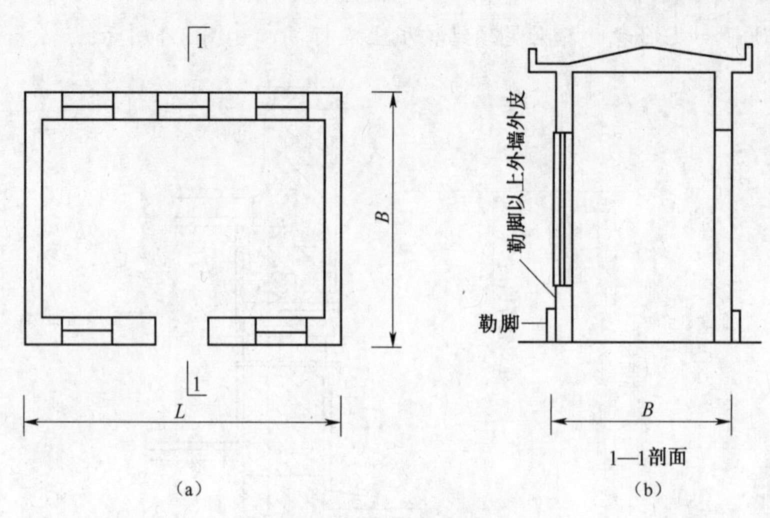

图 3.7 单层建筑物

垂直距离。

2．建筑物内设有局部楼层

建筑物内设有局部楼层时，对于局部楼层的二层及以上楼层，有围护结构者应按其围护结构外围水平面积计算，无围护结构者应按其结构底板水平面积计算，且结构层高在 2.20 m 及以上者，应计算全面积；结构层高在 2.20 m 以下者，应计算 1/2 面积，如图 3.8 所示。

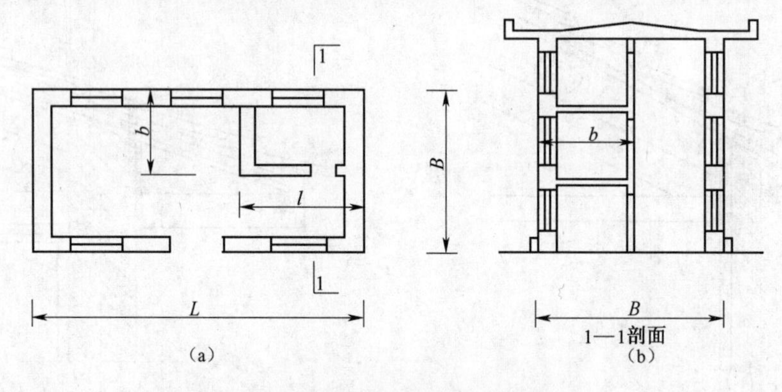

图 3.8 带有局部楼层的单层建筑物

3．建筑空间内设有坡屋顶

结构净高在 2.10 m 及以上者应计算全面积；结构净高在 1.20 m 及以上至 2.10 m 以下者应计算 1/2 面积；结构净高在 1.20 m 以下者不应计算建筑面积，如图 3.9 所示。

4．场馆看台下的建筑空间

结构净高在 2.10 m 及以上者应计算全面积；结构净高在 1.20 m 及以上至 2.10 m 以下者应计算 1/2 面积；结构净高在 1.20 m 以下者不应计算建筑面积。室内单独设置的有围护设施的悬挑看台，应按看台结构底板水平投影面积计算建筑面积。有顶盖无围护结构的场馆看台，应按其顶盖水平投影面积 1/2 计算面积，如图 3.10 所示。

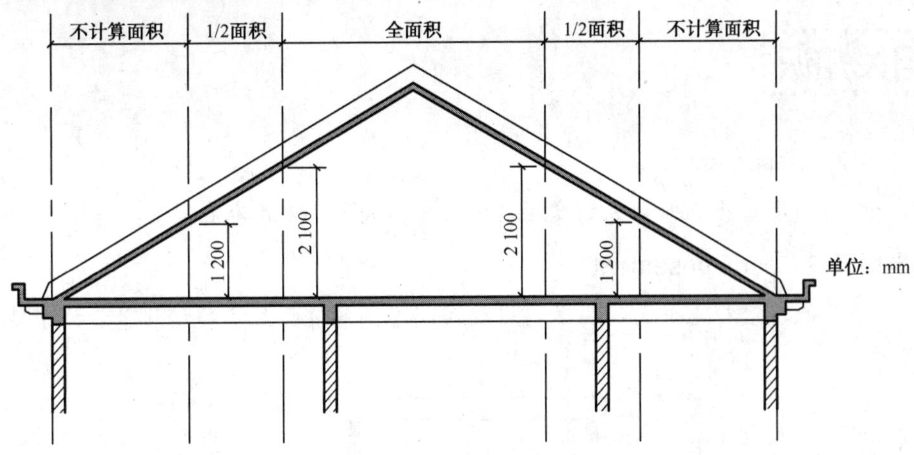

图 3.9　带有坡屋顶的单层建筑物

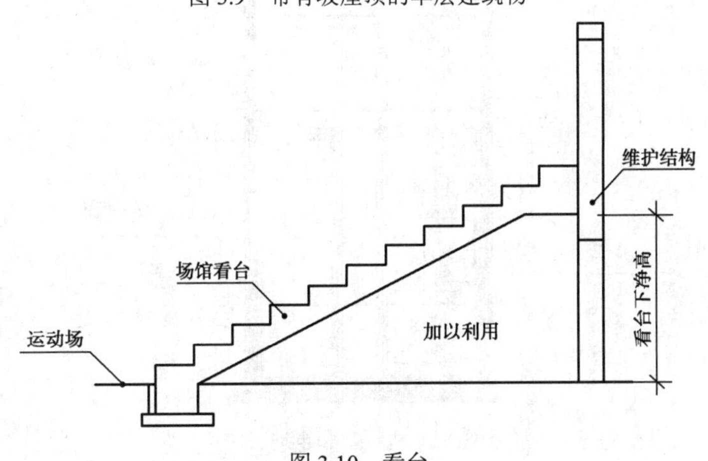

图 3.10　看台

5．地下室、半地下室

按地下室、半地下室结构外围水平面积计算。结构层高在 2.20 m 及以上者，应计算全面积；结构层高在 2.20 m 以下者，应计算 1/2 面积。出入口外墙外侧坡道有顶盖者，应按其外墙结构外围水平面积 1/2 计算面积，如图 3.11 所示。

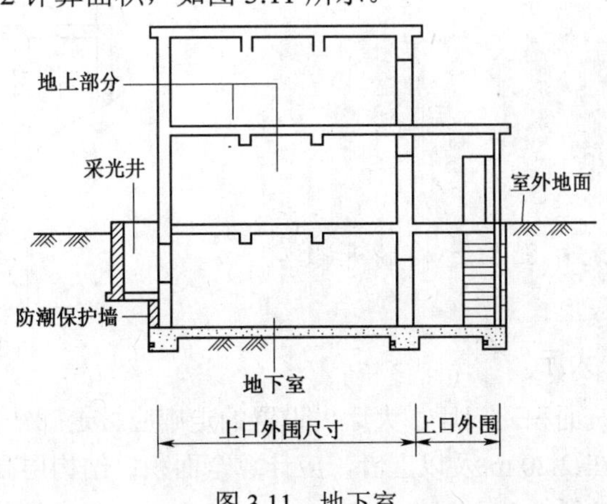

图 3.11　地下室

相关知识

1．地下室（basement）

房间地平面低于室外地平面且高度超过该房间净高的1/2者为地下室，如图3.12所示。

2．半地下室（semi-basement）

房间地平面低于室外地平面的高度超过该房间净高的1/3且不超过1/2者为半地下室，如图3.12所示。

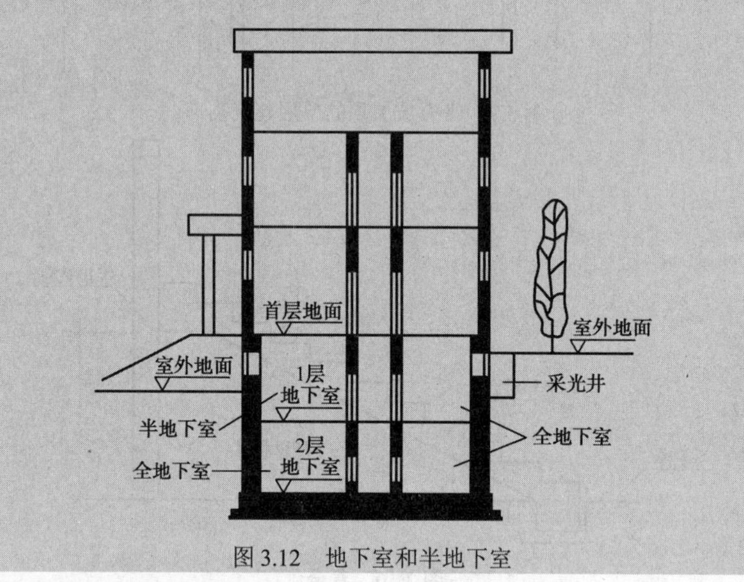

图3.12　地下室和半地下室

6．建筑物架空层及坡地建筑物架空层

应按其顶板水平投影计算建筑面积。结构层高在2.20 m及以上者，应计算全面积；结构层高在2.20 m以下者，应计算1/2面积，如图3.13所示。

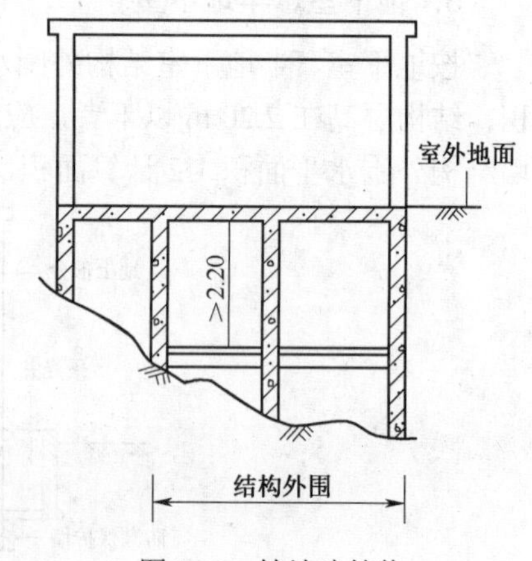

图3.13　坡地建筑物

相关知识

架空层（stilt floor）

仅有结构支撑而无外围护结构的开敞空间层。

7．建筑物的门厅、大厅

应按其一层计算建筑面积，门厅、大厅内设置的走廊应按走廊结构底板水平投影面积计算建筑面积。结构层高在2.20 m及以上者，应计算全面积；结构层高在2.20 m以下者，应计算1/2面积，如图3.14所示。

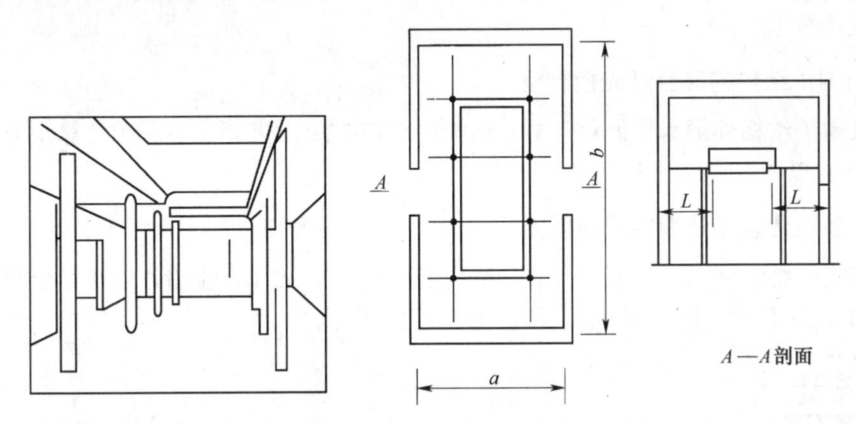

图 3.14 穿过建筑物的走廊

其建筑面积计算公式为

$$S=a\times b+2b\times L+2(a-2L)\times L$$

式中 S——大厅内有走廊时的建筑面积；

a——两外墙内表面的水平距离；

b——外墙内表面至内墙内表面间的水平距离；

L——外墙内表面至走廊边线间的水平距离。

8. 建筑物间的架空走廊

有顶盖和围护设施者，应按其围护结构外围水平面积计算全面积；无围护结构、有围护设施者，应按其结构底板水平投影面积计算 1/2 面积，如图 3.15 所示。

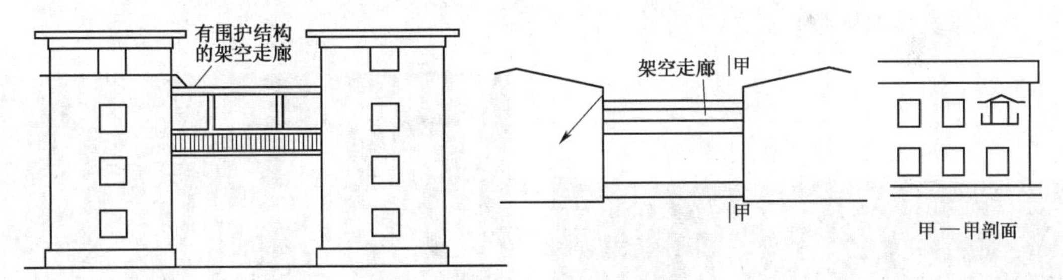

图 3.15 有围护结构的架空走廊

相关知识

架空走廊（elevated corridor）

专门设置在建筑物的二层或二层以上，作为不同建筑物之间水平通道的空间。

9. 立体书库、立体仓库、立体车库

有围护结构者，应按其围护结构外围水平面积计算全面积；无围护结构、有围护设施者，应按其结构底板水平投影面积计算 1/2 面积。无结构层者，应按一层计算；有结构层者，应按其结构层面积分别计算。结构层高在 2.20 m 及以上者，应计算全面积；结构层高在 2.20 m

以下者，应计算 1/2 面积。

10．有围护结构的舞台灯光控制室

应按其围护结构外围水平面积计算。结构层高在 2.20 m 及以上者，应计算全面积；结构层高在 2.20 m 以下者，应计算 1/2 面积。

11．附属在建筑物外墙的落地橱窗

应按其围护结构外围水平面积计算。结构层高在 2.20 m 及以上者，应计算全面积；结构层高在 2.20 m 以下者，应计算 1/2 面积，如图 3.16 所示。

相关知识

落地橱窗（french window）

突出外墙面且根基落地的橱窗。

12．飘窗

窗台与室内楼地面高差在 0.45 m 以下且结构净高在 2.10 m 及以上的凸（飘）窗，应按其围护结构外围水平面积计算 1/2 面积，如图 3.17 所示。

相关知识

凸窗（飘窗）（bay window）

凸出建筑物外墙面的窗户。

图 3.16　落地橱窗

图 3.17　飘窗

13．有围护设施的室外走廊（挑廊）

应按其结构底板水平投影面积计算 1/2 面积；有围护设施（或柱）的檐廊，应按其围护设施（或柱）外围水平面积 1/2 计算面积，如图 3.18 所示。

14. 门斗

应按其围护结构外围水平面积计算建筑面积。结构层高在 2.20 m 及以上者，应计算全面积；结构层高在 2.20 m 以下者，应计算 1/2 面积，如图 3.19 所示。

相关知识

门斗（air lock）

建筑物入口处两道门之间的空间。

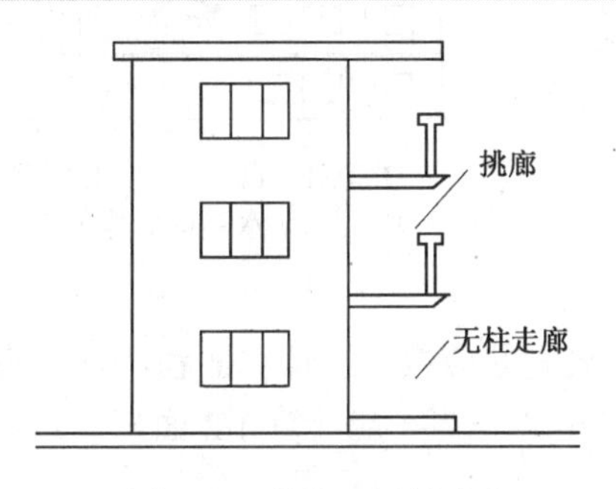

图 3.18 挑廊和无柱走廊

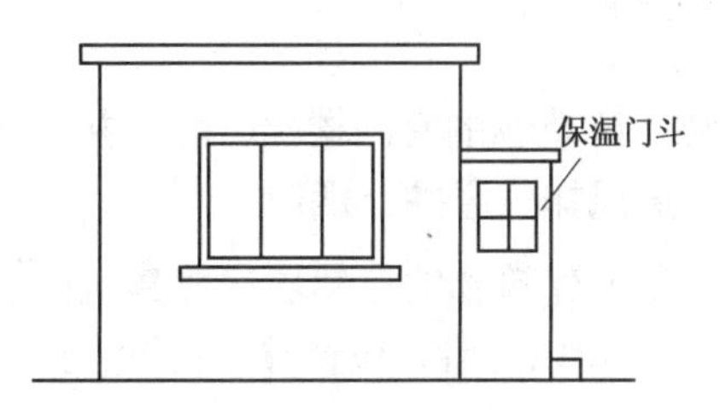

图 3.19 门斗

15. 门廊

应按其顶板的水平投影面积 1/2 计算建筑面积；有柱雨棚，应按其结构板水平投影面积的 1/2 计算建筑面积；无柱雨棚，结构外边线至外墙结构外边线的宽度在 2.10 m 及以上者，应按雨棚结构板的水平投影面积的 1/2 计算建筑面积，如图 3.20 所示。

相关知识

门廊（porch）

建筑物入口前有顶棚的半围合空间。

图 3.20 门廊

16．设在建筑物顶部的、有围护结构的楼梯间、水箱间、电梯机房等

结构层高在 2.20 m 及以上者，应计算全面积；结构层高在 2.20 m 以下者，应计算 1/2 面积，如图 3.21 所示。

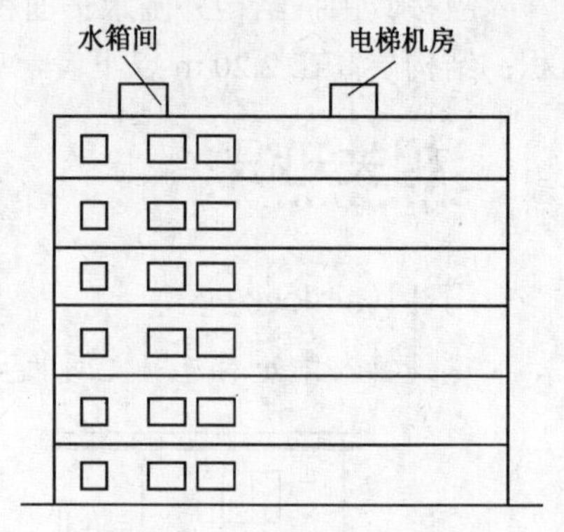

图 3.21　凸出建筑物顶部的水箱间和电梯机房

17．围护结构不垂直于水平面的楼层

应按其底板面的外墙外围水平面积计算。结构净高在 2.10 m 及以上者，应计算全面积；结构净高在 1.20 m 及以上至 2.10 m 以下者，应计算 1/2 面积；结构净高在 1.20 m 以下者，不应计算建筑面积。

18．建筑物的室内楼梯、电梯井、提物井、管道井、通风排气竖井、烟道

应并入建筑物的自然层计算建筑面积。有顶盖的采光井应按一层计算面积，且结构净高在 2.10 m 及以上者，应计算全面积；结构净高在 2.10 m 以下者，应计算 1/2 面积，如图 3.22 所示。

19．室外楼梯

应并入所依附建筑物自然层，并应按其水平投影面积的 1/2 计算建筑面积，如图 3.23 所示。

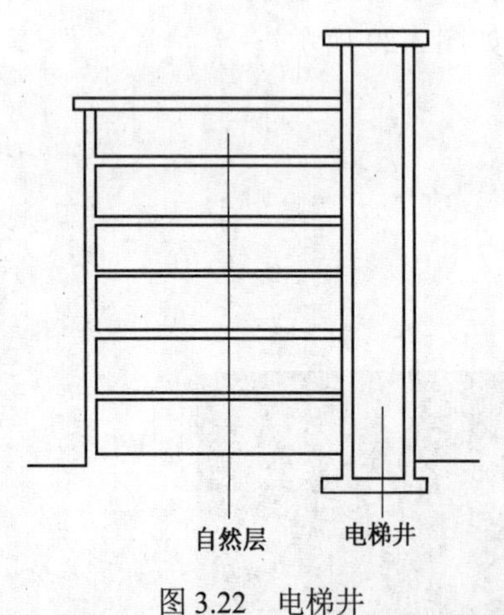

图 3.22　电梯井

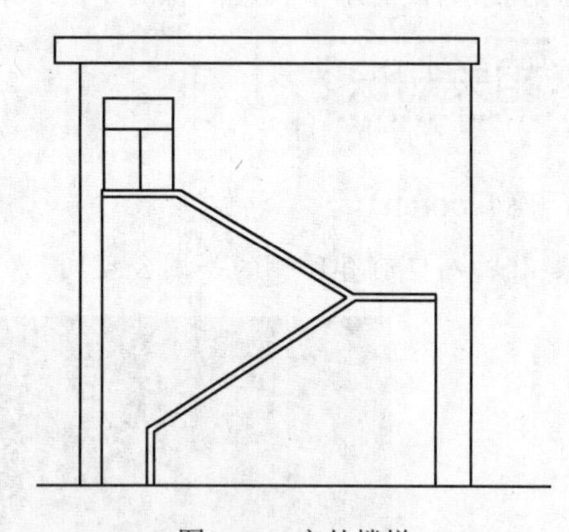

图 3.23　室外楼梯

20．在主体结构内的阳台

应按其结构外围水平面积计算全面积；在主体结构外的阳台，应按其结构底板水平投影面积 1/2 计算面积。

21．有顶盖无围护结构的车篷、货篷、站台、加油站、收费站等

应按其顶盖水平投影面积的 1/2 计算建筑面积，如图 3.24 所示。

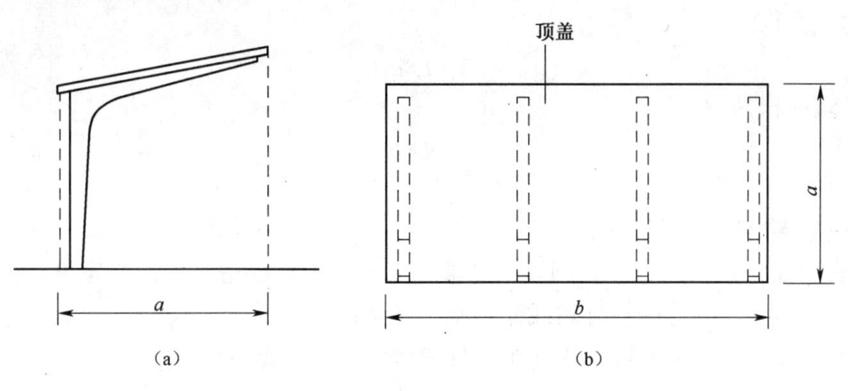

图 3.24 单排柱的独立站台

22. 其他相关规定

1）以幕墙作为围护结构的建筑物

应按幕墙外边线计算建筑面积。

2）建筑物的外墙外保温层

应按其保温材料的水平截面积计算，并计入自然层建筑面积，如图 3.25 所示。

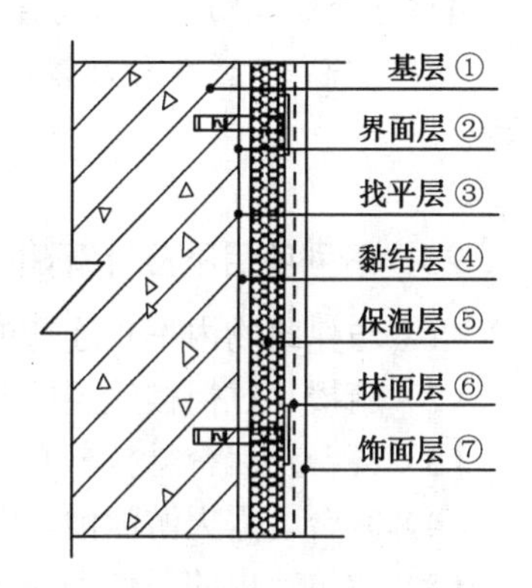

图 3.25 建筑物的外墙外保温层

3）与室内相通的变形缝

应按其自然层合并在建筑物建筑面积内计算。对于高低联跨的建筑物，当高低跨内部连通时，其变形缝应计算在低跨面积内，如图 3.26 和图 3.27 所示。

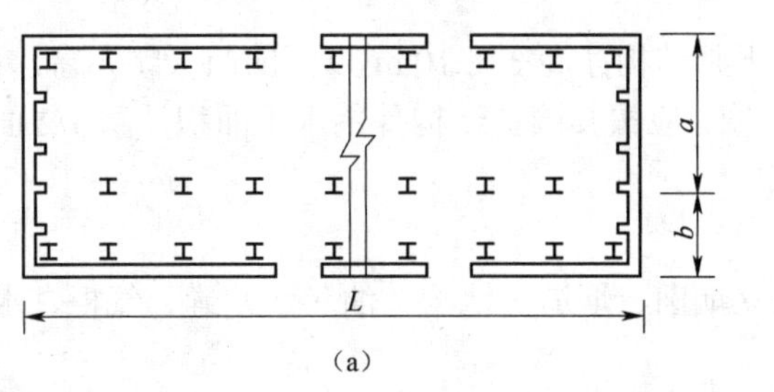

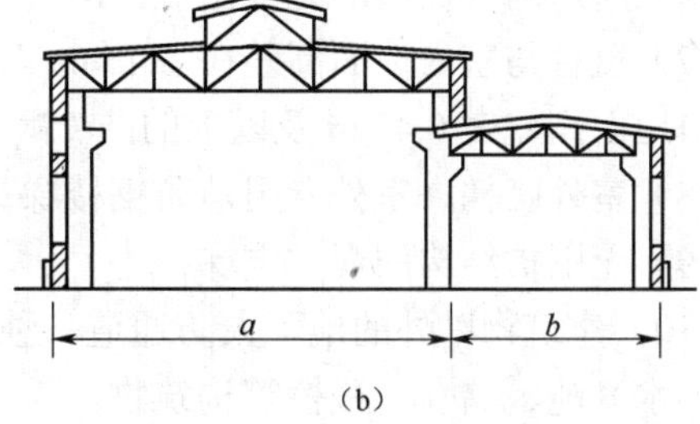

图 3.26 高低联跨建筑物（高跨为边跨时）

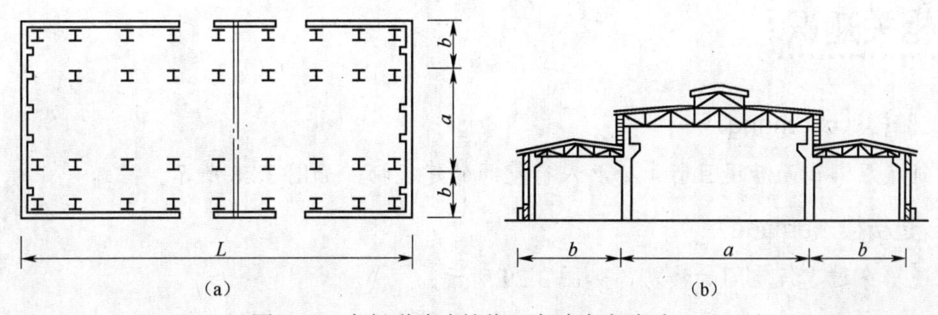

图 3.27 高低联跨建筑物（高跨为中跨时）

高跨建筑面积为

$$S_1=L\times a$$

低跨建筑面积为

$$S_2=L\times b$$

式中 S_1——高跨部分建筑面积；

S_2——低跨部分建筑面积；

a——当高跨为边跨时，勒脚以上外墙外表面至中柱外边线的水平宽度；或当高跨为中跨时，高跨中柱外边线间的水平宽度；

b——低跨勒脚以上外墙外表面至中柱内边线的水平宽度。

4）对于建筑物内的设备层、管道层、避难层等有结构层的楼层

结构层高在 2.20 m 及以上者，应计算全面积；结构层高在 2.20 m 以下者，应计算 1/2 面积。

23．下列项目不应计算建筑面积

（1）与建筑物内不相连通的建筑部件；

（2）骑楼、过街楼底层的开放公共空间和建筑物通道；

（3）舞台及后台悬挂幕布和布景的天桥、挑台等；

（4）露台、露天游泳池、花架、屋顶的水箱及装饰性结构构件；

（5）建筑物内的操作平台、上料平台、安装箱和罐体的平台；

（6）勒脚、附墙柱、垛、台阶、墙面抹灰、装饰面、镶贴块料面层、装饰性幕墙，主体结构外的空调室外机搁板（箱）、构件、配件，挑出宽度在 2.10 m 以下的无柱雨棚和顶盖高度达到或超过两个楼层的无柱雨棚；

（7）窗台与室内地面高差在 0.45 m 以下且结构净高在 2.10 m 以下的凸（飘）窗，窗台与室内地面高差在 0.45 m 及以上的凸（飘）窗，应按其围护结构外围水平面积计算 1/2 面积。

（8）室外爬梯、室外专用消防钢楼梯；

（9）无围护结构的观光电梯；

（10）建筑物以外的地下人防通道、独立烟囱、烟道、地沟、油（水）罐、气柜、水塔、储油（水）池、储仓、栈桥等构筑物。

相关知识

1．骑楼（overhang）

建筑底层沿街面后退且留出公共人行空间的建筑物，如图 3.28 所示。

2．过街楼（arcade）

有道路穿过建筑空间的楼房，如图 3.29 所示。

图 3.28 骑楼　　　　图 3.29 过街楼

3.3 工程量定额计量规则

3.3.1 《江苏省建筑与装饰工程计价定额》相关说明

1．本定额的适用范围

本定额适用于江苏省行政区域内一般工业与民用建筑的新建、扩建、改建工程及其单独装饰工程。国有资金投资的建筑与装饰工程应执行本定额；非国有资金投资的建筑与装饰工程可参照使用本定额；当工程施工合同约定按本定额规定计价时，应遵守本定额的相关规范。

2．本定额的编制依据

（1）《江苏省建筑与装饰工程计价表》；

（2）《全国统一建筑工程基础定额》；

（3）《全国统一装饰工程消耗量定额》（GYD-901—2002）；

（4）《建设工程劳动定额 建筑工程》[LD/t 72.1～11—2008]；

（5）《建设工程劳动定额 装饰工程》[LD/t 72.1～4—2008]；

（6）《全国统一建筑安装工程工期定额》（2000 年）；

（7）《全国统一施工机械台班费用编制规则》；

（8）南京市 2013 年下半年建筑工程材料指导价格。

3．本定额的作用

（1）编制工程招标控制价（最高投标限价）的依据；

（2）编制工程标底、结算审核的指导；

（3）工程投标报价、企业内部核算、制定企业定额的参考；

（4）编制建筑工程概算定额的依据；

（5）建设行政主管部门调解工程价款争议、合理确定工程造价的依据。

4．本定额的其他说明

（1）本定额由 24 章及 9 个附录组成，（其中第十三章至第十八章为装饰工程部分），包括一般工业与民用建筑工程实体项目和部分措施项目；不能列出定额项目的措施费用，应按

照《江苏省建设工程费用定额》(2014 年)的规定进行计算。

(2)本定额的装饰项目是按中档装饰水准编制的，设计四星及四星级以上宾馆、总统套房、展览馆及公共建筑等对其装修有特殊设计要求和较高艺术造型的装饰工程时，应适当增加人工，增加标准在招标文件或合同中明确，一般控制在 10%以内。

(3)家庭室内装饰可执行本定额，执行本定额时人工乘以系数 1.15。

(4)同时使用两个或两个以上系数时，采用连乘方法计算。

(5)本定额的缺项项目，由施工单位出据实际耗用人工、材料、机械含量测算资料，经工程所在市工程造价管理处(站)批准并报江苏省建设工程总价管理总站备案后方可执行。

(6)本定额中凡注有“×××以内”均包括“×××本身”,“×××以上”均不包含“×××本身”。

3.3.2 楼地面工程

1. 定额说明

楼地面工程包括：垫层、找平层、整体面层、块料面层、木地板、栏杆、扶手、三水、斜坡、明沟等。

整体面层的水泥砂浆、混凝土和细石混凝土楼地面，定额中均包括一次抹光的工料费用。

楼梯装饰定额中，包括踏步、休息平台和楼梯踢脚线，但不包括楼梯底面抹灰。水泥面楼梯包括金刚砂防滑条。

耐酸瓷片地面定额中，包括找平层和结合层。

台阶、坡道和散水定额中，包括面层的工料费用，不包括垫层，其垫层按图示做法执行相应子目。

台阶的平台宽度(外墙面至最高一级台阶外边线)在 3.0 m 以内时，平台执行台阶子目；超过 3.0 m 时，平台执行楼地面相应子目。

2. 工程量计算规则

(1)地面垫层按室内主墙间净面积乘以设计厚度以立方米计算，应扣除凸出地面的构筑物、设备基础、室内铁道、地沟等所占体积，不扣除柱、垛、间壁墙、附墙烟囱及面积在 0.3 m^2 以内的孔洞所占体积，但门洞、空圈、暖气包槽、壁龛的开口部分也不增加。

(2)整体面层、找平层均按主墙间净空面积以平方米计算，应扣除凸出地面建筑物、设备基础、地沟等所占面积，不扣除柱、垛、间壁墙、附墙烟囱及面积在 0.3 m^2 以内的孔洞所占面积，但门洞、空圈、暖气包槽、壁龛的开口部分也不增加。看台台阶、台阶教室底面整体面层按展开后的净面积计算。

(3)地板及块料面层，按图示尺寸实铺面积以平方米计算，应扣除凸出地面的构筑物、设备基础、柱、间壁墙等不作面层的部分，0.3 m^2 以内的孔洞面积不扣除。门窗、空圈、暖气包槽、壁龛的开口部分的工程量另增并入相应的面层工程量计算。

(4)楼梯整体面层按楼梯的水平投影面积以平方米计算，包括踏步板、踢脚板、中间休息平台、踢脚线、梯板侧面及堵头。楼梯井宽在 200 mm 以内者不扣除，超过 200 mm 者，应扣除其面积，楼梯间与走廊连接的，应算至楼梯梁的外侧。

（5）楼梯块料面层按展开实铺面积以平方米计算，踏步板、踢脚板、中间休息平台、踢脚线、堵头工程量应合并计算。

（6）台阶（包括踏步及最上一步踏步口外延 300 mm）正面层按水平投影面积以平方米计算；块料面层按展开（包括）两侧实铺面积以平方米计算。

（7）水泥砂浆、水磨石踢脚线按延长米计算，其洞口、门口长度不予扣除，但洞口、门口、垛、附墙烟囱侧壁也不增加；块料面层踢脚线按图示尺寸以实贴延长米计算，门洞扣除，侧壁增加。

（8）多色简单、复杂图案镶贴石材块料，按镶贴图案的矩形面积计算。成品拼花石材铺贴按设计图案的面积计算。计算简单、复杂图案之外的面积，扣除简单、复杂图案面积时，也按矩形面积扣除。

（9）楼地面铺设木地板、地毯以实铺面积计算。楼梯地毯压棍安装以套计算。

（10）其他计算规则如下：

① 栏杆、扶手、扶手下托板均按扶手的延长米计算，楼梯踏步部分的栏杆与扶手应按水平投影长度乘以系数 1.18。

② 斜坡、散水、搓牙均按水平投影面积以平方米计算，明沟与散水连在一起，明沟按宽 300 mm 计算，其余为散水，散水、明沟应分开计算。散水、明沟应扣除踏步、斜坡、花台等的长度。

③ 明沟按图示尺寸以延长米计算。

④ 地面、石材面嵌金属和楼梯防滑条均按延长米计算。

3．定额有关项目的解释

1）常用楼地面

地面的基本构造层为面层、垫层和地基；楼面的基本构造层分为面层和楼板。根据使用和构造要求可增设相应的构造层（结构层、找平层、防水层和保温隔热层等）。

（1）各构造层的作用。

① 面层：直接承受各种物理和化学作用的表面层，分整体和块料两类。

② 结合层：面层与下层的连接层，分胶凝材料和松散材料两类。

③ 找平层：在垫层、楼板或轻质松散材料上起找平或找坡作用的构造层。

④ 防水层：防止楼地面上液体透过面层的构造层。

⑤ 防潮层：防止地基潮气透过地面的构造层，应与墙身防潮层相连接。

⑥ 保温隔热层：改变楼地面热工性能的构造层，通常设在地面垫层上、楼板上或吊顶内。

⑦ 隔声层：隔绝楼地面撞击声的构造层。

⑧ 管道敷设层：敷设设备暗管线的构造层（无防水层的地面也可敷设在垫层内）。

⑨ 垫层：承受并传布楼地面荷载至地基或楼板的构造层，分刚性和柔性两类。

⑩ 基层：楼板或地基（当土层不够密实时须做加强处理）。

（2）各种楼地面的适用范围。

① 经常承受剧烈磨损的地面宜采用 C20 混凝土、铁屑水泥或块石及条石面。

② 经常受坚硬物体冲击的地面宜采用混凝土垫层兼面层或细石混凝土面层。经受强冲

击的地面宜采用混凝土板、块石或素土面层。

③ 承受剧烈振动作用或用于大面积储放重型材料的地面，宜采用粒料、灰土类柔性地面。同时有平整和清洁要求时，宜采用有砂浆结合层的预制混凝土板面层。

④ 经受高温影响的地面宜采用素土或矿渣面层，同时有较高平整和清洁要求或同时有强烈磨损的地面宜采用金属面层。

⑤ 经常受大量水作用或冲洗的块料面层地面，结合层宜采用胶凝类材料；经常有大量水作用或冲洗的楼面等用装配式楼板时应加强楼面整体性，必要时设防水层。

⑥ 地面防潮要求较高者宜设卷材或涂料防水层。

⑦ 经常受机油作用的地面不宜采用沥青类材料做面层及嵌缝，楼面应采取防油渗措施。

⑧ 有较高清洁要求的地面宜采用光洁水泥面层、水磨石面层或块材面层。

⑨ 有一定弹性和清洁要求的地面可采用橡胶板、塑料或菱苦土地面，但存在较大冲击、经常受潮或有热源影响时，不宜使用菱苦土地面。

⑩ 有防腐蚀要求的地面要采用防腐蚀面层。

2）黏土砖、水泥、水磨石、菱苦土楼地面

黏土砖、水泥、水磨石、菱苦土楼地面适用于有清洁、弹性或防爆要求的地段。磨损不多的地段，宜用不掺砂的软性菱苦土；磨损较多的地段，宜用掺砂的硬性菱苦土。以上楼地面不适用于经常有水或各种液体存留及地面温度经常处于35℃以上的地段。

3）塑料、金属楼地面

（1）塑料楼地面具有耐磨、自熄、绝缘性好、吸水性小和耐化学浸蚀等特点，有一定弹性，行走舒适，可制作成各色图案，宜用于洁净要求较高的生产用房或公共活动厅室。但也存在一些缺点，如老化、变形、静电吸尘和必须经常打蜡等。因石棉绒有致癌性，故不宜用作塑料地面的填充料。

（2）金属地面用于有强磨损、高温影响，同时又有较高平整和清洁要求的楼地面。当其他面层材料不能满足上述使用要求时，可局部采用不同做法的金属楼地面。

4）木楼地面

木楼地面面层分为普通木楼地面、硬木条楼地面和拼花木楼地面等。其构造方式有实铺、空铺、粘贴和弹簧式等，根据需要可做成单层或双层。

5）块料、耐油楼地面

（1）块料楼地面。

板块面层是用陶瓷锦砖、大理石、碎块大理石和水泥花砖，以及用混凝土、水磨石等预制板块，分别铺设在砂和水泥砂浆的结合层上而成。砂结合层厚度为20～30 mm，水泥砂浆结合层厚度为10～15 mm。

（2）耐油楼地面。

耐油楼地面是在较密实的普通混凝土中，掺入 $FeCl_3$ 混合剂，以提高混凝土的抗渗性，适用于长期接触矿物油制品的楼地面。

3.3.3　墙柱面工程

1．定额说明

墙面装修包括一般抹灰、装饰抹灰、镶贴块料面层及幕墙、木装修及其他等。

（1）外墙装修中的装饰线只编制了一般抹灰和装饰抹灰的项目，设计要求其他做法的装饰线时，执行装饰线相应定额子目。

（2）外墙涂料按底层抹灰和涂料面层分别列项编制，执行相应定额子目。

（3）干挂块料按干挂龙骨和块料面层分别列项编制，执行相应定额子目。

（4）外墙石材装修和幕墙定额子目中均不包括保温材料，设计要求时，执行隔墙、隔断和保温的相应定额子目。

（5）外墙裙和女儿墙内、外侧装修均执行外墙装修相应定额子目。

（6）隐框玻璃幕墙按成品安装编制，明框玻璃幕墙按成品玻璃现场安装编制。

（7）内墙装修中的涂料、裱糊和块料是按底层抹灰和面层装修分别列项编制的，执行相应定额子目。

（8）内墙裱糊面层项目中的分格带衬裱糊子目，适用于方格和条格裱糊，包括装饰分格条和胶合板底衬。

（9）整体裱糊锦缎定额子目中包括防潮底漆。

（10）内护墙定额中，龙骨、衬板、面层分别列项编制，执行相应定额子目。

（11）雨罩、挑檐顶面做法，执行相应定额项目；地面装修执行天棚相应定额项目，阳台底面装修执行相应定额项目。

（12）阳台栏板、斜挑檐执行外墙装修相应定额子目。

（13）雨罩、挑檐立板高度在 500 mm 以内时，檐口执行零星项目的相应定额子目；高度超过 500 mm 时，执行外墙装修的相应定额子目。

（14）天沟的檐口遮阳板、池槽、花池和花台等，均执行零星项目的相应定额子目。

2．工程量计算规则

1）内墙面抹灰

（1）内墙面抹灰面积应扣除门窗洞口和空圈所占的面积，不扣除踢脚线、挂镜线、0.3 m^2 以内的孔洞和墙与构件交接处的面积；但其洞口侧壁和顶面抹灰也不增加。垛的侧面积应并入内墙工程量计算。

内墙面抹灰长度，以主墙间的图示净长计算，其高度按实际抹灰高度确定，不扣除间壁所占的面积。

（2）柱和单梁的抹灰按结构展开面积计算，柱与梁或梁接头的面积不予扣除。砖墙平墙面的混凝土柱、梁面（包括侧壁）等抹灰应并入墙面抹灰工程量内计算。凸出墙面的混凝土柱、梁面（包括侧壁）抹灰工程量应单独计算，按相应子目执行。

（3）厕所、浴室隔断抹灰工程量，按单面垂直投影面积乘以系数 2.3 计算。

2）外墙抹灰

（1）外墙面抹灰面积按外墙面的垂直投影面积计算，应扣除门窗洞口和空圈所占的面积，不扣除 0.3 m^2 以内的孔洞面积。但门窗洞口、空圈的侧壁、顶面及垛等抹灰，应按结构展开面积并入墙面抹灰中计算。外墙面不同品种砂浆抹灰，应分别按相应子目执行。

（2）外墙窗间墙与窗下墙均抹灰，以展开面积计算。

（3）挑檐、天沟、腰线、扶手、单独门窗套、窗台线、压顶等，均以结构尺寸展开面积计算。窗台线和腰线连接时，并入腰线内计算。

（4）外窗台抹灰长度，如设计图纸无规定时，可按窗洞口宽度两边共加 20 cm 计算。窗台展开宽度一砖墙按 36 cm 计算，每增加半砖则宽累增 12 cm。

单独圈梁抹灰（包括门、窗洞口顶部）、附着在混凝土梁上的混凝土装饰线条抹灰均以展开面积以平方米计算。

（5）阳台、雨棚抹灰按水平投影面积计算。定额中已包括顶面、底面、侧面及牛腿的全部抹灰面积。阳台栏杆、栏板、垂直遮阳板抹灰另列项目计算。栏板以单面垂直投影面积乘以系数 2.1。

3）挂、贴块料面层

（1）内、外墙面、柱梁面、零星项目镶贴块料面层均按块料面层的建筑尺寸（各块料面层+粘贴砂浆厚度=25 mm）计算。门窗洞口面积扣除，侧壁、附垛贴面应并入墙面工程量中。内墙面腰线花砖按延长米计算。

（2）窗台、腰线、门窗套、天沟、挑檐、盥洗槽、池脚等块料面层镶贴，均以建筑尺寸的展开面积（包括砂浆及块料面层厚度）按零星项目计算。

（3）石材块料面板挂、贴均按面层的建筑尺寸（包括干挂空间、砂浆、板厚度）展开面积计算。

4）墙、柱木装饰及柱包不锈钢镜面

（1）木装饰龙骨、衬板、面层及粘贴切片板按净面积计算，并扣除门、窗洞口及 0.3 m^2 以上的孔洞所占的面积，附墙垛及门、窗侧壁并入墙面工程量内计算。

单独门、窗套按相应子目计算。柱、梁按展开宽度乘以净长计算。

（2）不锈钢镜面、各种装饰板面均按展开面积计算。若地面天棚面有柱帽、柱脚，则高度应从柱脚上表面至柱脚下表面计算。柱帽、柱脚按面层的展开面积以平方米计算，按相应柱帽、柱脚子目计算。

（3）幕墙以框外围面积计算。幕墙与建筑顶端、两端的封边按图示尺寸以平方米计算，自然层的水平隔离与建筑物连接按延长米计算（连接层包括上、下镀锌钢板在内）。

全玻璃幕墙以结构外边按玻璃（带肋）展开面积计算，制作处隐藏部分玻璃合并计算。

3. 定额有关项目的解释

1）室内抹灰墙面

抹灰墙面按建筑质量要求分为普通抹灰、中级抹灰和高级抹灰，总厚度为 15～20 mm。下面简要介绍各种抹灰项目。

（1）拉毛抹灰：一般用在有一定声学要求的部位。

（2）清水混凝土：即拆下模板后墙面不加任何装饰，能表现出混凝土的本色和模板的纹理，体现出一种质朴的美感。使用时要选择纹理美观的模板，也可人工特制衬模，模板和接缝都要精心设计，使它能恰到好处地表现出自然美。利用新拌混凝土的塑性，可在立面上形成各种线形，将组成材料中的粗细集料表面加工成外露集料，可获得不同的质感。这种墙面处理手法在国外用得较多，目前国内尚未发现大量使用的情况。

（3）水刷石：又称洗石，其装饰墙面星点闪烁，耐久性较好，但劳动量大，使用水泥多，造价高。水刷石适用于装饰要求较高的民用建筑或在建筑的局部使用。水刷石装饰抹灰要求石粒清晰，分布均匀，紧密干净，色泽一致，不得有掉粒和接搓痕迹。

（4）斩假石饰面：又称剁斧石，是仿天然石墙面的一种抹灰。斩假石坚固耐久，但费工、造价高，很难大面积应用。

（5）干粘石：饰面效果与水刷石接近，比水刷石施工方便，可节约水泥 3%、石屑 50%左右，造价降低 1/3。它的缺点是黏结力差，不宜在首层的外墙面使用，易积灰。

（6）拉条抹灰：即用专用模具或嵌条把面层砂浆做成竖线条，一般线条形状有细线形、半圆形、三角形、梯形和矩形等，要求线条垂直平整、深浅一致，表面光洁，不显接痕。

（7）扫毛抹灰：即用竹丝笤帚把面层砂浆扫出不同的方向条纹，一般用于对装饰要求不高的建筑。

（8）喷砂仿石：即用压缩空气通过喷涂机具将聚合水泥砂浆喷射到抹灰底层上，仿制各种石材条纹，以获得逼真的效果。

（9）彩色抹灰：其水泥浆是用彩色水泥、无水氧化钙和皮胶加水配制而成的。彩色水泥浆可用于砖、石和混凝土等各种基层上。其缺点是不宜在负温下施工。

（10）装饰线条抹灰：常用于房间的顶棚四周或舞台台口，装饰线条抹灰由黏结层、垫灰层、出灰层及罩面灰层组成，其线条的道数与外形按设计要求确定。

2）木、竹墙面

木、竹墙面具有朴实、典雅的气氛，给人以亲切温暖之感，此种材料既可做墙裙，又可装饰到顶。用作木板墙、柱和木墙裙的木材料种类很多，表面油漆成各种颜色或本色。本色的有柏木、松木、橡木、柚木、胡桃木、水曲柳和榉木等多种，在室内墙面高级装饰中被广泛使用。对声学和保温隔热要求较高的墙面，在板面与墙体之间填充玻璃棉、矿棉、泡沫聚苯板和泡沫塑料等材料，可以提高吸声性能，作为装饰吸声板。

3）室内石墙面

石墙面是指采用天然石料的墙面。天然石料如花岗石、大理石等，经过不同的加工处理可以制成块材、板块。它们具有质地坚硬，强度高，结构紧密，耐久性强，色彩鲜艳等特点。天然石料加工要求较高，价格较贵，一般多做高级装修之用。

（1）花岗石墙面。

花岗石在装饰上给人以庄严、稳重之感，常用于大型公共建筑的入口门厅、大厅等比较重要的场所。

（2）大理石墙面。

大理石组织细密、坚实、颜色多样、纹理美观，一般用于高级装修。

（3）人造石墙面。

人造石是人工制成的，常见的人造石板有预制水磨石板、人造大理石板等。人造石墙面具有强度高、表面光洁、色彩多样、价格比天然石料便宜等特点。

4）裱糊类墙面

裱糊类墙面是指用纸或锦缎、墙布等贴在墙面上，起到良好装饰效果的一种墙面处理方法。

（1）墙纸类。

普通的纸经过特殊加工处理后，就可造出不同种类的壁纸。它具有耐擦洗、耐火、不易粘灰等特性，在其表面可印凹凸不平的图案，具有很好的装饰性。

（2）墙布类。

做壁面装饰的布料，如丝绸、麻布、木棉布和混纺品等。墙布比壁纸更富有风格，花色品种更多，并具有吸声的特点。它的缺点是易于沾污，易褪色。

5）板材类墙面

（1）石膏板：具有可钻、可钉、可锯、防火、隔声、质轻和不受虫蛀等特点。

（2）石棉水泥板：一般用于屋面，但在特殊情况下，也可作为墙面装修，能取得较好的声学效果，价格比其他材料低。对吸声要求较高的，可在墙与板间填充矿棉。

（3）水泥刨花板：是指在刨花板上喷上一层薄水泥，上面可喷各种颜色的漆，这种板美观、坚硬、平整，是目前广泛用于家具及墙面的装饰材料。

（4）金属薄板：可采用铝、铜、铝合金、不锈钢等材料，在其表面喷、烤、镀色，这种材料坚固、耐用、新颖、美观，有强烈的时代感。这种材料一般用在有吸声、隔磁要求的房间。

（5）镜面玻璃：直接体现自身的质感和色彩，能反映周围的人物和景象，并且具有扩大空间、引导方向的作用。

（6）有机玻璃：具有自重轻、易清洗、色彩清晰、易于加工等特点。

（7）皮革墙面：具有舒适、温暖、消声和柔软的特点，一般用于幼儿园活动室、练功房和会议室等。

6）喷涂类墙面

（1）内墙涂料。

内墙涂料的材料一般为大白浆、可银浆，它们都具有耐碱性、色彩艳丽、黏性好、价格低廉和施工方便等特点。

（2）喷石头漆。

用喷浆机将粉碎石渣、人造树脂混合浆料喷在墙面上，使墙面具有类似花岗岩一样的外观效果。

（3）喷漆滚花。

用压缩机喷枪喷出涂料，形成一个个凹凸不平的纹理图案，再用滚筒滚压的一种墙面装修的方法。

3.3.4 天棚工程

1．定额说明

天棚工程包括天棚龙骨、天棚面层及饰面层、雨棚、采光天棚、天棚检修通道、天棚抹灰等。

定额项目中龙骨与面层分别列项，使用时应根据不同的龙骨与面层分别执行相应的定额子目。其他项目中吊顶的定额子目综合了龙骨与面层，故龙骨与面层不另行计算。

天棚高低错台立面是需要封板龙骨的，执行立面封板龙骨相应子目。

天棚面层装饰：天棚面板定额是按单层编制的，若设计要求为双层面板时，其工程量乘以 2。预制板的抹灰、满刮腻子，粘贴面层均包括预制板勾缝，不得另行计算。檐口天棚的抹灰，并入相应的天棚抹灰工程量计算。顶棚涂料和粘贴层不包括满刮腻子，如需满刮腻子，执行满刮腻子相应子目。

其他项目：金属格栅式吸声板吊顶按组装形式分三角形和六角形，分别列项，其中吸声体支架距离定额是按 700 mm 编制的，若与设计不同时，可根据设计要求进行调整。天棚保温吸声层定额是按 500 mm 编制的，若与设计不同时，可进行材料换算，人工不做调整。藻井灯带定额中，不包括灯带挑出部分端头的木装饰线，设计要求木装饰线时，执行装饰线条相应子目。

2．工程量计算规则

（1）天棚饰面的面积按净面积计算，不扣除间壁墙、检修孔、附墙烟囱、柱垛和管道所占面积，但应扣除独立柱、0.3 m^2 以上的灯饰面积（石膏板、夹板天棚面层的灯饰面积不扣除）与天棚相连接的窗帘盒面积，整体金属板中间开孔的灯饰面积不扣除。

（2）天棚中假梁、折线、叠线等圆弧形、拱形、特殊艺术形式的天棚饰面，均按展开面积计算。

（3）天棚龙骨的面积按主墙间的水平投影面积计算。天棚龙骨的吊筋按每 10 m^2 龙骨面积套用相应子目计算；全丝杆的天棚吊筋按主墙间的水平投影面积计算。

（4）铝合金扣板雨棚、钢化夹胶玻璃雨棚均按水平投影面积计算。

（5）天棚面抹灰计算规则如下：

① 天棚面抹灰按主墙间天棚水平面积计算，不扣除间壁墙、垛、柱、附墙烟囱、检查洞、通风洞、管道等所占的面积。

② 密肋梁、井字梁、带梁天棚抹灰面积，按展开面积计算，并入天棚抹灰工程量中。斜天棚按斜面积计算。

③ 楼梯底面、水平遮阳板底面和沿口天棚，并入相应的天棚抹灰工程量计算。混凝土楼梯、螺旋楼梯的底板为斜板时，按其水平投影面积（包括休息平台）乘以系数 1.18，底板为锯齿形时（包括预制踏步板），按其水平投影面积乘以系数 1.5 计算。

3．定额有关项目的解释

顶棚与地面是形成空间的两水平面，应与其他专业相配合来完成，如顶棚是否美观、与风口的位置、消防喷水孔位置等有很大的关系。因此，设计顶棚时必须全盘考虑各方面的因素。顶棚的设计应与空间环境相协调，按其空间形式来选择相应的做法。顶棚可归纳为吊顶、平顶和叠落式顶棚三大类。

1）吊顶

吊顶是将顶棚上的电线管、通风管和水管隐藏在顶棚里，使外面空间显得美观。

（1）抹灰面层吊顶：抹灰吊顶是由木板条、钢板网抹灰面组成，抹灰层由3～5 mm厚的底层（麻刀、水泥、白灰砂浆）、5～6 mm厚的中间层（水泥、白灰浆）、2 mm厚纸筋灰罩面或喷砂，再喷色浆或涂料。

（2）板材面层吊顶：板材一般为石膏板、矿棉吸声板、五夹板、金属板和镜面玻璃等。主格栅间距视吊顶重量和板材规格而定，通常不大于200 mm；次格栅的布置与板材规格尺寸及板缝处理方式相适应。

（3）立体面吊顶：立体面吊顶就是将面层做成立体形状。

（4）花格吊顶：花格吊顶就是将面层用木框或金属编制成各种形式的花格。

2）叠落式顶棚

顶棚处在不同的标高上，上下错落，称为叠落式顶棚。叠落式顶棚适用于餐厅、会议室等结构梁底标高比较低的空间，可以增加空间高度及局部高度。

3.3.5 门窗工程

1．定额说明

门窗工程包括购入构件成品安装、铝合金门窗制作安装、木门、窗框扇制作安装、装饰木门扇等。

门窗定额子目均按工厂制作，现场安装编制，执行中不得调整。

定额中的木门窗及厂库房大门不包括玻璃安装，设计要求安装玻璃时，应执行门窗玻璃的相应定额子目。

铝合金门窗、塑钢门窗及彩板门窗定额子目中包括纱门、纱扇。

门窗组合、门门组合和窗窗组合所需的拼条、拼角，可执行拼管的定额子目。

门窗设计要求采用附框，另执行附框的相应定额子目。

阳台门连窗，门和窗应分别计算，执行相应的门、窗定额子目。

电子感应横移门、旋转门、电子感应圆弧门不包括电子感应装置，另执行相应定额子目。

防火门的定额子目不包括门锁、闭门器、合叶和顺序器等特殊五金，应另执行特殊五金相应定额子目。防火门的定额子目也不包括防火玻璃，另执行防火玻璃相应定额子目。

铝合金门窗、塑钢门窗、彩板门窗的五金及安装均包括在门窗的价格中。

木门窗包括了普通五金，不包括特殊五金和门锁，设计要求时应执行特殊五金的相应定额子目。

人防混凝土门和挡窗板均包括钢门窗框。

冷藏库门包括门樘筒子板制作安装，门上五金由厂家配套供应。

围墙的钢栅栏大门、钢板大门不包括地轨安装，不锈钢伸缩门包括了地轨的制作及安装。

厂库房大门、围墙大门等门上的五金铁件、滑轮和轴承的价格均包括在门的价格中，厂库房推拉大门的轨道制作及安装包括在相应的定额子目中。

门窗筒子板的制作安装包括了门窗洞口侧壁及正面的装饰，不包括装饰线，门窗筒子板上的装饰线执行装饰线条的相应定额子目。门窗洞口正面的装饰设计采用成品贴脸，执行装

饰线条的相应定额子目，工程量不得重复计算。

不抹灰墙面，由于安装附框增加的门窗侧面抹灰，执行墙面中零星抹灰的相应定额子目。

2. 工程量计算规则

(1) 购入成品的各种铝合金门窗安装，按门窗洞口面积以平方米计算；购入成品的木门扇安装，按购入门扇的净面积计算。

(2) 现场铝合金门窗扇制作、安装按门窗洞口面积以平方米计算。

(3) 各种卷帘门按实际制作面积计算，卷帘门上有小门时，其卷帘门工程量应扣除小门面积。卷帘门上的小门按扇计算，卷帘门上电动提升装置以套计算，手动装置的材料、安装人工已包括在定额内，不另增加。

(4) 无框玻璃门按其洞口面积计算。无框玻璃门中，部分为固定门扇、部分为开启门扇时，工程量应分开计算。无框门上带亮子时，其亮子与固定门扇合并计算。

(5) 门窗框上包不锈钢板均按不锈钢板的展开面积以平方米计算，木门扇上包金属面或软包面均以门扇净面积计算。无框玻璃门上亮子与门扇之间的钢骨架横撑（外包不锈钢），按横撑包不锈钢板的展开面积计算。

(6) 门窗扇包镀锌铁皮，按门窗洞口面积以平方米计算；门窗框包镀锌铁皮、钉橡皮条、钉毛毡按图示门窗洞口尺寸以延长米计算。

(7) 木门窗框、扇制作、安装工程量计算规则如下：

① 各类木门窗（包括纱门、纱窗）制作、安装工程量均按门窗洞口面积以平方米计算。

② 门连窗的工程量应分别计算，套用相应门、窗定额，窗的宽度算至门框外侧。

③ 普通窗上带有半圆窗的工程量，应按普通窗和半圆窗分别计算，其分界线以普通窗和半圆窗之间的横框上边线为分界线。

④ 无框窗扇的工程量按扇的外围面积计算。

3. 定额有关项目的解释

1）门的分类

门的类型很多，按材料分可分为木门、钢门、铝合金门和塑钢门；按开启方式可分为平开门、弹簧门、推拉门、上翻门、单扇升降门、卷帘门、折门、转门和自动门。

2）门的构造

铝合金门是铝型材作框，框内嵌玻璃做成的门，一般用于门厅、商店橱窗等主要公共场所。铝合金门具有质轻、耐久和美观等特点。转门由门扇、侧壁和转动装置组成，框用铝或不锈钢制成，为方便使用，宜全部或大部分嵌玻璃。转门起防风和保温作用，一般用于建筑物门厅的入口。

3）门的细部构造

门套起美化门洞的作用，是在门洞内侧用木板、胶合板及大理石覆盖起来，一般用于要求较高的装饰工程中。门帘盒用于报告厅、电教室等，在白天放映录像时起遮光作用。

4）窗的构造

普通窗一般采用木窗、钢窗，各地都有标准图，可按其功能需要和洞口尺寸直接选用，一般用于民居、办公室等装饰要求不太高的场所。

铝合金窗框料为管材，分为银白色或古铜色两种，一般为工厂定做，玻璃面积较大，外观简洁大方，有利于采光，一般用于装修档次较高的场所。

遮光窗不透光，但需要通风。遮光窗百叶可水平也可垂直放置，可用木料或金属制作，关键是要互相咬合，保证光线不能透过。

5）窗的细部

窗的细部由窗帘盒和窗套组成。窗帘盒材料可分为木料、塑料、铝合金、纸面石膏板及竹板等，可以嵌入顶棚中，可做在顶棚以下，裸露于空间。窗套的构造与门套构造相似，用于装修档次较高的场所。

6）特殊门窗

特殊门窗包括防风雨、防风沙、防寒、保温、冷藏和隔声及防火、防放射线等用途的门窗。

门窗密闭用嵌填材料，有毛毯、厚绒布、帆布包内填棉或玻璃棉等松散材料，也可用橡皮、海绵橡皮、氯丁海绵橡皮、聚氯乙烯塑料和泡沫塑料等，制成条形、管状及适宜于密闭的各种断面。密闭安装方式大致分为外贴式（木窗居多）、内嵌式（钢窗为主）和嵌缝式等三类。

7）特殊门窗的构造

防火门有不同的构造做法，其防火极限分为 2 h、1.5 h、1 h、0.75 h 和 0.42 h 等，分别用于不同等级的建筑和不同生活、生产、储藏等方面。

耐火极限为 2 h 的防火门，适用于一、二等钢筋混凝土结构内储存有可燃物体的库房；耐火极限为 1.5 h 的防火门，适用于钢筋混凝土结构内生产可燃物体的厂房；耐火极限为 1 h 及以下的防火门，适用于一般公共建筑或生产可燃物质的车间。

3.3.6 油漆、涂料、裱糊工程

1. 定额说明

（1）定额中涂料、油漆工程均采用手工操作，喷塑、喷涂、喷油采用机械喷枪操作，实际施工操作方法不同时，均按相应定额执行。

（2）油漆项目中，已包括刷钉眼刷防锈漆的工、料并总和了各种油漆的颜色，设计油漆颜色与定额不符时，人工、材料均不调整。

（3）定额抹灰面抹灰面乳胶漆、裱糊墙纸饰面是根据现行工艺，将墙面封釉刮腻子、清油封底、乳胶漆涂刷及墙纸裱糊分别列子目，定额乳胶漆、裱糊墙纸子目已包括再次找补腻子在内。

2. 工程量计算规则

（1）天棚、墙、柱、梁面的喷（刷）涂料和抹灰面乳胶漆，工程量按实喷（刷）面积计算，但不扣除 0.3 m^2 以内的孔洞面积。

（2）各种木材面油漆工程量按构件的工程量乘以相应系数计算。

① 套用单层木门定额的项目工程量乘以下列系数，参见表 3.2。

表3.2 套用单层木门定额工程量系数表

项目名称	系数	工程量计算方法
单层木门	1.00	按洞口面积计算
带上亮木门	0.96	
双层（一玻一纱）木门	1.36	
单层全玻门	0.83	
单层半玻门	0.90	
不包括门套的单层木扇	0.81	
凹凸线条几何图案造型单层木门	1.05	
木百叶门	1.50	
半木百叶门	1.25	
厂库房大木门、钢木大门	1.30	
双层（单裁口）木门	2.00	

注：1. 门、窗贴脸、披水条、盖口条的油漆已包含在相应定额子目内，不予调整。

2. 双扇木门按相应单扇木门项目乘以系数0.9。

3. 厂库房木大门、钢木大门上的钢骨架、零星铁件油漆已包含在系数内，不另计算。

② 套用单层木窗定额的项目工程量乘以下列系数，参见表3.3。

表3.3 套用单层木窗定额工程量系数表

项目名称	系数	工程量计算方法
单层玻璃窗	1.00	按洞口面积计算
双层（一玻一纱）窗	1.36	
双层（单裁口）窗	2.00	
三层（二玻一纱）窗	2.60	
单层组合窗	0.83	
双层组合窗	1.13	
木百叶窗	1.50	
不包括窗套的单层木窗扇	0.81	

（3）套用木扶手定额的项目工程量乘以下列系数，参见表3.4。

表3.4 套用木扶手定额工程量系数表

项目名称	系数	工程量计算方法
木扶手（不带托板）	1.00	按延长米
木扶手（带托板）	2.60	
窗帘盒（箱）	2.04	
窗帘棍	0.35	
装饰线条宽在150 mm内	0.35	
装饰线条宽在150 mm外	0.52	
封檐板、顺水板	1.74	

④ 套用其他木材面定额的项目工程量乘以下列系数，参见表3.5。

表3.5 套用其他木材面定额工程量系数表

项目名称	系　数	工程量计算方法
纤维板、木板、胶合板天棚	1.00	长×宽
木方格吊顶天棚	1.20	
鱼鳞板墙	2.48	
暖气罩	1.28	
木间壁木隔断	1.90	外围面积 长（斜长）×高
玻璃间壁露明墙筋	1.65	
木栅栏、木栏杆（带扶手）	1.82	
零星木装修	1.10	展开面积

⑤ 套用木墙裙定额的项目工程量乘以下列系数，参见表3.6。

表3.6 套用木墙裙定额工程量系数表

项目名称	系　数	工程量计算方法
木墙裙	1.00	净长×高
有凹凸、线条几何图案的木墙裙	1.20	

⑥ 踢脚线按延长米计算，如踢脚线与墙裙油漆材料相同，应合并在墙裙工程量中。

⑦ 橱、台、柜工程量计算按展开面积计算；零星木装修、梁、柱饰面按展开面积计算。

⑧ 窗台板、筒子板（门、窗套），不论有无拼花图案和线条均按展开面积计算。

⑨ 套用木地板定额的项目工程量乘以下系数，参见表3.7。

表3.7 套用木地板定额工程量系数表

项目名称	系　数	工程量计算方法
木地板	1.00	长×宽
木楼梯（不包括底面）	2.30	水平投影面积

（3）抹灰面、构件面油漆、涂料、刷浆计算规则如下：

① 抹灰面的油漆、涂料、刷浆的工程量=抹灰工程量。

② 混凝土板底、预制混凝土构件仅油漆、涂料、刷浆的工程量计算参见表3.8，套用抹灰面相应子目。

表3.8 套用抹灰面定额工程量计算表

项目名称	系　数	工程量计算方法
槽形板、混凝土折板底面	1.30	长×宽
有梁板底（含梁底、侧面）	1.30	

续表

项目名称		系　数	工程量计算方法
混凝土板式楼梯（斜板）		1.18	水平投影面积
混凝土板式楼梯（锯齿形）		1.50	
混凝土花格窗、栏杆		2.00	长×宽
遮阳板、篮板		2.10	长×宽（高）
混凝土预制构件	屋架、天窗架	40 m^2	每 m^3 构件
	柱、梁、支撑	12 m^2	
	其他	20 m^2	

（4）金属面油漆计算规则如下。

① 套用单层钢门窗定额的项目工程量乘以下列系数，参见表 3.9。

表 3.9　套用单层钢门窗定额工程量计算表

项目名称	系　数	工程量计算方法
单层钢门窗	1.00	洞口面积
双层钢门窗	1.50	
单钢门窗带纱门窗扇	1.10	
钢百叶门窗	2.74	
半截百叶钢门	2.22	
满钢门或包铁皮门	1.63	
钢折叠门	2.30	框（扇）外围面积
射线防护门	3.00	
厂库房平开、推拉门	1.70	
间壁	1.90	长×宽
平板屋面	0.74	斜长×宽
瓦垄板屋面	0.89	
镀锌铁皮排水、伸缩缝盖板	0.78	展开面积
吸气罩	1.63	水平投影面积

② 其他金属面油漆，按构件油漆部分表面积计算。

③ 套用金属面定额的项目：原材料每米重量 5 kg 以内为小型构件，防火涂料用量乘以系数 1.02；人工乘以系数 1.1；网架上刷防火涂料时，人工乘以系数 1.4。

（5）刷防火涂料计算规则如下：

① 隔墙、护壁木龙骨按其面层正立面投影面积计算。

② 柱木龙骨按其面层外围面积计算。

③ 天棚龙骨按其水平投影面积计算。

④ 木地板中木龙骨带毛地板按地板面积计算。

⑤ 隔壁、护壁、柱、天棚面层及木地板刷防火涂料，执行其他木材面刷防火涂料相应子目。

3.3.7 其他零星工程

1. 定额说明

（1）定额中除铁件、钢骨架已包含刷防锈漆一遍外，其余均为包含油漆、防火漆的工料。例如，设计涂刷油漆、防火漆，按油漆相应子目套用。

（2）定额中招牌不区分平面型、箱体型、简单型、复杂型。各类招牌、灯箱的钢骨架基层制作、安装套用相应子目，按吨计算。

（3）招牌、灯箱内灯具未包括在内。

（4）定额中的石材磨边按成品安装考虑。石材装饰线条的磨边、异型加工等均包含在成品线条的单价中，不再另计。

（5）货柜、柜类定额中未考虑面板拼花及饰面板上贴其他材料的花饰、造型艺术品，货架、柜类图见定额附件。该部分定额子目仅供参考。

（6）石材面刷防护剂是指通过刷、喷、涂、滚等方法，使石材防护剂均匀分布在石材表面或渗透到石材内部形成一种保护，使石材具有防水、防污、耐酸碱、抗老化、抗冻融、抗生物侵蚀等功能，从而达到提高石材使用寿命和装饰性能的效果。

2. 工程量计算规则

（1）灯箱面层按展开面积以平方米计算。

（2）招牌字按每个字面积在 0.2 m^2 内、0.5 m^2 内、0.5 m^2 外 3 个子目划分，字不论安装在何种墙面或者其他部位均按字的个数计算。

（3）单线木压条、木花式线条、木曲线条、金属装饰线条及多线木装饰条、石材线等安装均按外围延长米计算。

（4）石材及块料磨边、胶合板刨边、打硅酮密封胶，均按延长米计算。

（5）门窗套、筒子板按面层展开面积计算。窗台板按平方米计算。例如，图纸未注明窗台板长度时，可按窗框外围两边共加 100 mm 计算；窗口凸出墙面的宽度按抹灰面另加 30 mm 计算。

（6）暖气罩按外框投影面积计算。

（7）窗帘盒及窗帘轨按延长米计算。例如，设计图纸未注明尺寸可按洞口尺寸加 30 cm 计算。

（8）窗帘装饰布计算规则如下：

① 窗帘布、窗纱布、垂直窗帘的工程量按展开面积计算。

② 窗帘水波幔按延长米计算。

（9）石膏浮雕灯盘、角花按个数计算，检修孔、灯孔、开洞按个数计算，灯带按延长米计算，灯槽按中心线延长米计算。

（10）石材防护剂按实际涂刷面积计算。成品保护层按相应子目工程量计算。台阶、楼梯按水平投影面积计算。

（11）卫生间配件计算规则如下：

① 石材洗漱台面工程量按展开面积计算。

② 浴帘杆按数量以每 10 支计算、浴缸拉手及毛巾架按数量以每 10 副计算。

③ 无基层成品镜面玻璃、有基层成品镜面玻璃均按玻璃外围面积计算。镜框线条另计。

（12）隔断计算规则如下：

① 半玻璃隔断是指上部为玻璃隔断，下部为其他墙体，其工程量按半玻璃设计边框外边线以平方米计算。

② 全玻璃隔断是指其高度自下横档底算至上横档顶面，宽度按两边立框外边以平方米计算。

③ 玻璃砖隔断按玻璃砖格式框外围面积计算。

④ 浴厕木隔断，其高度自下横档底算至上横档顶面以平方米计算。门扇面积并入隔断面积内计算。

⑤ 塑钢隔断按框外围面积计算。

（13）货架、柜橱类均以正立面的高（包括脚的高度在内）乘以宽以平方米计算。收银台以个计算，其他以延长米为单位计算。

3.3.8　脚手架工程

1. 定额说明

脚手架分为综合脚手架和单项脚手架两部分。

单项脚手架适用于单独地下室、装配式和多（单）层工业厂房、仓库、独立的展览馆、体育馆、影剧院、礼堂、饭堂（包括附属厨房）、锅炉房、檐高未超过 3.60 m 的单层建筑、超过 3.60 m 的屋顶构架、构筑物和单独装饰工程等。除此之外的单位工程均执行综合脚手架项目。

2. 工程量计算规则

1）综合脚手架

综合脚手架按建筑面积计算。单位工程中不同层高的建筑面积应分别计算。

2）砌筑及外墙镶（挂）贴脚手架

（1）外墙脚手架按外墙外边线长度（如外墙有挑阳台，则每个阳台计算一个侧面宽度，计入外墙长度内，两户阳台连在一起的也只算一个侧面）乘以外墙高度以平方米计算。外墙高度指室外设计地坪至檐口（或女儿墙上表面）高度，坡屋面至屋面板下（或椽子顶面）墙中心高度；有山尖者算至山尖 1/2 处的高度。

（2）内墙脚手架以内墙净长乘以内墙净高计算。有山尖时，高度算至山尖 1/2 处；有地下室时，高度自地下室室内地坪算至墙顶面。

（3）外墙脚手架包括一面抹灰脚手架在内，另一面墙可计算抹灰脚手架。

3）抹灰脚手架、满堂脚手架

（1）抹灰脚手架计算规则如下。

① 钢筋混凝土单梁、柱、墙按以下规定计算脚手架：

- 单梁——以梁净长乘以地坪（或楼面）至梁顶面高度计算；
- 柱——以柱结构外围周长加 3.6 m 乘以柱高计算；
- 墙——以墙净长乘以地坪（或楼面）至板底高度计算。

② 墙面抹灰以墙净长乘以净高计算。

③ 如有满堂脚手架可以利用时，不再计算墙、柱、梁面抹灰脚手架。

④ 天棚抹灰高度在 3.60 m 以内，按天棚抹灰面（不扣除柱、梁所占的面积）以平方米计算。

（2）满堂脚手架计算规则如下：

天棚抹灰高度超过 3.60 m，按室内净面积计算满堂脚手架，不扣除柱、垛、附墙烟囱所占面积。

① 基本层：高度在 8 m 以内计算基本层。

② 增加层：高度超过 8 m，每增加 2 m，计算一层增加层，计算式如下：

$$增加层数=\frac{室内净高(m)-8(m)}{2(m)}$$

增加层数计算结果保留整数，小数在 0.6 以内舍去，在 0.6 以上进位。

③ 满堂脚手架高度以室内地坪面（或楼面）至天棚面或屋面板的底面为准（斜的天棚或屋面按平均高度计算）。室内挑台栏板外侧共享空间的装饰，如无满堂脚手架可利用时，按地坪面（或楼面）至顶层栏板顶面高度乘以栏板长度以平方米计算，套用相应抹灰脚手架定额。

3.3.9 垂直运输及高层建筑超高费

1．定额说明

单独装饰工程人工降效：

（1）“高度”和“层数”，只要其中一个指标达到规定，即可套用该项目。

（2）当同一个楼层中的楼面和天棚不在统一计算段内，按天棚面标高段为准计算。

2．工程量计算规则

单独装饰工程超高人工降效，以超过 20 m 或 6 层部分的工日分段计算。

思考题 3

1．房屋建筑中哪些部位应计算建筑面积？如何计算？哪些部位不应计算建筑面积？

2．楼、地面工程量定额计量规则包括哪些项目？楼地面工程量定额计量规则规定工程量怎样计算？

3．墙、柱面工程量定额包括哪些项目？墙、柱面工程量定额计算规则规定工程量怎样计算？

4．天棚工程量定额包括哪些项目？天棚工程量定额计算规则规定工程量怎样计算？

5．门窗工程量定额包括哪些项目？门窗工程量定额计算规则规定工程量怎样计算？

6．油漆、涂料、裱糊工程量定额包括哪些项目？油漆、涂料、裱糊工程量定额计算规则规定工程量怎样计算？

7．其他项目的工程量定额包括哪些项目？工程量定额计算规则规定工程量怎样计算？

任务4 装饰工程计价实例

内容提要

分部分项工程及单位工程的定额计价和工程量清单计价的工程实例编制。

4.1 分部分项工程量计价编制（采用 2014 版本的计价表）

4.1.1 楼地面工程计价编制

实例 4.1 某一层建筑平面图如图 4.1 所示，室内地坪标高±0.00，室外地坪标高−0.45 m，土方堆积地距离房屋 150 m。该地面做法：1∶2 水泥砂浆面层 20 mm，C15 现浇混凝土垫层 80 mm，碎石垫层 100 mm，夯填地面土；踢脚线：120 mm 高水泥砂浆踢脚线；Z：300 mm×300 mm；M1：1 200 mm×2000 mm；台阶：100 mm 碎石垫层，1∶2 水泥砂浆面层；散水：C15 混凝土 600 mm 宽，按苏 J9508 图集施工（不考虑模板）；踏步高 150 mm。求地面部分工程量、综合单价和合价。

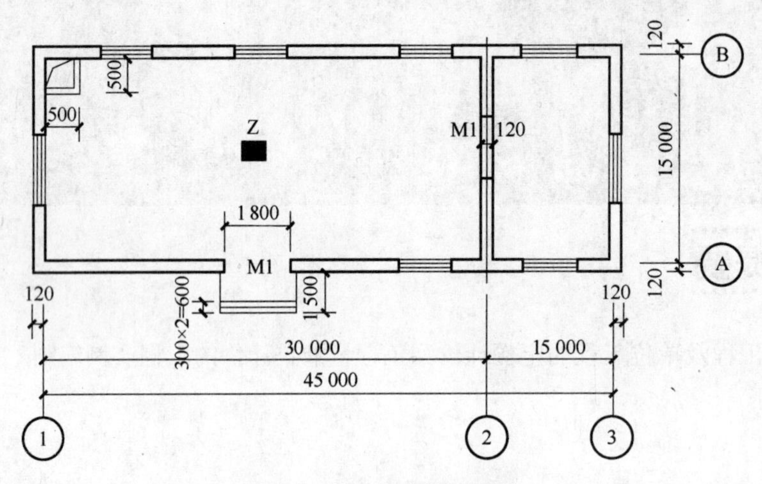

图 4.1　某一层建筑平面图

解　（1）列项。

碎石垫层（13-17）、C15 混凝土垫层（13-11换）、水泥砂浆地面（13-22），水泥砂浆踢脚线（13-27），台阶碎石垫层（13-9），台阶粉面（13-25），C15 混凝土散水（13-163换）。

（2）计算工程量。

碎石垫层：

$[(45-0.24)\times(15-0.24)+0.6\times1.8]\times0.1=66.17\ \text{m}^3$

C15 混凝土垫层：

$[(45-0.24)\times(15-0.24)+0.6\times1.8]\times0.08=52.94\ \text{m}^3$

水泥砂浆地面：

$(45-0.24)\times(15-0.24)+0.6\times1.8=661.74\ \text{m}^2$

水泥砂浆踢脚线：

$(45-0.24-0.12)\times2+(15-0.24)\times4=148.32\ \text{m}$

台阶碎石垫层：

$1.8\times0.9\times0.1=0.16\ \text{m}^3$

台阶粉面：

$1.8\times0.9=1.62\ m^2$

C15 混凝土散水：

$0.6\times[(45.24+0.6+15.24+0.6)\times2-1.8]=72.94\ m^2$

（3）套用计价表，计算结果填入表 4.1 中。

表 4.1　例 4.1 计算结果

序号	计价表编号	项 目 名 称	计 量 单 位	工 程 量	综合单价/元	合价/元
1	13-17	碎石垫层	m^3	66.17	115.38	7 634.69
2	13-11换	C15 混凝土垫层	m^3	52.94	395.95	20 961.59
3	13-22	水泥砂浆地面	$10\ m^2$	66.17	165.31	10 938.56
4	13-27	水泥砂浆踢脚线	10 m	14.83	62.94	933.40
5	13-163换	C15 混凝土散水	$10\ m^2$	7.294	607.42	4 430.52
合计						44 898.76

注：13-163换综合单价=622.39-170.43+235.54×0.66=607.42（元/10 m^2）。

实例 4.2　某工程楼面采用彩色水磨石楼面（如图 4.2 所示，设计构造为：素水泥浆一道；20 mm 厚 1∶3 水泥砂浆找平层；16 mm 厚 1∶2 白水泥彩色石子浆（颜料为氧化铁红），采用 2 mm×15 mm 铜嵌条，按 700 mm×700 mm 分格，剩余尺寸小的可采用适当扩大间距来解决；对应的踢脚线采用 120 mm 高普通水磨石；Z：300 mm×300 mm；M1：1 200 mm×2 000 mm；平台、台阶：普通水磨石面层；踏步高 150 mm。水磨石均进行酸洗打蜡和成品保护，所有相关单价同计价表，按土建三类取费，试用计价表计算该水磨石楼面的综合单价和合价。

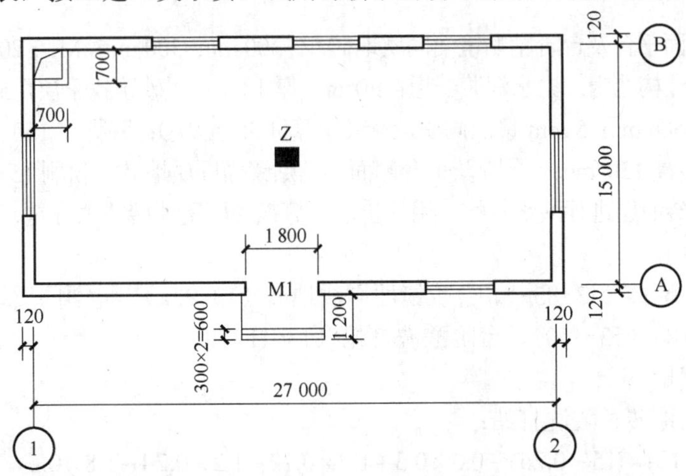

图 4.2　某工程楼面平面图

解　（1）列项。

白色水泥彩色石子浆水磨石地面（13-32换）、水磨石铜嵌条（13-105）、水磨石踢脚线（13-34）、水磨石台阶（13-37）、水磨石平台（13-30）。

（2）计算工程量。

白色水泥彩色石子浆水磨石地面：

$(27-0.24)\times(15-0.24)-0.7\times0.7=394.49\ \text{m}^2$

水磨石铜嵌条：

$[(27-0.24)/0.7-1]\times(15-0.24)+[(15-0.24)/0.7-1]\times(27-0.24)=1\,086.99\ \text{m}$

水磨石踢脚线：

$(27-0.24)\times2+(15-0.24)\times2=83.04\ \text{m}$

水磨石台阶：

$1.8\times3\times0.3=1.62\ \text{m}^2$

水磨石平台：

$1.8\times0.6=1.08\ \text{m}^2$

（3）套用计价表，计算结果填入表 4.2 中。

表 4.2　例 4.2 计算结果

序号	计价表编号	项 目 名 称	计 量 单 位	工 程 量	综合单价/元	合价/元
1	13-32换	白色水泥彩色石子浆水磨石地面	10 m²	39.449	1 680.34	66 287.73
2	13-105	水磨石铜嵌条	10 m	108.70	65.33	7 101.37
3	13-34	水磨石踢脚线	10 m	8.304	269.15	2 235.02
4	13-37	水磨石台阶	10 m²	0.162	1 857.81	300.97
5	13-30	水磨石平台	10 m²	0.108	1 407.03	151.96
合计						76 077.05

注：13-32换综合单价=1 681.17-10.56+0.01×972.71=1 680.34［元/（10 m²）］。

实例 4.3　地面平台及台阶粘贴镜面同质地砖，Z: 300 mm×300 mm，M: 1 200 mm×2 000 mm，门外开且外平，设计构造为：素水泥浆一道；20 mm 厚 1∶3 水泥砂浆找平层，5 mm 厚 1∶2 水泥砂浆粘贴 500 mm×500 mm×5 mm 镜面同质地砖（预算价 35 元/块）；踢脚线 150 mm 高（柱子的踢脚线不考虑）；踏步高 150 mm。台阶及平台侧面不粘贴镜面同质地砖，粉刷 15 mm 底层，5 mm 面层。镜面同质地砖面层进行酸洗打蜡。用计价表计算镜面同质地砖的工程量、综合单价和合价。

解　（1）列项。

地面镜面同质地砖（13-83换）、台阶镜面同质地砖（13-93换）、镜面同质地砖踢脚线（13-95换）、地面酸洗打蜡（13-110）、台阶酸洗打蜡（13-111）。

（2）计算工程量。

地面镜面同质地砖、酸洗打蜡：

$(45-0.24-0.12)\times(15-0.24)-0.3\times0.3+1.2\times0.12+1.2\times0.24+1.8\times0.6=660.31\ \text{m}^2$

台阶镜面同质地砖、酸洗打蜡：

$1.8\times(3\times0.3+3\times0.15)=2.43\ \text{m}^2$

镜面同质地砖踢脚线：

$(45-0.24-0.12)\times2+(15-0.24)\times4-3\times1.2+2\times0.12+2\times0.24=145.44\ \text{m}$

（3）套用计价表，计算结果填入表 4.3 中。

表 4.3 例 4.3 计算结果

序号	计价表编号	项目名称	计量单位	工程量	综合单价/元	合价/元
1	13-83换	地面镜面同质地砖	10 m^2	66.031	1 904.32	125 744.15
2	13-93换	台阶镜面同质地砖	10 m^2	0.243	1 114.29	270.77
3	13-95换	镜面同质地砖踢脚线	10 m	14.544	182.42	2 653.12
4	13-110	地面酸洗打蜡	10 m^2	66.031	57.02	3 765.09
5	13-111	台阶酸洗打蜡	10 m^2	0.243	79.47	19.31
合计						132 452.44

注：1．地面镜面同质地砖块数为 $\frac{10}{0.5\times0.5}\times1.02=41$（块）；

2．13-83换综合单价 979.32−510.00+41×35=1 904.32［元/（10 m^2）］；

3．13-93换综合单价 1272.24−526.50+10.53×35=1 114.29［元/（10 m^2）］；

4．13-95换综合单价 205.37−76.50+1.53×35=182.42［元/（10 m）］。

实例 4.4 某工程二层楼建筑，楼梯间如图 4.3 所示。

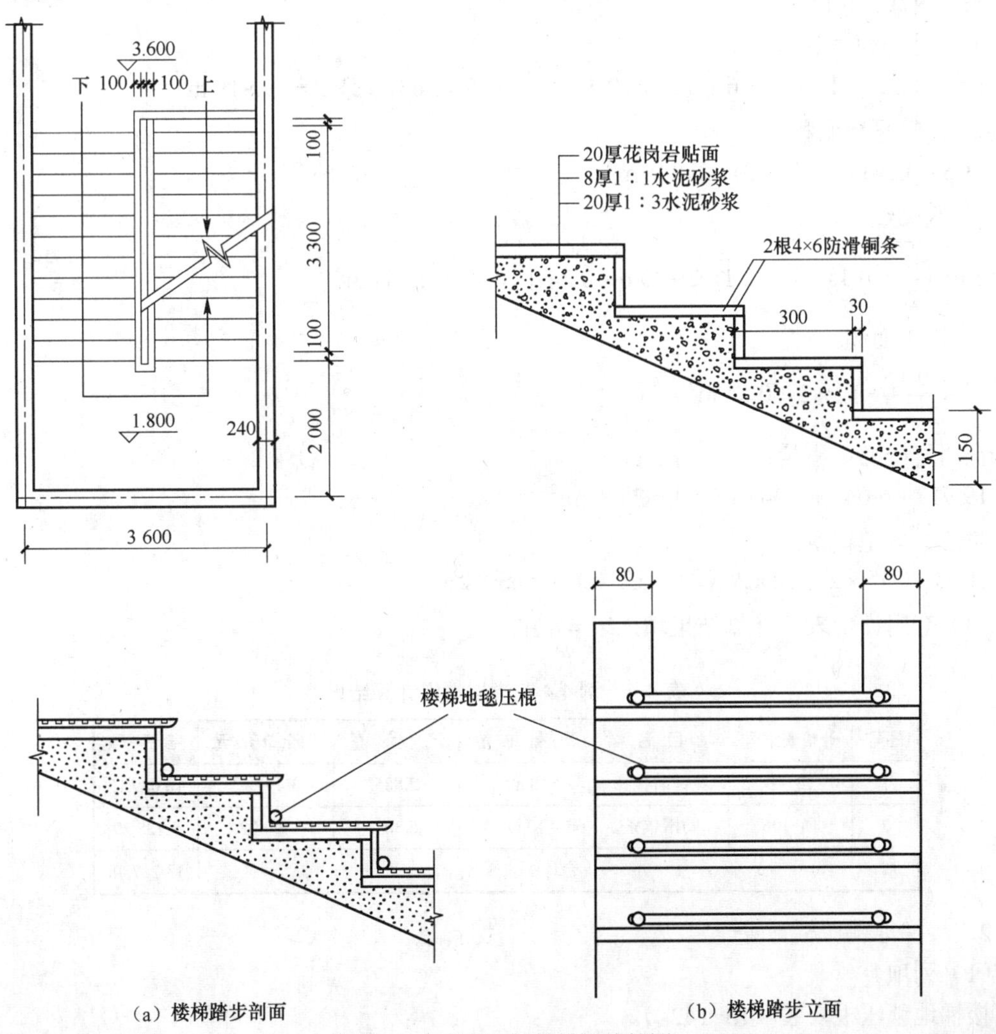

图 4.3 某工程二层楼梯间建筑图

（1）贴面采用花岗岩，踏步面伸出踢面 30 mm，踏步嵌 2 根 4 mm×6 mm 防滑铜条，防滑铜条距两端 150 mm，墙面贴 150 mm 高踢脚线，按计价表计算综合单价和合价。

（2）设计要求铺地毯，并要求安装不锈钢压棍，材料单价同计价表，用计价表计算压棍的安装综合单价和合价。

解 1．花岗岩楼梯计算

（1）列项。

花岗岩楼梯（13-48）、防滑铜条（13-106）。

（2）计算工程量。

踏步板长、踢脚板长：

$$\frac{3.6-0.24-0.1}{2}=1.63\ \text{m}$$

踏步板宽：

0.3+0.03=0.33 m

踢脚板高：0.15 m

① 踏步板面积：

$$1.63\times0.33\times11\times2+(3.6-0.24)\times0.33\times2+0.15\times1.63\times12\times2=19.919\ \text{m}^2$$

② 休息平台面积：

$$(3.6-0.24)\times(2.1-0.3)=6.048\ \text{m}^2$$

③ 踢脚线面积：

$$3.6\times\frac{\sqrt{5}}{2}\times0.15\times2+[2.1\times2+(3.6-0.24)]\times0.15=2.341\ \text{m}^2$$

④ 堵头面积：

$$\frac{0.3\times0.15}{2}\times12\times2=0.54\ \text{m}^2$$

花岗岩楼梯工程量：

$$19.919+6.048+2.341+0.54=28.85\ \text{m}^2$$

防滑铜条工程量：

$(1.63-0.15\times2)\times12\times2$（段）×2（条）=63.84 m

（3）套用计价表，计算结果填入表 4.4 中。

表 4.4　例 4.4 花岗岩楼梯计算结果

序号	计价表编号	项 目 名 称	计 量 单 位	工 程 量	综合单价/元	合价/元
1	13-48	花岗岩楼梯	10 m^2	2.885	3 497.12	10 089.19
2	13-106	防滑铜条	10 m	6.384	490.02	3 128.29
合计						13 217.48

2．楼梯地毯压棍计算

（1）列项。

楼梯地毯压棍安装（13-142$_{\text{换}}$）。

（2）计算工程量。

楼梯地毯压棍安装：

12（步）×2（梯段）=24 套

压棍长度：

$$\frac{3.6-0.24-0.1}{2}-2\times0.08=1.47\ \text{m}$$

（3）套用计价表，计算结果填入表 4.5 中。

表 4.5　例 4.4 楼梯地毯压棍计算结果

序号	计价表编号	项 目 名 称	计 量 单 位	工 程 量	综合单价/元	合价/元
1	13-142换	楼梯地毯压棍安装	10 套	2.4	555.26	1 332.62
合计						1 332.62

注：13-142换综合单价=422.01+1.47×10×(1+5%)×27−283.50=555.26［元/（10 套）］。

实例 4.5　某房屋做木地板如图 4.4 所示，木龙骨断面 60 mm×60 mm@450，横撑 50 mm×50 mm@800，与现浇楼板用 M8×80 膨胀螺栓固定@450×800，18 mm 细木工板基层，背面刷防腐油，免漆免刨木地板面层，硬木踢脚线，毛料断面 120 mm×20 mm，钉在砖墙上，按土建三类工程考虑，计算该分项工程的工程量、综合单价和合价。

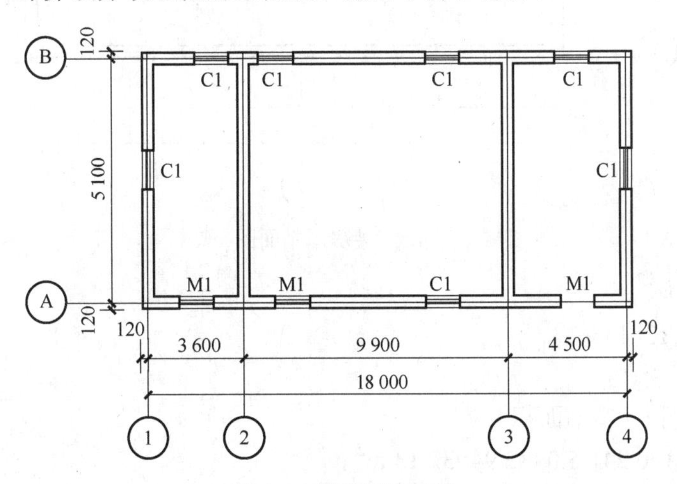

图 4.4　某房屋平面图

解　（1）列项。

木楞及木地板（13-114）、硬木地板（13-117）、硬木踢脚线（13-127）。

（2）计算工程量。

木楞及木地板：

$(18-0.24\times3)\times(5.1-0.24)=83.98\ \text{m}^2$

硬木地板：

$(18-0.24\times3)\times(5.1-0.24)=83.98\ \text{m}^2$

硬木踢脚线：

$(18-0.24\times3)\times2+(5.1-0.24)\times6-0.9\times3=61.02\ \text{m}$

（3）套用计价表，计算结果填入表 4.6 中。

表 4.6　例 4.5 计算结果

序号	计价表编号	项 目 名 称	计 量 单 位	工 程 量	综合单价/元	合价/元
1	13-114	木楞及木地板	10 m^2	8.398	1 313.92	11 034.30
2	13-117	硬木地板	10 m^2	8.398	3 235.90	27 175.09
3	13-127	硬木踢脚线	100 m	0.610 2	158.25	96.56
合计						38 305.95

实例 4.6　某房屋平面布置如图 4.5 所示，除卫生间外，其余部分采用固定式单层地毯铺设，不允许拼接，按土建三类工程考虑，计算该分项工程的工程量、综合单价和合价。

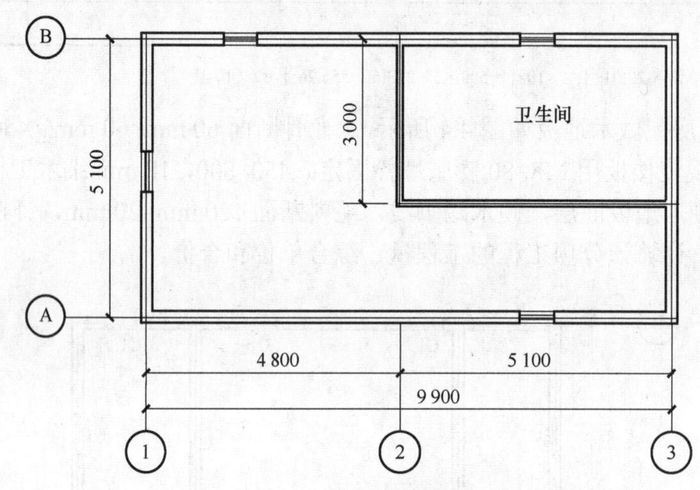

图 4.5　某房屋平面图

解　（1）列项。

楼地面地毯（13-135换）。

（2）计算工程量。

楼地面地毯面积（实铺面积）：

$(9.9-0.24)\times(5.1-0.24)-5.04\times2.94=32.13\ m^2$

（3）套用计价表，计算结果填入表 4.7 中。

表 4.7　例 4.6 计算结果

序号	计价表编号	项 目 名 称	计 量 单 位	工 程 量	综合单价/元	合价/元
1	13-135换	楼地面地毯	10 m^2	3.213	919.44	2 954.16
合计						2 954.16

注：1．主墙间净面积为(9.9−0.24)×(5.1−0.24)=46.95（m^2）；

2．房屋地毯含量为 46.95/32.13×10×(1+10%)=16.07［m^2/（10m^2）］；

3．13-135换综合单价=716.64+16.07×40−440=919.44［元/（10 m^2）］。

实例 4.7　某大厅内地面垫层上水泥砂浆镶贴花岗岩板，20 mm 厚 1∶3 水泥砂浆找平层，

8 mm 厚 1∶1 水泥砂浆结合层。具体做法如图 4.6 所示：中间为紫红色，紫红色外围为乳白色，花岗岩板现场切割，四周做两道各宽 200 mm 黑色镶边，每道镶边内侧嵌铜条 4 mm×10 mm，其余均为 600 mm×900 mm 芝麻黑规格板；门槛处不贴花岗岩；贴好后应酸洗打蜡。材料市场价格：铜条 12 元/m，紫红色花岗岩 600 元/m²，乳白色花岗岩 350 元/m²，黑色花岗岩 300 元/m²，芝麻黑花岗岩 280 元/m²（其余未说明的按计价表规定不进行调整）。

（1）根据题目给定条件，按 2014 版本计价表规定对该大厅花岗岩地面列项并计算各项工程量。

（2）根据题目给定条件，按 2014 版本计价表规定计算该大厅花岗岩地面各项计价表综合单价。

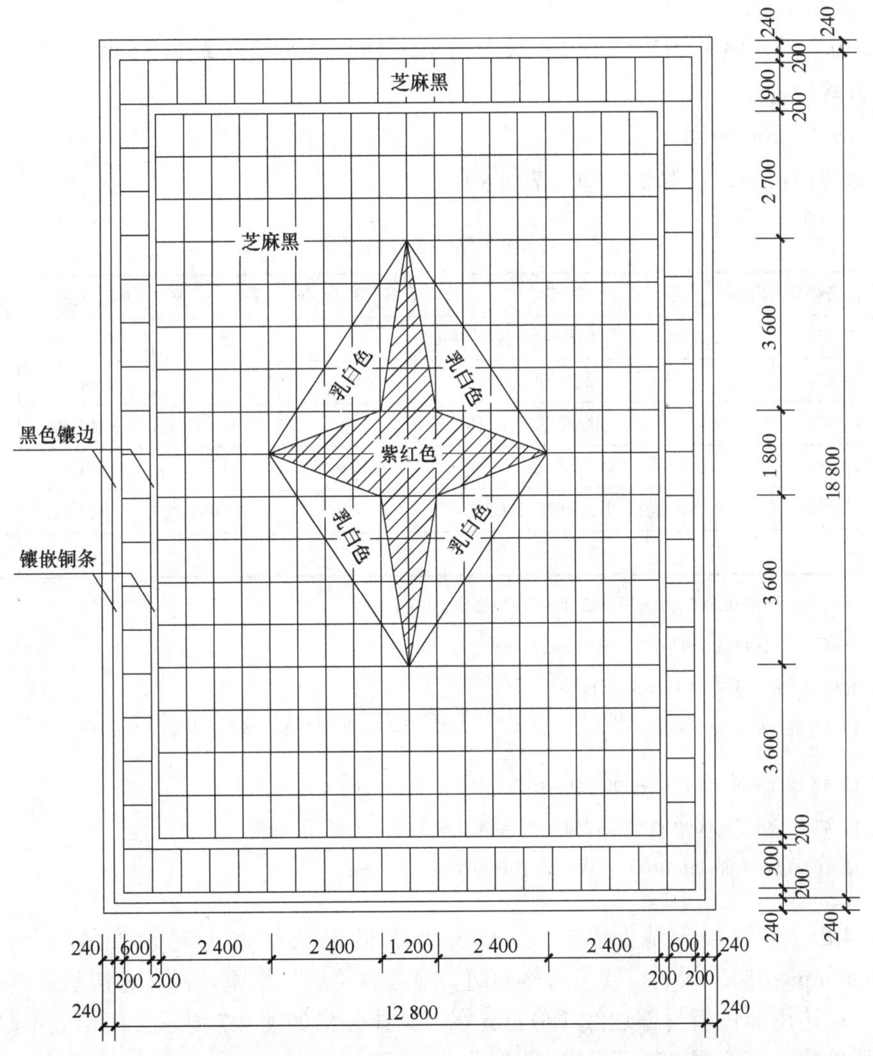

图 4.6 某大厅内地面平面图

解 （1）列项。

地面花岗岩多色简单图案水泥砂浆镶贴（13-55换）、地面水泥砂浆铺贴黑色花岗岩（镶边）（13-47换）、地面水泥砂浆铺贴芝麻黑花岗岩（13-47换）、石材板缝嵌铜条（13-104换）、

地面花岗岩面层酸洗打蜡（13-110）。

（2）计算工程量。

中间多色简单图案花岗岩镶贴：

$6\times9=54\ \mathrm{m}^2$

地面铺贴黑色花岗岩（镶边）：

$0.2\times[(12.8+18.8-0.2\times2)\times2+(12.8-0.8\times2+18.8-1.1\times2-0.2\times2)\times2]=23.44\ \mathrm{m}^2$

地面铺贴芝麻黑花岗岩：

$12.8\times18.8-54-23.44=163.2\ \mathrm{m}^2$

石材板缝嵌铜条：

$(12.8-0.2\times2+18.8-0.2\times2)\times2+(12.8-1\times2+18.8-1.3\times2)\times2=115.6\ \mathrm{m}^2$

花岗岩酸洗打蜡：

$12.8\times18.8=240.64\ \mathrm{m}^2$

（3）套用计价表，计算结果填入表 4.8 中。

表 4.8　例 4.7 计算结果

序号	计价表编号	项目名称	计量单位	工程量	综合单价/元	合价/元
1	13-55换	地面花岗岩多色简单图案水泥砂浆镶贴	$10\ \mathrm{m}^2$	5.4	4 781.56	25 820.42
2	13-47换	地面水泥砂浆铺贴黑色花岗岩（镶边）	$10\ \mathrm{m}^2$	2.344	3 606.69	8 439.65
3	13-47换	地面水泥砂浆铺贴芝麻黑花岗岩	$10\ \mathrm{m}^2$	16.32	3 402.69	55 531.91
4	13-104换	石材板缝嵌铜条	$10\ \mathrm{m}^2$	11.56	150.684	1 741.91
5	13-110	地面花岗岩面层酸洗打蜡	$10\ \mathrm{m}^2$	24.064	57.02	1 372.13
合计						92 906.01

注：1．紫红色面积=2×0.5×1.2×3.6+2×0.5×1.8×2.4+1.2×1.8=10.8（m^2）；

2．芝麻黑面积=4×(3.6+0.9)×(2.4+0.6)/2=27（m^2）；

3．乳白色面积=54-27-10.8=16.2（m^2）；

4．13-55换综合单价=$3\,516.56+\dfrac{600\times10.8+350\times16.2+280\times27}{54}\times11-2\,750=4\,781.56$［元/（$10\mathrm{m}^2$）］；

5．13-47换综合单价=3 096.69+(300-250)×10.2=3 606.69［元/（$10\mathrm{m}^2$）］；

6．13-47换综合单价=3 096.69+(280-250)×10.2=3 402.69［元/（$10\mathrm{m}^2$）］；

7．13-104换综合单价=110.70+(12-8.08)×10.2=150.684［元/（$10\mathrm{m}^2$）］。

实例 4.8　某混凝土地面垫层上 1∶3 水泥砂浆找平，水泥砂浆贴供货商供应的 600 mm×600 mm 花岗岩板材，要求对格对缝，施工单位现场切割，要考虑切割后剩余板材应充分使用，墙边用黑色板材镶边线 180 mm 宽，具体分格如图 4.7 所示。门档处不贴花岗岩。花岗岩市场价格：芝麻黑 280 元/m^2，紫红色 600 元/m^2，黑色 300 元/m^2，乳白色 350 元/m^2，贴好后应酸洗打蜡，进行成品保护。不考虑其他材料的调差，不计算踢脚线。施工单位为装饰工程二级资质，签订合同时已明确，工资单价为 100 元/工日，请按题意计算该地面的工程量清单和清单造价。

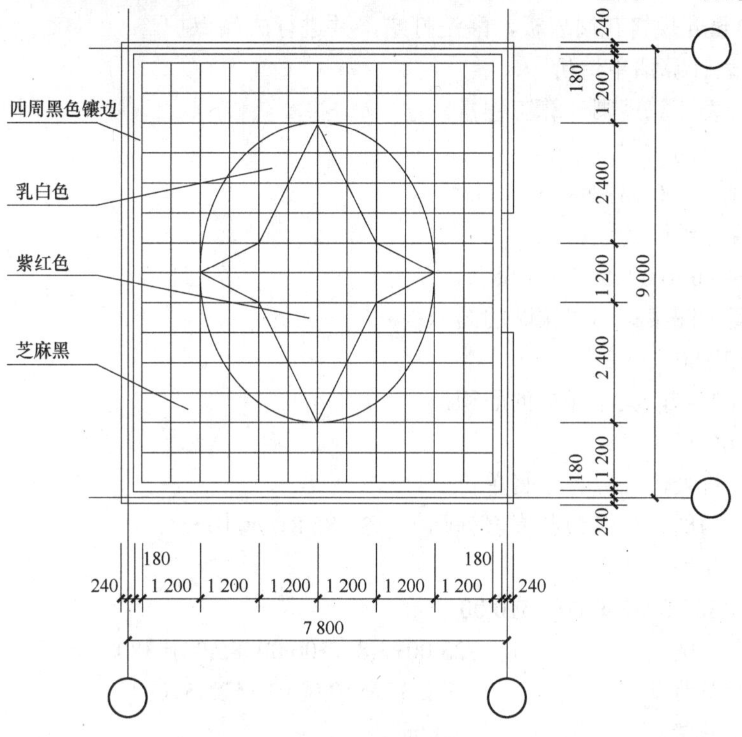

图 4.7　某混凝土地面垫层平面图

相关知识

（1）四周黑色镶边，芝麻黑套一般花岗岩镶贴楼地面计价表子目，中间的圆形图案面积按方形扣除。

（2）中间圆形图案按方形面积套用多色复杂图案镶贴楼地面计价表子目，弧形部分花岗岩损耗率按实计算。

（3）花岗岩地面酸洗打蜡未含在花岗岩楼地面计价子目内，另套相应的计价子目。

（4）计价时，要注意各花岗岩价格的区分。该施工单位为装饰二级企业，管理、利润要相应调整。人工工日单价为 35 元/工日，要注意调整。

解　1．按计价表规范计算工程量清单

（1）确定项目编码和计量单位。

花岗岩楼地面查计价规范项目编码为 020101001001，取计量单位为 m^2。

（2）按计价规范计算工程量。

花岗岩楼地面：

$(7.80-0.24)\times(9.00-0.24)=66.23\ m^2$

（3）工程量清单。

020101001001　　　花岗岩楼地面　　　　66.23 m^2

（4）项目特征描述。

混凝土地面垫层上 20 mm 厚 1∶3 水泥砂浆找平层，8 mm 厚 1∶1 水泥细砂浆结合层，上

贴 600 mm×600 mm 规格花岗岩板，酸洗打蜡，并进行成品保护。

2．按计价表计算清单造价

（1）按计价表计算规则计算工程量。

四周黑色镶边的面积：

0.18×(7.56+8.76−0.18×2)×2=5.75 m^2

大面积芝麻黑镶贴的面积：

7.56×8.76−4.80×6.00−5.75=31.68（m^2）

中间多色复杂图案花岗岩镶贴的面积：

4.80×6.00=28.80（m^2）

花岗岩酸洗打蜡，成品保护的面积：

7.56×8.76=66.23（m^2）

（2）套用计价表，计算各子目单价。

13−47换　四周黑色镶边花岗岩镶贴　3 785.81 元/10 m^2

分析：黑色花岗岩计入单价。

增　10.20×(300.00−250.00)=510.00（元）

其中	人工费	323.00+3.8×(100.00−85.00)=380（元）
	材料费	2 642.35+510.00=3 152.35（元）
	机械费	8.63 元
	管理费	(380+8.63)×48%=186.54（元）
	利　润	(380+8.63)×15%=58.29（元）
	小　计	3 785.81 元/10 m^2

13−15换　芝麻黑花岗岩镶贴　3 488.90 元/10 m^2

分析：芝麻黑花岗岩计入单价。

增　10.20×(280.00−250.00)=306.00（元）

其中	人工费	323.00 元
	材料费	2 642.35+306.00=2 948.35（元）
	机械费	8.63 元
	管理费	(323+8.63)×48%=159.18 元
	利　润	(323+8.63)×15%=49.74 元
	小　计	3 488.90 元/10 m^2

13−55换　中间圆形多色复杂图案花岗岩镶贴　5 776.18 元/10 m

分析：

① 按实计算弧形部分花岗岩板材的面积（2%为施工切割损耗）。

乳白色花岗岩：

S_1=0.60×0.60×9 块×4 片×1.02=13.22（m^2）

芝麻黑花岗岩：

S_2=0.60×0.60×6 块×4 片×1.02=8.81（m^2）

紫红色花岗岩：

S_3=0.60×0.60×30 块×1.02=11.02（m^2）

② 计算乳白色、芝麻黑、紫红色花岗岩在计价表子目中的含量。

乳白色花岗岩含量：

$\frac{13.22}{28.80}\times10=4.59$（$m^2/m^2$）

芝麻黑花岗岩含量：

$\frac{8.81}{28.80}\times10=3.06$（$m^2/m^2$）

紫红色花岗岩含量：

$\frac{11.02}{28.80}\times10=3.83$（$m^2/m^2$）

③ 乳白色、芝麻黑、紫红色花岗岩计入单价。

乳白色花岗岩：

4.59×(350.00−250.00)=459.00（元/10 m^2）

芝麻黑花岗岩：

3.06×(280.00−250.00)=91.80（元/10 m^2）

紫红色花岗岩：

3.83×(600.00−250.00)=1 340.50（元/10 m^2）

小计：1 891.30 元/10 m^2

④ 套用计价表，计算增加人工。

增　5.88×0.20=1.18 工日

⑤ 套用计价表，计算单价。

其中	人工费	(5.88+1.18)×85.00=600.10（元）
	材料费	2 867.99+1 891.30=4 759.29（元）
	机械费	23.76 元
	管理费	(600.10+23.76)×48%=299.45（元）
	利　润	(600.10+23.76)×15%=93.58（元）
	小　计	5 776.18 元/10 m^2

13-110	块料面层酸洗打蜡	57.02 元/10 m^2
18-79	成品保护	26.69 元/10 m^2

（3）计算清单造价。

020101001001　花岗岩楼地面

13-47换	四周黑色花岗岩镶贴	$\frac{5.75}{10}\times3\,785.81=2\,176.84$（元）
13-47换	芝麻黑花岗岩镶贴	$\frac{31.68}{10}\times3\,488.90=11\,052.84$（元）
13-55换	中间圆形多色复杂图案花岗岩镶	$\frac{28.80}{10}\times5\,776.18=16\,635.40$（元）
13-110	块料面层酸洗打蜡	$\frac{66.23}{10}\times23.76=157.36$（元）

18-79　　成品保护　　$\frac{66.23}{10}\times 26.69=176.77$（元）

合计：30 199.21 元

（4）计算综合单价。

020101001001　　花岗岩楼地面　　$\frac{30\,199.21}{66.23}=455.97$（元/m^2）

实例 4.9　某宾馆电梯厅楼面如图 4.8 所示，做法为捣制钢筋混凝土楼板，上做 20 mm 厚 1 : 3 水泥砂浆找平层，8 mm 厚 1 : 1 水泥细砂浆结合层，上贴 600 mm×600 mm 规格金钻麻花岗岩板材，要求现场切割，尽量充分利用板材。中间镶嵌圆形拼花花岗岩成品，半径 r=1 800 mm。黑金砂花岗岩贴门档、走边、黑金砂花岗岩踢脚线高为 120 mm，磨一阶半圆边。贴好后酸洗打蜡，并对楼面进行成品保护，计算该分项工程的清单报价（假设不考虑材差及费率调整）。

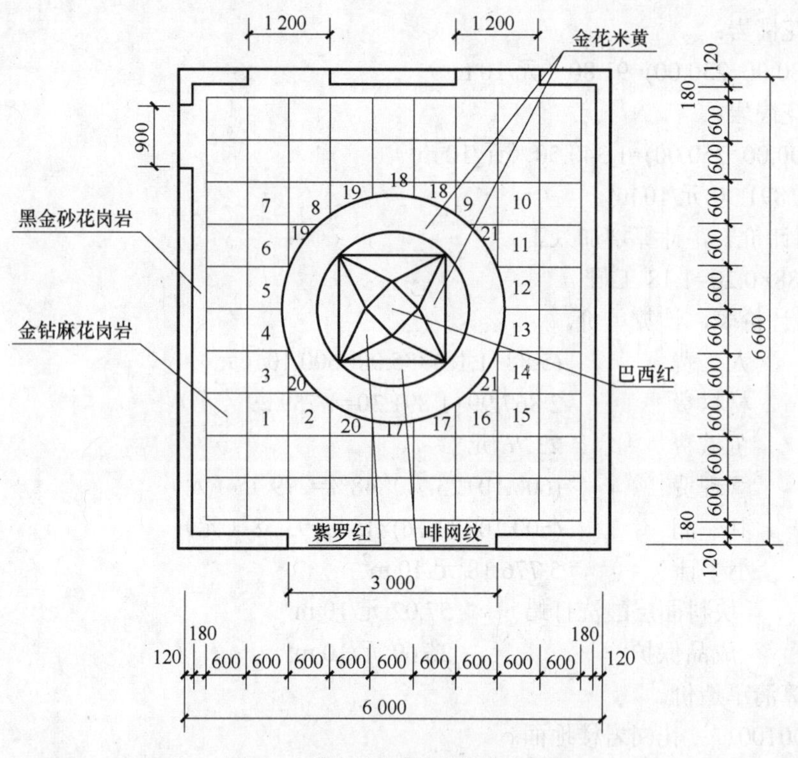

图 4.8　某宾馆电梯厅楼面平面图

相关知识

（1）黑金砂花岗岩走边、门档，大面积金钻麻花岗岩地面套用花岗岩楼地面计价子目，中间圆形图案按方形扣除。

（2）中间方形面积贴金钻麻扣除圆形拼花花岗岩成品面积后，套用花岗岩楼地面计价子目，弧形图示尺寸按计价表楼-489 附注增加切割机片、切割机台班、人工。石材损耗可按实

调整。

（3）圆形花岗岩成品按计价表花岗岩成品安装子目套用。

（4）花岗岩楼面酸洗打蜡、成品保护不含在花岗岩楼面计价子目内，另套相应计价子目。

（5）花岗岩楼面工程量清单按计价规范按设计图示尺寸以面积计算，扣除凸出地面构筑物、设备基础、室内铁道、地沟等所占面积，不扣除间壁墙和 0.30 m^2 以内的柱、垛、附墙烟囱及孔洞所占面积。门洞、空圈、取暖气槽、壁龛的开口部分不增加面积。花岗岩楼面清单计价按计价表计算规则规定，按图示尺寸实铺面积以平方米计算，应扣除凸出地面的构筑物、设备基础、柱、间壁墙等的做面层的部分。0.30 m^2 以内的孔洞面积不扣除。门洞、空圈、暖气包槽、壁龛的开口部分工程量另增并入相应的面层内计算。这里要注意区别。

解 1．按《建筑与装饰工程量计算规范》计算工程量清单

（1）确定项目编码和计价单位。

花岗岩楼面查计价规范项目编码为 020102001001，取计量单位为 m^2。

花岗岩踢脚线查计价规范项目编码为 020105002001，取计量单位为 m^2。

（2）按《建筑与装饰工程量计算规范》计算工程量。

花岗岩楼面：

$(6.00-0.24)\times(6.60-0.24)=36.63(m^2)$

花岗岩踢脚线：

$[(5.76+6.36)\times2-0.90-1.20\times2-3.00+0.24\times2\times4]\times0.12=2.38(m^2)$

（3）工程量清单。

020102001001	花岗岩楼面	36.63 m^2
020105002001	花岗岩踢脚线	2.38 m^2

（4）项目特征描述。

现浇混凝土楼板上做 20 mm 厚 1∶3 水泥砂浆找平层，8 mm 厚 1∶1 水泥细砂浆结合层，上贴 600 mm×600 mm 规格花岗岩板，酸洗打蜡，并进行成品保护。20 mm 厚 1∶3 水泥砂浆底，8 mm 厚 1∶1 水泥细砂浆上粘贴花岗岩踢脚线，高度 120 mm。

2．按计价表计算清单造价

1）按计价表计算规则计算工程量

（1）花岗岩楼地面面积。

① 大面积金钻麻花岗岩：

$(6.00-0.24-0.18\times2)\times(6.60-0.24-0.18\times2)-3.60\times4.20=17.28$（$m^2$）

② 黑金砂花岗岩门档、走边面积：

$0.18\times[(6.00-0.24)+(6.60-0.24-0.18\times2)]\times2+0.24\times(0.90+3.00+1.20\times2)=5.75$（$m^2$）

③ 中间方形金钻麻花岗岩的面积：

$3.60\times4.20-3.14\times1.80^2=4.95$（$m^2$）

④ 中间拼花花岗岩的面积：

$3.14\times1.80^2=10.17$（m^2）

⑤ 中间弧形部分的周长：

$3.14\times2\times1.80=11.30$（m）

⑥ 酸洗打蜡成品保护：

(6.00−0.24)×(6.60−0.24)+0.24×(0.90+3.00+1.20×2)=38.15（m^2）

（2）花岗岩踢脚线的长度。

① 黑金砂踢脚线的长度：

(5.76+6.36)×2−0.90−1.20×2−3.00+0.24×2×4=19.86（m）

② 黑金砂踢脚线酸洗打蜡：

19.86×0.12=2.38（m^2）

③ 黑金砂踢脚线磨一阶半圆：19.86 m

2）套用计价表，计算各子目单价。

13-47$_{(1)}$ 金钻麻花岗岩面层　　3 096.69 元/10 m^2

13-47$_{(2)}$ 黑金砂花岗岩面层　　3 096.69 元/10 m^2

13-47$_{换}$中间方形金钻麻花岗岩面层　　4 446.69 元/10 m^2

分析：

① 按实计算弧形部分花岗岩板材的面积（2%为施工切割损耗）：

0.60×0.60×21 块×1.02=7.71（m^2）

计算弧形部分花岗岩板材的实际损耗率：

$\frac{7.71}{4.95}$×100%=156%

13-60$_{换}$：

3 096.69−2 550.00+1.56×10×250.00=4 446.69（元/10 m^2）

13-60 拼花花岗岩成品安装　　15 899.71 元/10 m^2

套用计价表附注弧形部分增加工料　　33.87 元/10 m^2

人工：

0.60×28.00=16.80（元）

合金钢切割锯片：

0.14×61.75=8.65（元）

石料切割机：

0.60×14.04=8.42（元）

小计：33.87 元/10 m

13-110 块料面层酸洗打蜡　　57.02 元/10 m^2

18-79 成品保护　　26.69 元/10 m^2

13-50$_{换}$花岗岩踢脚线　　346.95 元/10 m

② 150 mm 高换 120 mm 高。

13-50：

477.53−382.50+120/150×250.00×1.53=401.03（元/10 m）

18-32 石材磨一阶半圆边　　269.21 元/10 m

3）计算清单造价。

020102001001　　花岗岩楼面

13-47 金钻麻花岗岩楼面：

17.28/10×3 096.69=5 351.08（元）

13-47 黑金砂花岗岩楼面：

5.75/10×3 096.69=1 780.60（元）

13-47换中间方形金钻麻花岗岩楼面：

4.95/10×4 446.69=2 201.11（元）

13-60 拼花花岗岩成品安装：

10.17/10×15 899.71=16 170.01（元）

附注弧形部分增加工料：

11.30/10×33.87=38.27（元）

13-110 块料面层酸洗打蜡：

38.15/10×57.02=217.53（元）

18-79 成品保护：

38.15/10×26.69=101.82（元）

合计：25 860.42 元

① 020105002001　　花岗岩踢脚线

13-50 花岗岩踢脚线：

19.86/10×477.53=948.37（元）

13-110 块料面层酸洗打蜡：

2.38/10×57.02=13.57（元）

18-32 石材磨一阶半圆：

19.86/10×269.21=534.65（元）

合计：1 496.59 元

3．计算综合单价

020102001001　　花岗岩楼面　　$\frac{25\,860.42}{36.63}$=705.99（元/10 m^2）

020105002001　　花岗岩踢脚线　　$\frac{1\,496.59}{2.38}$=628.82（元/10 m^2）

实例 4.10　某学院舞蹈教室如图 4.9 所示，现浇混凝土楼板上做木地板楼面，木龙骨与现浇楼板用 M8×80 膨胀螺栓固定@400×800。做法参见图 4.9，长×宽=11 m×28 m，面积 308 m^2，硬木踢脚线设计长度 80 m，油聚氨酯清漆 3 遍，毛料断面 120 mm×20 mm，钉在砖墙上。计算该分项工程的工程量清单和清单造价（假设不考虑材差及费率调整）。

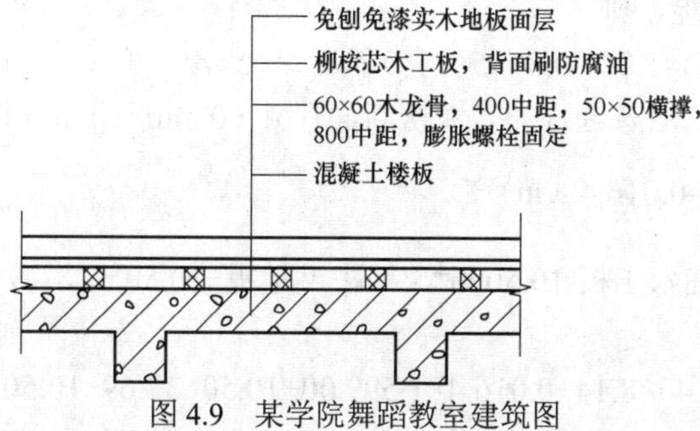

图 4.9　某学院舞蹈教室建筑图

相关知识

（1）木龙骨与现浇楼板采用膨胀螺栓联结，膨胀螺栓损耗2%。

（2）木楞断面与设计表中不同，需换算。

（3）毛地板用柳桉芯木工板代替，需换算。

（4）硬木踢脚线断面尺寸与定额不同，需换算。

（5）该题为方便计算，按计价表计算。若实发生应按相应的装饰单位、人工工日单价进行调整。

解 1．按计价规范计算工程量清单

（1）确定编码和计量单位。

木地板楼面查《建筑与装饰工程量计算规范》可知，项目编码为020104002001，取计量单位为m^2。

木质踢脚线查《建筑与装饰工程量计算规范》可知，项目编码为020105006001，取计量单位为m^2。

（2）按《建筑与装饰工程量计算规范》计算工程量。

木地板楼面工程量为308 m^2

木质踢脚线工程量为80×0.12=9.60（m^2）

（3）计算工程量清单。

项目编码：020104002001　　项目名称：木地板楼面　　工程量：308 m^2

项目编码：020105006001　　项目名称：木质踢脚线　　工程量：9.60 m^2

（4）项目特征描写。

混凝土楼板上，用60 mm×60 mm木龙骨，400 mm中距，50 mm×50 mm横撑，800 mm中距，膨胀螺栓固定。柳桉芯木板基层，背面刷防腐油，免刨免漆实木地板面层。木质踢脚线硬木制作安装，高度为120 mm，厚度为20 mm，刷聚氨酯清漆三遍。

2．计算清单造价

（1）计算工程量。

木地板楼面工程量为308 m^2

木质踢脚线工程量为80 m

（2）套用计价表，计算各子目单价。

13-114$_{换}$铺设木楞及木工板单价为1 110.02［元/（10 m^2）］，具体分析如下。

增加M8×80膨胀螺栓，则

(28/0.4+1)×(11/0.8+1)×1.02/30.8=35（套）

增加电锤0.40台班，增普通成材，木楞断面尺寸60 mm×50 mm换为60 mm×60 mm，则

$$\left(\frac{60\times60}{60\times50}-1\right)\times0.082=0.016\ 4\ (m^3)$$

增加柳桉芯木工拼细木工板10.50 m^2，减去毛地板−10.50 m^2，减去垫木−0.021 m^3。

13-114$_{换}$单价为

1 313.92+35×0.95+0.40×8.14+0.016 4×1 599.00+10.50×32.69−10.50×55−0.021

$\times$1 599.00+ 0.40$\times$8.14$\times$(12%+25%)=1 110.02［元/（10 m^2）］

13-117 免刨免漆地板安装单价为 3 235.90[元/（10 m^2）]

13-117换木质踢脚线制作安装单价为××××元/（10 m^2），具体分析如下。

硬木毛料断面尺寸 150 mm×20 mm 换为 120 mm×20 mm，则

$0.33\times\left(1-\dfrac{120\times 20}{150\times 50}\right)$=0.066（$m^3$）

13-127换单价为

1 582.5-0.066×2 600.00=141.09［元/（10 m^2）］

17-40 踢脚线油聚氨酯清漆三遍单价为 99.58 元/（10 m）

（3）计算清单造价。

020104002001 木地板楼面造价如下。

13-114换：

308.00/10×1 110.97=34 217.88（元）

13-117：

308/10×3 235.90=99 665.72（元）

以上合计：133 883.60 元

020105006001 木质踢脚线制作安装造价如下。

13-127换：

80/100×1420.86=1 136.69（元）

17-40：

80/10×99.58=796.64（元）

以上合计：1 933.33 元

3．计算综合单价

020104002001 木地板楼面综合单价为

$\dfrac{133\,883.60}{308.00}$=434.69（元/$m^2$）

020105006001 木质踢脚线制作安装综合单价为

$\dfrac{1933.33}{9.6}$=201.39（元/m^2）

4.1.2 墙柱面工程计价编制

实例 4.11 某平房室内抹水泥砂浆，如图 4.10 所示，内墙抹灰高为 3.6 m，门窗洞口 M-1 为 1 200 mm×2 400 mm，M-2 为 900 mm×2 000 mm，C-1 为 1 500 mm×1 800 mm，求内墙面抹水泥砂浆工程量并计价。

解 （1）列项。

内墙面抹水泥砂浆（14-9）。

（2）计算工程量。

内墙面抹水泥砂浆：

[(3.6−0.12×2)+(5.8−0.12×2)]×2×3.6−1.5×1.8×2−0.9×2.0+[(7.2−0.12×2)+(5.8−0.12×2)]×2×3.6−1.5×1.8×3−0.9×2.0−1.2×2.4+0.12×4×3.6=136.12 m^2

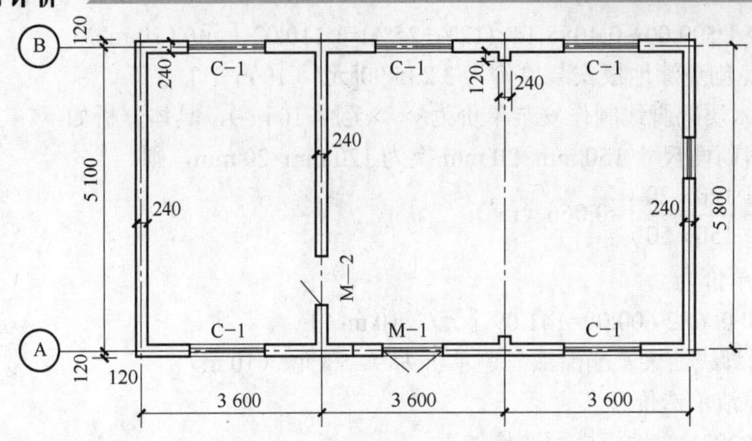

图 4.10　某平房室内平面图

（3）套用计价表，计算结果填入表 4.9 中。

表 4.9　例 4.11 计算结果

序号	计价表编号	项 目 名 称	计 量 单 位	工 程 量	综合单价/元	合价/元
1	14-9	内墙面抹水泥砂浆	10 m^2	13.612	226.13	3 078.08
合计						3 078.08

实例 4.12　某一层建筑如图 4.11 所示，Z 直径为 600 mm，M1 洞口尺寸为 1 200 mm×2 000 mm（内平），C1 尺寸为 1 200 mm×1 500 mm×80 mm，砖墙的厚度为 240 mm，墙内部采用 15 mm 的 1∶1∶6 混合砂浆找平，5 mm 的 1∶0.3∶3 混合砂浆抹面，外部墙面和柱采用 12 mm 的 1∶3 水泥砂浆找平，8 mm 的 1∶2.5 水泥砂浆抹面，外墙抹灰面内采用 5 mm 玻璃条分隔嵌缝，用计价表计算墙、柱面部分粉刷的工程量、单价及合价。

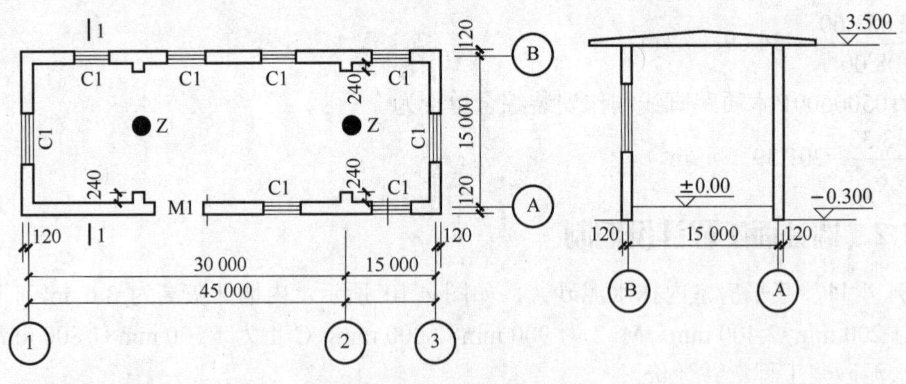

图 4.11　某一层建筑平面图

解　（1）列项。

外墙内表面抹混合砂浆（14-38）、柱面抹水泥砂浆（14-22）、外墙外表面抹水泥砂浆（14-8）、玻璃条嵌缝（14-76换）。

（2）计算工程量。

外墙内表面抹混合砂浆工程量为

$[(45-0.24+15-0.24)\times2+8\times0.24]\times3.5-1.2\times1.5\times8-1.2\times2=406.56$（m²）

柱面抹水泥砂浆工程量为

$3.14\times0.6\times3.5\times2=13.19$（m²）

外墙外表面抹水泥砂浆工程量为

$(45+0.24+15+0.24)\times2\times3.8-1.2\times1.5\times8-1.2\times2+2\times(1.2+1.5)\times8\times(0.24-0.08)/2+(1.2+2\times2)\times0.24$
$=447.55$（m²）

玻璃条嵌缝工程量为

$(45+0.24+15+0.24)\times2\times3.8=459.65$（m²）

（3）套用计价表，计算结果填入表 4.10 中。

表 4.10　例 4.12 计算结果

序号	计价表编号	项 目 名 称	计 量 单 位	工 程 量	综合单价/元	合价/元
1	14-38	外墙内表面抹混合砂浆	10 m²	40.656	209.95	8 535.73
2	14-22	柱面抹水泥砂浆	10 m²	1.319	382.25	504.19
3	14-8	外墙外表面抹水泥砂浆	10 m²	44.755	254.64	11 396.41
4	14-76换	玻璃条嵌缝	10 m²	45.965	59.16	2 719.29
合计						23 155.62

注：14-76换综合单价=57.72+30×0.24-5.76=59.16［元/（10 m²）］。

实例 4.13　某单层职工食堂，室内净高 3.9m，室内主墙间的净面积为 35.76 m×20.76 m，外墙墙厚为 240 mm，外墙上设有 1 500 mm×2 700 mm 铝合金双扇地弹门 2 樘（型材框宽为 101.6 mm，居中立樘），1 800 mm×2 700 mm 铝合金双扇推拉窗 14 樘（型材为 90 系列，框宽为 90 mm），外墙内壁用素水泥浆贴 152×152 白色瓷砖（瓷砖到顶），计算贴块料的工程量、综合单价及合价。

解　（1）列项。

墙面贴瓷砖（14-80换）。

（2）计算工程量。

按规定，墙面贴块料面层按图示尺寸以面积计算，扣除门窗洞口面积，增加侧壁和顶面的面积。

外墙内壁面积：

$S_1=(35.76+20.76)\times2\times3.9=440.86\ \text{m}^2$

门洞口面积：

$S_2=1.50\times2.70\times2=8.10\ \text{m}^2$

窗洞口面积：

$S_3=1.80\times2.70\times14=68.04\ \text{m}^2$

门洞侧壁和顶面面积：

$S_4=(2.70\times2+1.50)\times(0.24-0.1016)/2\times2=0.95\ \text{m}^2$

窗洞侧壁和顶面面积：

$S_5=(1.80+2.70)\times2\times(0.24-0.09)/2\times14\ =9.45\ \text{m}^2$

内墙贴瓷砖工程量为

$$S = S_1 - S_2 - S_3 + S_4 + S_5$$
$$= 440.86 - 8.10 - 68.04 + 0.95 + 9.45 = 375.12\ \mathrm{m}^2$$

套用计价表，计算结果填入表4.11中。

表4.11　例4.13计算结果

序号	计价表编号	项目名称	计量单位	工程量	综合单价/元	合价/元
1	14-80换	墙面贴瓷砖	10 m²	37.512	2 630.1	98 660.31
合计						98 660.31

注：14-80换综合单价=2 621.93+24.11−15.94=2 630.1［元/（10 m²）］。

实例4.14　某学院门厅处一混凝土圆柱直径D=600 mm，柱帽、柱墩挂贴进口黑金砂花岗岩，柱身挂贴四拼进口米黄花岗岩，灌缝1∶2水泥砂浆50 mm厚，贴好后酸洗打蜡，具体尺寸如图4.12所示。计算该砼圆柱的制作费用（柱面石材云石胶嵌缝暂不计算，材料价格及费率均按计价表执行）

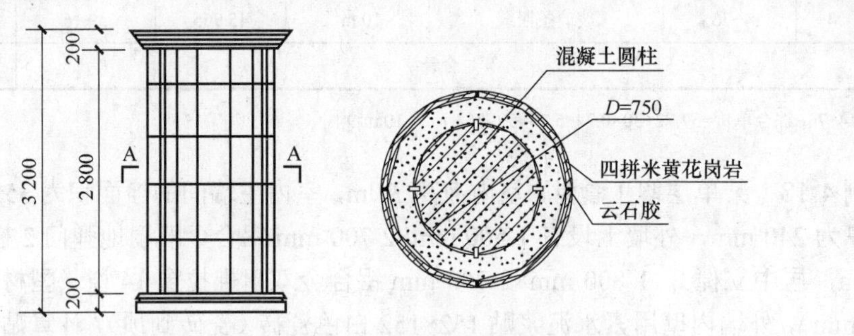

图4.12　某学院门厅混凝土圆柱尺寸图

解　（1）列项。

黑金砂花岗岩柱帽（14-135）、黑金砂花岗岩柱墩（14-134）、四拼米黄花岗岩柱身（14-131）。

（2）计算工程量。

黑金砂花岗岩柱帽工程量为

(0.60+0.10)×3.14×0.20=0.44（m²）

黑金砂花岗岩柱墩工程量为

(0.60+0.10)×3.14×0.20=0.44（m²）

四拼米黄花岗岩柱身工程量为

0.75×3.14×(3.20−0.20×2)=6.59（m²）

（3）套用计价表，计算结果填入表4.12中。

表4.12　例4.14计算结果

序号	计价表编号	项目名称	计量单位	工程量	综合单价/元	合价/元
1	14-135	黑金砂花岗岩柱帽	10 m²	0.044	31 703.07	1 394.94

续表

序号	计价表编号	项 目 名 称	计 量 单 位	工 程 量	综合单价/元	合价/元
2	14-134	黑金砂花岗岩柱墩	10 m^2	0.044	28 273.57	1 244.04
3	14-131	四拼米黄花岗岩柱身	10 m^2	0.659	20 241.8	13 339.35
合计						15 978.33

实例 4.15　某装饰企业施工凹凸木墙裙如图 4.13 所示，龙骨与墙面用木针固定，所有材料按计价表价计算，计算该木墙裙的综合单价和合价（压顶线和阴角线暂不计算）。

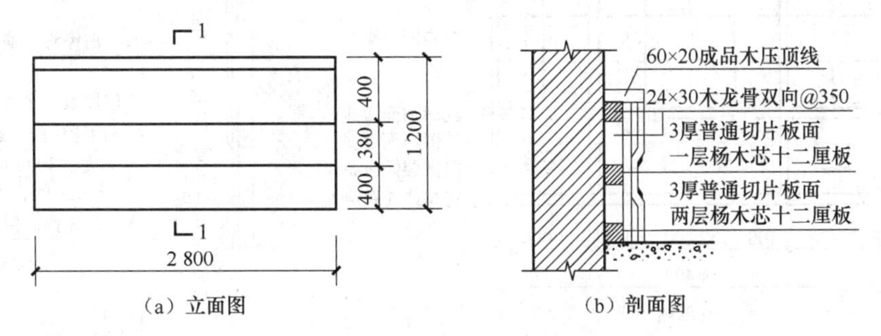

（a）立面图　　（b）剖面图

图 4.13　某装饰企业施工凹凸木墙裙建筑图

解　（1）列项。

墙裙木龙骨基层（14-168换）、木龙骨上夹板基层（14-185换）、夹板基层上做凸面夹板（补）、夹板基层上粘贴切片板面层（14-193换）。

（2）计算工程量。

墙裙木龙骨基层、木龙骨上夹板基层、夹板基层上镶贴切片板面层：

$2.8\times(1.2-0.02)=3.30\ \text{m}^2$

夹板基层上做凸面夹板：

$0.4\times2\times2.8=2.24\ \text{m}^2$

（3）套用计价表，计算结果填入表 4.13 中。

表 4.13　例 4.15 计算结果

序号	计价表编号	项 目 名 称	计 量 单 位	工 程 量	综合单价/元	合价/元
1	14-168换	墙裙木龙骨基层	10 m^2	0.330	383.53	126.56
2	14-185换	木龙骨上夹板基层	10 m^2	0.330	777.03	256.42
3	补	夹板基层上做凸面夹板	10 m^2	0.224	458.31	102.66
4	14-193换	夹板基层上粘贴切片板面层	10 m^2	0.330	496.63	163.89
合计						649.53

注：1. 14-168换综合单价=439.87−177.60+(300×300)/(350×350)×(0.111−0.04)×1 600+(181.90+7.09)×(42%−25%+15%−12%)=383.53［元/（10 m^2）］；

2. 14-185换综合单价=742.80+(164.05+7.09)×0.2=777.03［元/（10 m^2）］；

3. 补综合单价=10.5×19.5+1.90×85×1.57=458.31［元/（10 m^2）］；

4. 14-193换综合单价=418.74+0.05×10.5×18+0.3×1.2×85×1.57+102×0.2=496.63［元/（10 m^2）］。

实例 4.16 某公司接待室墙面装饰如图 4.14 所示。红榉饰面踢脚线高 120 mm，下部为红、白榉分色凹凸墙裙并带压顶线 12 mm×25 mm，凹凸部分外圈尺寸为 300 mm×400 mm，内圈尺寸为 100 mm×200 mm，上部大部分为丝绒软包，外框为红榉饰面。红榉材料单价为 28 元/ m² 不计算油漆，计算该墙面装饰工程的工程量、综合单价和合价（不考虑材差及费率调整）。

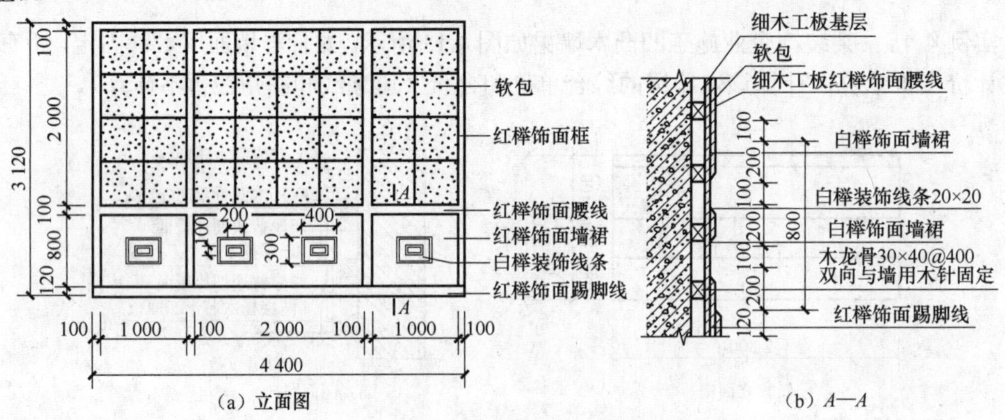

图 4.14 某公司接待室墙面装饰示意图

解 （1）列项。

墙面、墙裙木龙骨（14-168换），墙面、墙裙木工板基层（14-185），墙面、墙裙在夹板基层上再做一层凸面板（14-185附注），红、白榉饰面板贴在凹凸基层板上（14-193换），墙面丝绒软包（14-209）。

（2）工程量计算。

墙面、墙裙木龙骨目：

$4.40\times3.12=13.73\ \text{m}^2$

墙面、墙裙木工板基层：

$4.40\times3.12=13.73\ \text{m}^2$

墙面、墙裙在夹板基层上再做一层凸面板：

$4.40\times3.12-(1.00\times2+2.00)\times2.00-(0.40\times0.30-0.20\times0.10)\times4=5.33\ \text{m}^2$

红、白榉饰面板贴在凹凸基层板上：

$4.40\times3.00-(1.00\times2+2.00)\times2.00=5.20\ \text{m}^2$

墙面丝绒软包：

$(1.00\times2+2.00)\times2.00=8.00\ \text{m}^2$

（3）套用计价表，计算结果填入表 4.14 中。

表 4.14 例 4.16 计算结果

序号	计价表编号	项 目 名 称	计 量 单 位	工 程 量	综合单价/元	合价/元
1	14-168换	墙面、墙裙木龙骨	10 m²	1.373	439.88	603.96
2	14-185	墙面、墙裙木工板基层	10 m²	1.373	396.03	543.75

续表

序号	计价表编号	项 目 名 称	计 量 单 位	工 程 量	综合单价/元	合价/元
3	14-185附注	墙面、墙裙在夹板基层上再做一层凸面板	10 m²	0.533	620.26	330.60
4	14-193换	红、白榉饰面板贴在凹凸基层板上	10 m²	0.520	580.36	301.79
5	14-209	墙面丝绒软包	10 m²	0.800	455.35	364.28
合计						2 422.95

注：1. 14-168换综合单价=439.87+30×40÷(24×30)×(300×300)÷[(400×400)×(0.111−0.04)×1600−177.60]=439.88［元/（10 m²）］；

2. 14-185附注综合单价=10.50×38+1.90×85×(1+25%+12%)=620.26［元/（10 m²）］；

3. 14-193换综合单价=28×10.5×1.05+90+85×1.2×1.3×(1+25%+12%)=580.36［元/（10 m²）］。

实例 4.17 某单位二楼会议室如图 4.15 所示，室内的一面墙做 2 100 mm 高的凹凸木墙裙，墙裙的木龙骨（包括踢脚线）截面 30 mm×50 mm，间距 350 mm×350 mm，木楞与主墙用木针固定，该木墙裙长 12 m，采用双层多层夹板基层（杨木芯十二厘板），其中底层多层夹板满铺，二层多层夹板面积为 12 m²，在凹凸面层贴普通切片板，面积 23.4 m²（不含踢脚线部分），其中斜拼 12 m²。踢脚线用 δ=12 mm 细木工板基层，面层贴普通切片板，如图 4.15 所示。不考虑油漆压顶线、踢脚线，其他材料价格按 2004 年计价表。根据已知条件请用计价表计价方式计算该工程的分部分项工程费（人工工资单价、管理费、利润按 2014 计价表子目不作调整）。

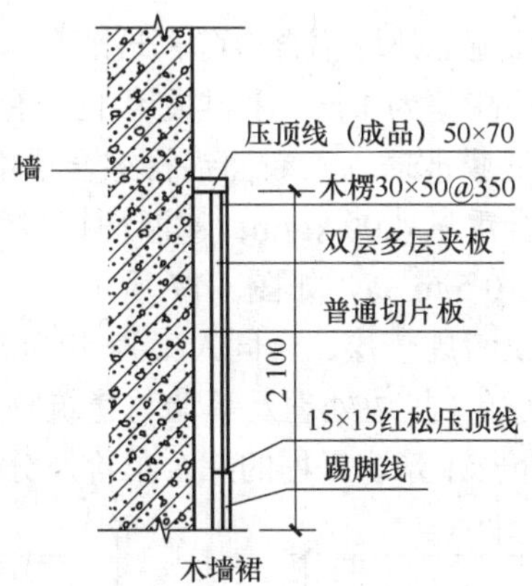

图 4.15 某单位二楼会议室建筑图

解 （1）列项。

木龙骨（14-168换）、底层多层夹板基层（14-185）、二层多层夹板基层（14-185附注）、面层贴普通切片板（14-193换1）、面层贴普通切片板（斜拼）（14-193换2）。

（2）工程量计算。

木龙骨：

$2.1\times12=25.2\ \text{m}^2$

底层多层夹板基层：

$(2.1-0.5)\times12=23.4\ \text{m}^2$

二层多层夹板基层：12 m²

面层贴普通切片板：

$23.4-12=11.4\ m^2$

面层贴普通切片板（斜拼）：12 m²

（3）套用计价表，计算结果填入表 4.15 中。

表 4.15　例 4.17 计算结果

序号	计价表编号	项目名称	计量单位	工程量	综合单价/元	合价/元
1	14-168换	木龙骨	10 m²	2.52	436.15	1 099.10
2	14-185	底层多层夹板基层	10 m²	2.34	539.94	1 263.46
3	14-185附注	二层多层夹板基层	10 m²	1.2	426.01	511.21
4	14-193换1	面层贴普通切片板	10 m²	1.14	470.11	535.93
5	14-193换2	面层贴普通切片板（斜拼）	10 m²	1.2	544.46	653.35
合计						4 063.05

注：1．14-168换综合单价=439.87−177.60+(0.111−0.04)×30×50÷(24×30)×300×300÷(350×350)×1 600=436.15［元/（10 m²）］；

2．14-185附注综合单价=10.5×19.5+1.90×85×1.37=426.01［元/（10 m²）］；

3．14-193换1综合单价=(1.2×85×1.3)×1.37+10.5×1.05×18+90=470.11［元/（10 m²）］；

4．14-193换2综合单价=(1.2×85×1.3×1.3)×1.37+10.5×1.1×18×1.05+90=544.46［元/（10 m²）］。

实例 4.18　某装饰企业单独施工外墙铝合金隐框玻璃幕墙工程，如图 4.16 所示，室内地坪标高为±0.00，该工程的室内外高差为 1 m，主料采用 180 系列（180 mm×50 mm）、边框料 180 mm×35 mm，5 mm 厚真空镀膜玻璃。①断面铝材综合重量 8.82 kg/m；②断面铝材综合重量 6.12 kg/m；③断面铝材综合重量 4.00 kg/m；④断面铝材综合重量 3.02 kg/m，顶端采用 8K 不锈钢镜面板厚 1.5 mm 封边 0.5 m 高，如图 4.17 所示（不考虑窗用五金，不考虑侧边与下边的封边处理）。自然层连接仅考虑一层。合同人工为 50 元/工日，管理费为 42%，利润为 15%，材料单价按计价表单价执行（封边处理及幕墙与建筑物自然层连接部分的造价含在幕墙的综合单价内）。按 2014 计价表计算该工程的综合单价及分部分项工程费。

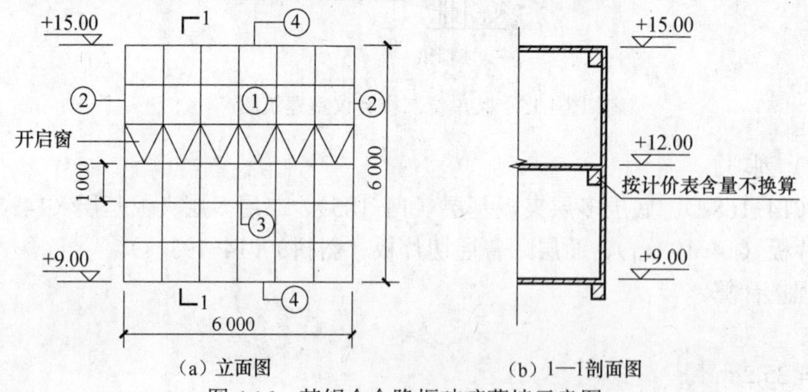

图 4.16　某铝合金隐框玻璃幕墙示意图

解　（1）列项。

铝合金隐框玻璃幕墙（14-152换）、幕墙与建筑物的封边自然层连接（14-165换）、幕墙与建筑物的封边顶端、侧边不锈钢（14-166换）、窗面积（补）。

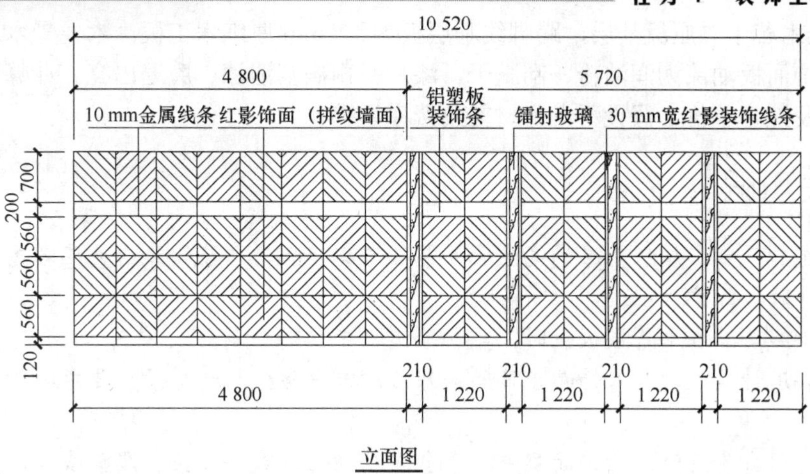

图 4.17　玻璃幕墙装饰面示意图

（2）计算工程量。

铝合金隐框玻璃幕墙：

$6\times6=36\ m^2$

幕墙与建筑物的封边自然层连接：6 m

幕墙与建筑物的封边顶端、侧边不锈钢：

$0.5\times6=3\ m^2$

窗面积：

$1\times6=6\ m^2$

（3）套用计价表，计算结果填入表 4.16 中。

表 4.16　例 4.18 计算结果

序号	计价表编号	项 目 名 称	计 量 单 位	工　程　量	综合单价/元	合价/元
1	14-152换	铝合金隐框玻璃幕墙	$10\ m^2$	3.6	8 321.46	29 957.26
2	14-165换	幕墙与建筑物的封边自然层连接	$10\ m^2$	0.6	624.60	374.76
3	114-166换	幕墙与建筑物的封边顶端、侧边不锈钢	$10\ m^2$	0.3	3 935.41	1 180.62
4	补	窗面积	$10\ m^2$	0.6	977.5	586.5
合计						32 099.14

注：1．铝材量[6×5×8.82+6×2×6.12+(6−0.05×5−0.035×2)×4×5+(6−0.05×5−0.035×2)×3.02×2]×(1.07/3.6)=144.43 kg/10 m²；

2．14-152换综合单价=(12.87×50+217.55)×1.57+6 652.92−2788.55+144.43×21.50=8 321.46［元/（10 m²）］；

3．14-165换综合单价=(1.71×50+3.08)×1.57+485.53=624.60［元/（10 m²）］；

4．14-166换综合单价=(50×1.29+3.08)×(1+42%+15%)+2 517.65+10.5×356.22−2 428.65=3 935.41［元/（10 m²）］；

5．窗增加部分：(5×50) ×1.57+25×23.4=977.5 元/10 m²。

实例 4.19　某公司会议室，墙面装饰如图 4.17 所示。200 mm 宽铝塑板腰线，120 mm 高红影踢脚线，有四条竖向激光玻璃装饰条（210 mm 宽），激光玻璃采用 30 mm 宽红影装饰线条，其余红影切片板斜拼纹。做法：预埋木砖、木龙骨 24 mm×30 mm，间距 300 mm×

300 mm，杨木芯十二厘板基层，踢脚线基层板为 12 mm 厚细木工板。木龙骨木基础板刷防火漆二度。饰面板油漆为润油粉、刮腻子、漆片、刷硝基清漆、磨退出亮。计算该分项工程的清单造价及综合单价（假设不考虑材差及费率调整）。

相关知识

（1）木龙骨、十二厘板基层的高度比面层高 120 mm，即踢脚线内也应考虑，在用计价表计算工程量时要注意。

（2）踢脚线安装在木基层板上时，要扣除定额中木砖含量。

（3）当套用计价表时，木饰面子目的木基层均未含防火材料，设计要求刷防火漆，按相应子目执行。

（4）当套用计价表时，装饰面层中均未包括墙裙压顶线、压条、踢脚线、门窗贴脸等装饰线，而设计有要求时应按相应章节子目执行。

（5）当套用计价表时，设计切片板斜拼纹者，每 10 m^2 斜拼纹按墙面定额人工乘系数 1.30，切片板含量乘系数 1.10，其他不变。

解 1．按计价规范计算工程量清单

（1）确定项目编码和计量单位。

红影饰面板踢脚线查计价规范项目编码为 020105006001，取计量单位为 m^2。

红影饰面板墙面查计价规范项目编码为 020207001001，取计量单位为 m^2。

（2）按计价规范计算工程量。

红影饰面板踢脚线：

$(4.81+1.22\times4)\times0.12=1.16$（$m^2$）

红影饰面板墙面：

$10.52\times2.70-1.16=27.24$（$m^2$）

（3）项目特征描述。

红影饰面板踢脚线：踢脚线高 120 mm，12 mm 厚细木工板基层，红影切片板面层，红影阴角线 15 mm×15 mm，基层板刷防火漆二度，饰面板油漆为润油粉、刮腻子、漆片、刷硝基清漆、磨退出亮。

红影饰面板墙面：墙面预埋木砖，木龙骨 24 mm×30 mm，间距 300 mm×300 mm，杨木芯十二厘基层，面层红影饰面板斜拼，200 mm 宽铝塑板腰线，腰线 10 mm 金属线条收口，局部有四条竖向激光玻璃装饰条（210 mm 宽），激光玻璃采用 30 mm 宽红影装饰线条，木龙骨木基层板刷防火漆二度，饰面板油漆为润油粉、刮腻子、漆片、刷硝基清漆、磨退出亮、

2．按计价表计算清单造价

（1）按计价表工程量计算规则计算工程量。

① 红影饰面板踢脚线：

$4.81+1.22\times4=9.69$（m）

木基层板防火漆：

$(4.81+1.22\times4)\times0.12=1.16$（$m^2$）

红影饰面板踢脚线硝基清漆：9.69 m

② 红影饰面板墙面。

墙面木龙骨：

10.52×2.70=28.40（m^2）

墙面十二厘板基层：

10.52×2.70=28.40（m^2）

墙面铝塑板面层：

(4.81+1.22×4)×0.20=1.94（m^2）

墙面贴激光玻璃：

0.21×2.70×4=2.27（m^2）

墙面红影饰面板：

(4.81+1.22×4)×(2.70−0.20−0.12)=23.06（m^2）

10 mm 金属装饰线条：

(4.81+1.22×4)×2=19.38（m）

30 mm 红影装饰线条：

2.70×2×4=21.6（m）

木装饰线条油漆：21.6 m

（2）套用计价表，计算各工程内容价格。

① 红影饰面踢脚线。

13-127换红影饰面板踢脚线　　169.62 元/10 mm

分析：

① 砖：−14.40 元。

② 木板高度为 120 mm：

1.58/150×120×32=40.448（元）

③ 红影饰面板高度为 120 mm：

1.58/150×120×18=22.752（元）

12-138换：

199.82−14.40−50.56+40.448−28.44+22.752=169.62（元/10 m）

计算结果填入表 4.17 中。

表 4.17　例 4.19 子目计算结果（1）

计价表编号	项 目 名 称	计 量 单 位	综合单价/元	工 程 量	合价/元
13-127 换	红影饰面板踢脚线	10 m	169.62	0.97	164.53
17-92	墙面木基层防火漆二度	10 m^2	189.95	0.116	22.03
17-80	踢脚线硝基清漆	10 m	190.33	0.97	184.62
合计					371.18

② 红影饰面板墙面。

13-182换红影饰面板斜拼纹面层　　261.12 元/10 m^2

分析：

① 红影饰面板增：

(10.50×1.10−10.50)×18=18.9（元）

② 人工费增：

102×1.30−102=30.6（元）

③ 管理费增：

30.6×25%=7.65（元）

④ 利润增：

30.6×12%=3.67（元）

13−182换：

418.74+18.9+30.6+7.65+3.67=479.56（元/10 m²）

17−25换 10 mm 金属装饰条 398.72 元/100 m

分析：

① 镜面不锈钢宽度为 10 mm：

105/50×10×18=378（元）

② 17−25换：

2 362.37−1 890+378=850.37（元/100 m）

计算结果填入表 4.18 中。

表 4.18 例 4.19 子目计算结果（2）

计价表编号	项目名称	计量单位	综合单价/元	工程量	合价/元
14−168	墙面木龙骨	10 m²	439.87	2.84	1 249.23
14−185	墙面十二厘基层（钉在木龙骨上）	10 m²	539.94	2.84	1 533.43
14−193换	红影饰面板斜拼面层	10 m²	479.56	2.036	976.38
14−204	墙面铝塑板面层	10 m²	1 140.02	0.194	221.16
14−211	墙面贴激光玻璃	10 m²	1 195.87	0.227	271.46
17−96	墙面木龙骨防火漆二度	10 m²	139.53	2.84	396.27
17−92	墙面基层板防火漆二度	10 m²	189.95	2.84	539.46
17−90	木装饰线条硝基清漆	10 m	64.98	2.16	140.36
17−79	红影饰面板硝基清漆	10 m²	1 096.69	2.306	2 528.97
18−13	30 mm 红影装饰线条	100 m	643.72	0.216	139.04
18−17换	10 mm 金属装饰条	100 m	850.37	0.193 8	164.80
合计					8 160.56

实例 4.20 某培训中心外墙上有一铝塑板幕墙，具体做法如图 4.18 所示。材料价格及费率均按定额不作调整。计算该分项工程的清单造价及综合单价（铝型材理论重量：100 mm×50 mm×2 mm 铝方管为 1.577 kg/m，50 mm×38 mm×1.4 mm 铝方管为 0.653 kg/m，38 mm×38 mm×3 mm 连接铝为 0.593 kg/m，20 mm×25 mm×3 mm 角铝为 0.361 kg/m；钢材理论重量：8 mm 厚钢材为 62.80 kg/m²，80 mm×50 mm×5 mm 不等边角钢为 5.005 kg/m）。

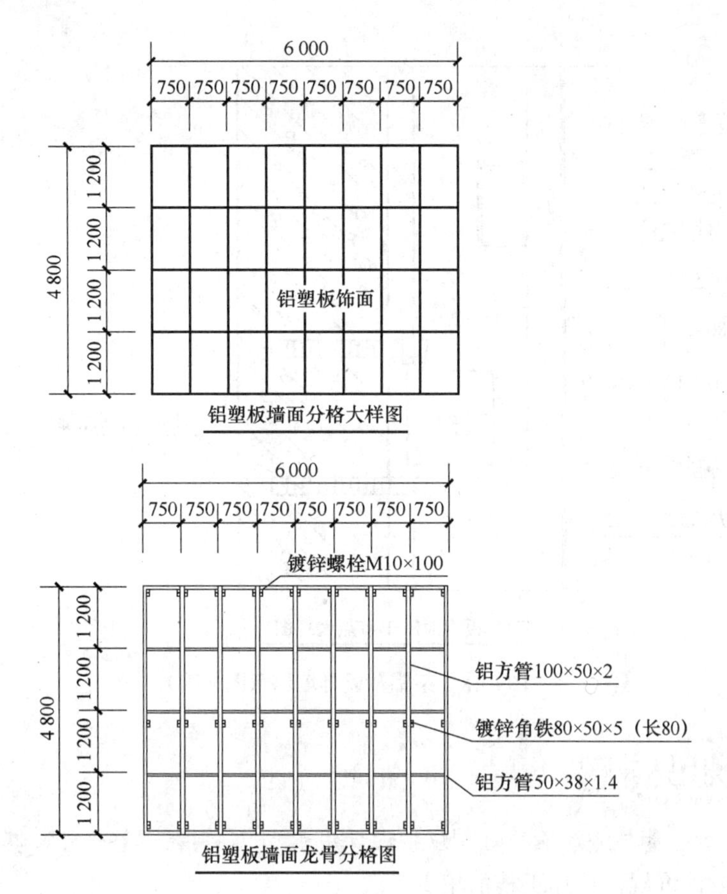

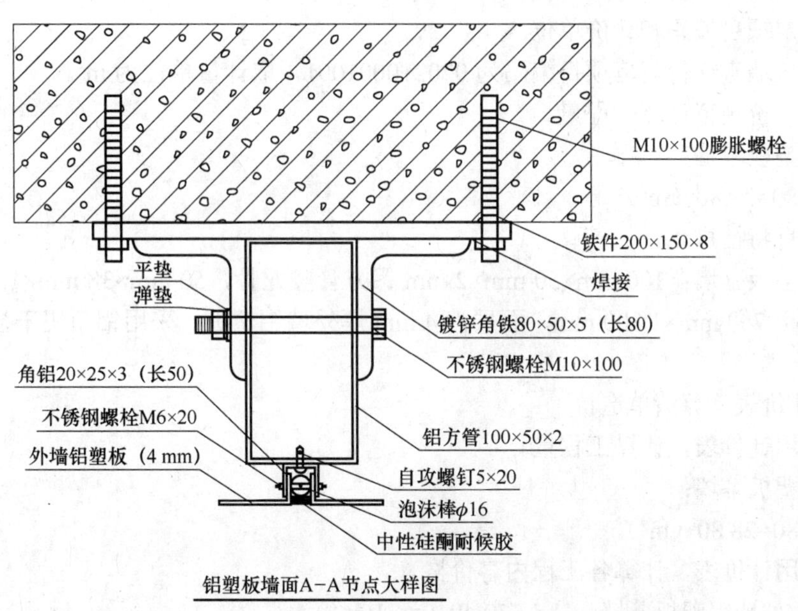

图 4.18　某铝塑板幕墙示意图

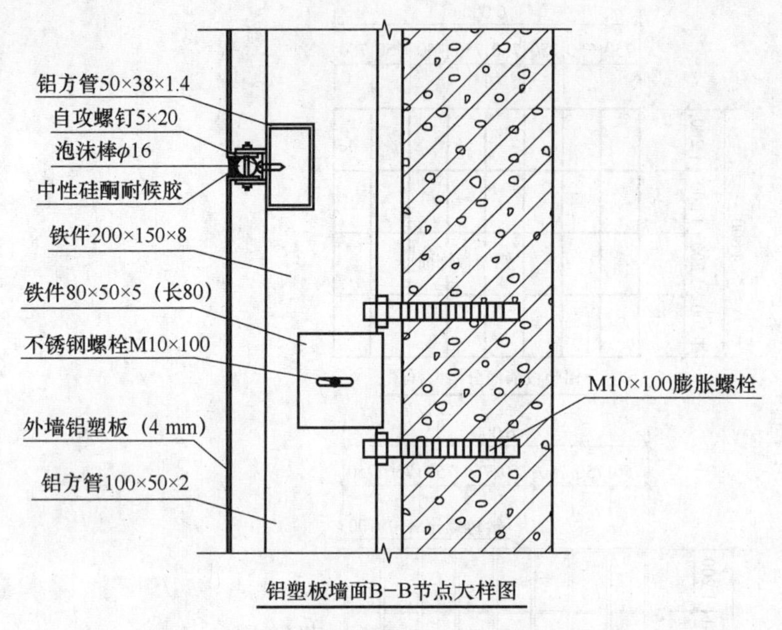

图 4.18　某铝塑板幕墙示意图（续）

相关知识

设计铝型材用量与定额不符时，应按设计用量加 7%损耗调整含量，其他不变。

解　1．按计价规范计算工程清单

（1）确定项目编码和计价单位。

铝塑板幕墙查计价规范项目编码为 020210001001，取计量单位为 m^2。

（2）按计价规范计算工程量。

外墙铝塑板幕墙：

6.00×4.80=28.80（m^2）

（3）项目特征描述。

外墙铝塑板幕墙：100 mm×50 mm×2 mm 铝方管竖龙骨，50 mm×38 mm×1.4 mm 铝方管横龙骨，间距 750 mm×1 200 mm，面层为 4 mm 厚外墙铝塑板，采用铝角码干挂，用耐候胶塞缝。

2．按计价表计算清单造价

（1）套用计价表，计算工程量。

外墙铝塑板幕墙：

6.00×4.80=28.80（m^2）

（2）套用计价表，计算各工程内容价格。

14-163换外墙铝塑板幕墙　　5 579.49（元/10m^2）

分析：

① 计算铝塑板幕墙铝合金重量及含量。

100 mm×50 mm×2 mm 铝方管立柱：

4.80×9 根×1.577×1.07=72.90（kg）

50 mm×38 mm×1.4 mm 铝方管横梁：

(6−0.05×9)×5 根×0.653×1.07=19.39（kg）

38 mm×38 mm×3 mm 连接铝：

16×5×0.035×0.593×1.07=1.78（kg）

20 mm×25 mm×3 mm 角铝：

22×0.05×8×4×0.361×1.07=13.60（kg）

合计：107.67 kg

每平方米铝型材：

$\frac{107.67}{28.80}=3.74$（kg/m^2）

② 计算铁件重量及含量。

8 mm 厚钢板：

0.20×0.15×9×3×62.80×1.01=51.38（kg）

80 mm×50 mm×5 mm 不等边角钢：

0.08×2×9×3×5.005×1.01=21.84（kg）

合计：73.22 kg

每平方米铁件：

$\frac{73.22}{28.80}=2.54$（kg/m^2）

③ 铝材重量换算：

(64.469−37.40)×21.50=581.98（元）

④ 镀锌铁件重量换算：

(25.40−20.287)×8.2=41.93（元）

14−163$_{换}$：

6 128.51−581.98+41.93=5 588.46（元/10 m^2）

清单造价：

5 588.46×2.88=16 094.76（元）

3．计算分项清单综合单价

02021001001　　外墙铝塑板幕墙　　$\frac{16\,094.76}{28.8}=558.85$（元/m^2）

实例 4.21　某体育馆一外墙采用钢骨架上干挂花岗岩勾缝，勾缝宽度为 6 mm，如图 4.19 所示。甲、乙双方商定钢骨架镀锌费 1 500.00 元/t，其余材料价格、费率均按定额执行。计算该分项工程的清单造价及综合单价（钢材单位重量：8 号槽钢为 8.04 kg/m，L50×5 等边角钢为 3.77 kg/m，80×50×6 不等边角钢为 5.935 kg/m，铁件 4.4 kg/个）。

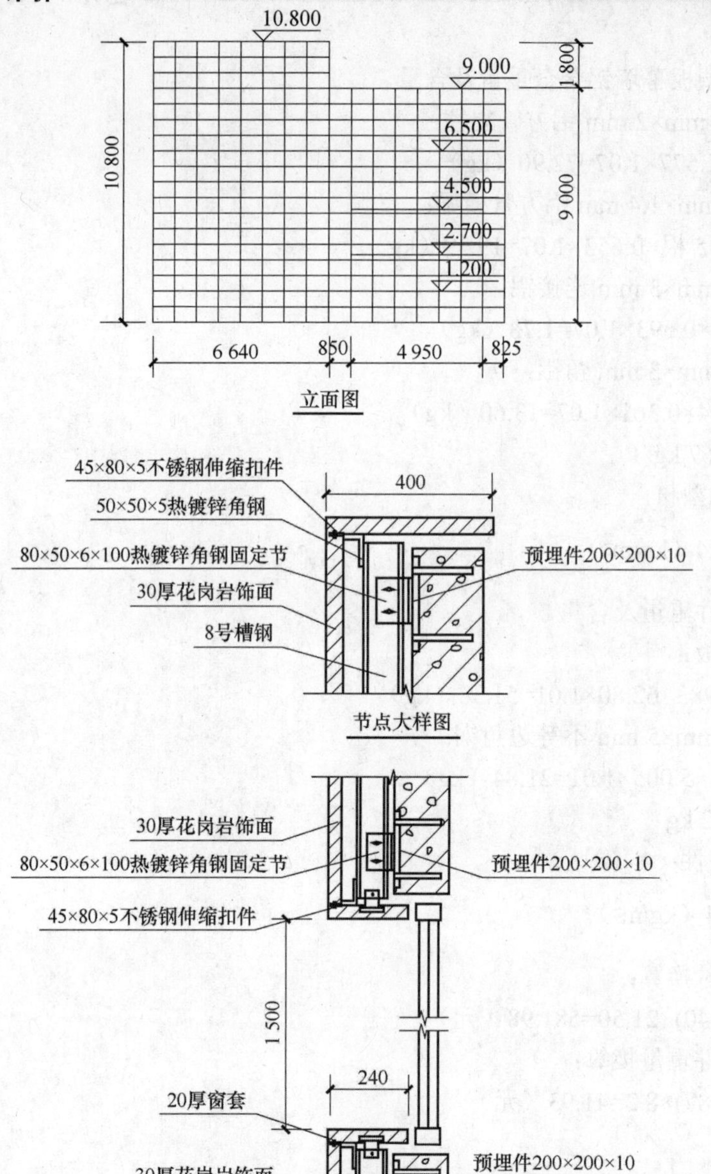

图 4.19　某体育馆外墙建筑示意图

相关知识

（1）按规定不锈钢连接件、连接螺栓、插棍、钢骨架应按设计用量调整。

（2）勾缝宽以 6 mm 以内为准，超过者按花岗岩、密封胶用量换算。

（3）钢骨架镀锌费按实计算。

（4）计价规范把钢骨架上干挂花岗岩分为花岗岩干挂、干挂石材钢骨架两个项目，计价表则合在一起。

（5）外墙干挂花岗岩计价规范不算洞口侧壁，计价表要展开合并计算。

解　1．按计价规范计算工程量清单

（1）确定项目编码和计量单位。

花岗岩干挂查计价规范项目编码为020204001001，取计量单位为m^2。

干挂石材钢骨架计价规范项目编码为020204004001，取计量单位为t。

（2）按计价规范计算工程量。

花岗岩干挂：

6.64×10.8+6.60×9.00−4.95×1.50−4.95×2.00=113.79（m^2）

干挂石材钢骨架：

8号槽钢：

(10.80×9根+9.00×8根−1.50×5−2×5)×8.04=1 219.67（kg）

5号角钢：

(6.64×18根+6.60×12根)×3.77=749.17（kg）

合计：1 968.84 kg

（3）项目特征描述。

花岗岩干挂：外墙花岗岩采用钢骨架上干挂，干挂见件为45 mm×80 mm×5 mm不锈钢干挂件，面层为30 mm厚花岗岩，板缝嵌F130密封胶，面层进行酸洗打蜡。干挂石材钢骨架，立柱为8号槽钢，横梁为50 mm×5 mm等边角钢，钢骨架进行热浸镀锌处理。

2．按计价表计算规则计算工程量

（1）套用计价表，计算工程量。

花岗岩干挂（勾缝）：

6.64×10.8+6.60×9−4.95×1.5−4.95×2+(6.64+6.60+1.80)×0.40+(4.95+1.50)×2×0.24
+(4.95+2.00)× 2×0.24=126.24（m^2）

钢骨架制作：1 968.84kg

（2）套用计价表，计算各工程内容价格。

① 计算铁件重量及每平方米含量。

预埋铁件：

(3×9+3+6×6)×4.40=290.40（kg）

80 mm×50 mm×6 mm不等边角钢：

(3×9+3+6×6)×2×0.1×5.935=78.34（kg）

合计：368.74 kg

每平方米铁件：

368.74/126.24×1.01=2.950（kg/m^2）

② 计算不锈钢干挂件及每平方米含量。

不锈钢干挂件：

(18×8+8×10+2×5+6×4+7×2+3)×2=550（个）

每平方米不锈钢干挂件：

550.00/126.24×1.02=4.44（个/10 m^2）

14-137换钢骨架上干挂花岗岩板　　　4 694.30 元/10 m^2

分析：

a．计价规范钢骨架制作单独列出，故扣 6-45 钢骨架，安装人工含在本子目中。

b．铁件含量调整：

(29.50-26)×8.2=28.70（元）

c．不锈钢连接件等调整数量：

(45-0.444)×(4.50+250.00)=113.40（元）

d．增铁件镀锌费：

29.50×1.50=44.25（元）

14-137换：

4 581.37+28.70+113.40+44.24=4 767.71（元/10 m^2）

花岗岩干挂清单造价：

4 767.71（元/10 m^2）×12.624（10 m^2）=60 187.57（元）

6-45换干挂石材钢骨架制作：5 811.43（元/t）

③ 增钢骨架镀锌费：1 500 元

6-45换：

4 311.43+1 500=5 811.43（元/t）

干挂石材钢骨架制作清单造价：

5 811.43×1.968 8=11 441.54（元）

3．计算分项清单综合单价

020204001001　　花岗岩干挂　　$\frac{46\,648.84}{113.79}$=409.96（元/m^2）

020204004001　　干挂石材钢骨架制作　　$\frac{11\,441.54}{1.966\,8}$=5 817.34（元/t）

4.1.3　顶棚工程计价编制

实例 4.22　某房间净尺寸为 6 m×3 m，采用木龙骨夹板吊平顶（吊在混凝土板下），木吊筋 40 mm×50 mm，高度 350 mm，大龙骨断面 55 mm×40 mm，中距 600 mm（沿 3 m 方向布置），小龙骨断面 45 mm×40 mm，中距 300 mm（双向布置），试用计价表计算工程量、综合单价和合价。

解　（1）列项。

木龙骨（15-3换）、三夹板面层（15-42）。

（2）工程量计算。

木龙骨：

6×3＝18 m^2

三夹板面层：

6×3＝18 m^2

（3）套用计价表，计算结果填入表 4.19 中。

表 4.19　例 4.22 计算结果

序号	计价表编号	项 目 名 称	计 量 单 位	工 程 量	综合单价/元	合价/元
1	15-3换	木龙骨	10 m²	1.8	546.30	983.34
2	15-42	三夹板面层	10 m²	1.8	248.66	447.59
合计						1 430.93

注：1．大龙骨体积含量：(6÷0.6+1)×0.055×0.04×(1+6%)×3÷18×10=0.043（$m^3/10\ m^2$）；

2．小龙骨体积含量：[(3÷0.3+1)×0.045×0.04×(1+6%)×6+(6÷0.3+1)×0.045×0.04×(1+6%)×3] ÷18×10=0.137（$m^3/10\ m^2$）；

3．木吊筋含量：350÷300×0.021=0.024 5（$m^3/10\ m^2$）；

4．15-3换综合单价=567.90+(0.043+0.137+0.024 5)×1 600−348.80=546.30[元/（$10\ m^2$）]。

实例 4.23　某工程用$\phi 8$ 钢吊筋，装配式 U 形不上人型轻钢龙骨，纸面石膏板天棚面层，最低天棚面层到吊筋安装点的高度为 1.00m，面层上的龙筋方格为 400 mm×600 mm，吊筋暂不考虑刷防锈漆，如图 4.20 所示。求该天棚面工程量并计价。

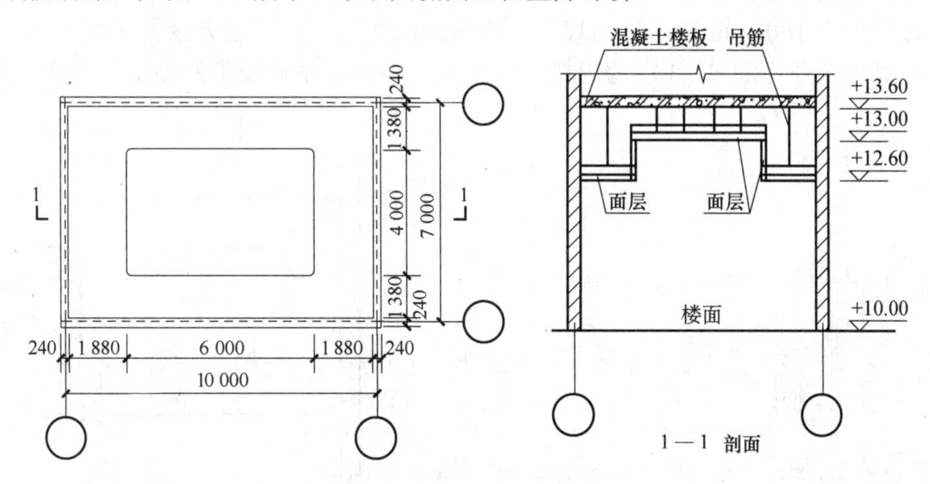

图 4.20　某工程建筑示意图

解　（1）列项。

1 m 长吊筋（15-34）、0.6 m 长吊筋（15-34换）、不上人型轻钢龙骨（15-8）、纸面石膏板天棚面层（15-46）。

（2）计算工程量。

1 m 长吊筋：

65.98−24=41.98 m^2

0.6 m 长吊筋：

6.0×4.0=24 m^2

不上人型轻钢龙骨：

(10−0.24)×(7−0.24)=65.98 m^2

纸面石膏板天棚面层：

6.76×9.76+(4.0+6.0)×2×0.40=73.98 m^2

（3）套用计价表，计算结果填入表 4.20 中。

表 4.20　例 4.23 计算结果

序号	计价表编号	项目名称	计量单位	工程量	综合单价/元	合价/元
1	15-34	1 m 长吊筋	10 m^2	4.198	60.54	254.15
2	15-34换	0.6 m 长吊筋	10 m^2	2.4	54.22	130.13
3	15-8	不上人型轻钢龙骨	10 m^2	6.598	639.87	4 221.86
4	15-46	纸面石膏板天棚面层	10 m^2	7.398	306.47	2 267.27
合计						6 873.41

注：15-34换综合单价=60.54-15.8+15.8×0.6=54.22［元/（10 m^2）］。

实例 4.24　某装饰企业承担某大厦中 1～3 层的内装饰，如图 4.21 所示，其中，天棚为装配式 U 形不上人型轻钢龙骨，方格为 500 mm×500 mm，吊筋用$\phi8$，面层用纸面石膏板，1、2 层楼层层高 4.2 m，3 层楼层层高 5.0 m，天棚面的阴、阳角线暂不考虑，混凝土楼板每层均为 100 mm 厚，平面尺寸及简易做法如下（该三层天棚做法均一样）。试用计价表计算该企业完成 1～3 层的天棚龙骨面层（不包括粘贴胶带及油漆）的有关综合单价和合价。

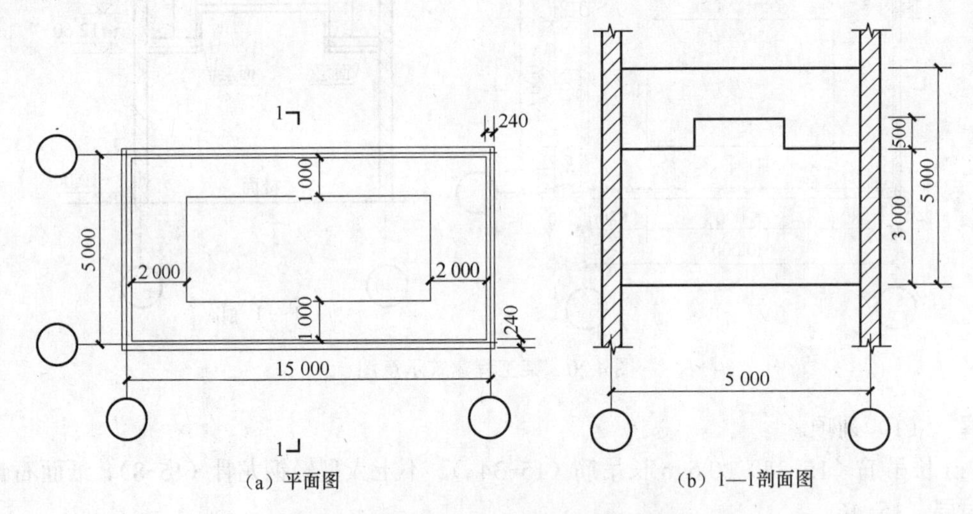

图 4.21　某大厦 1～3 层的内装饰示意图

解　（1）列项。

1.4 m 长吊筋（15-34换1）、1.9 m 长吊筋（15-34换2）、0.6 m 长吊筋（15-34换3）、1.1 m 长吊筋（15-34换4）、U 形不上人型轻钢龙骨（15-8换）、纸面石膏板天棚面层（15-46换）。

（2）计算工程量。

1.4 m 长吊筋：

(11-0.24)×(3-0.24) =29.70 m^2

1.9 m 长吊筋：

$(15-0.24)\times(5-0.24)-29.70=40.56\ m^2$

0.6 m 长吊筋：

$(11-0.24)\times(3-0.24)\times2=59.4\ m^2$

1.1 m 长吊筋：

$(15-0.24)\times(5-0.24)\times2-59.4=81.12\ m^2$

U 形不上人型轻钢龙骨：

$(15-0.24)\times(5-0.24)\times3=210.77\ m^2$

纸面石膏板天棚面层：

$14.76\times4.76\times3+[(11-0.24)+(3-0.24)]\times2\times3\times0.50=251.33\ m^2$

（3）套用计价表，计算结果填入表 4.21 中。

表 4.21　例 4.24 计算结果

序号	计价表编号	项 目 名 称	计 量 单 位	工 程 量	综合单价/元	合价/元
1	$15-34_{换1}$	1.4 长吊筋	$10\ m^2$	2.97	68.88	204.57
2	$15-34_{换2}$	1.9 m 长吊筋	$10\ m^2$	4.056	76.17	308.95
3	$15-34_{换3}$	0.6 m 长吊筋	$10\ m^2$	5.94	68.88	409.14
4	$15-34_{换4}$	1.1 m 长吊筋	$10\ m^2$	8.112	64.50	523.22
5	$15-8_{换}$	U 形不上人型轻钢龙骨	$10\ m^2$	21.077	676.25	14 253.32
6	$15-46_{换}$	纸面石膏板天棚面层	$10\ m^2$	25.133	329.25	8 275.04
合计						23 974.24

注：$15-34_{换1}$ 综合单价=60.54+4×0.102×0.385×13.26×2.8+12.52×0.2=68.88［元/（10 m^2）］；

$15-34_{换2}$ 综合单价=60.54+9×0.102×0.385×13.26×2.8+12.52×0.2=76.17［元/（10 m^2）］；

$15-34_{换3}$ 综合单价=60.54+4×0.102×0.385×13.26×2.8+12.52×0.2=68.88［元/（10 m^2）］；

$15-34_{换4}$ 综合单价=60.54+1×0.102×0.385×13.26×2.8+12.52×0.2=64.50［元/（10 m^2）］；

$15-8_{换}$ 综合单价=639.87+(178.50+3.40)×0.=676.25［元/（10 m^2）］；

$15-46_{换}$ 综合单价=306.47+113.90×0.2=329.25［元/（10 m^2）］。

实例 4.25　如图 4.22 所示某建筑示意图，求天棚抹混合砂浆的工程量、综合单价和合价（天棚与墙面相交处抹小圆角）。

解　（1）列项。

天棚抹混合砂浆（$15-87_{换}$）。

（2）计算工程量

天棚面积：

$(14.4-0.24)\times(6-0.24)=81.56\ m^2$

梁面积：

$(0.5-0.1)\times(6-0.24)\times6=13.824\ m^2$

小计：$95.384\ m^2$

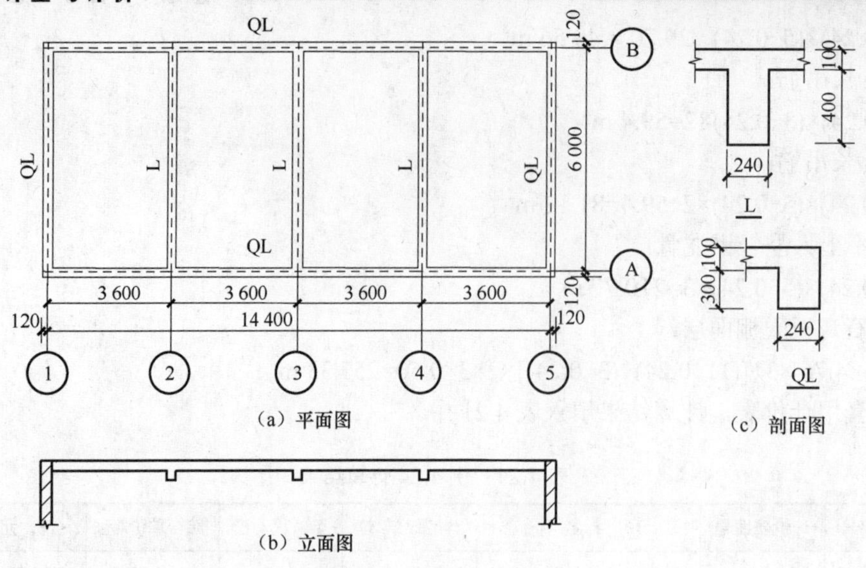

图 4.22　某建筑示意图

（3）套用计价表，计算结果填入表 4.22 中。

表 4.22　例 4.25 计算结果

序号	计价表编号	项 目 名 称	计 量 单 位	工　程　量	综合单价/元	合价/元
1	15-87换	天棚抹混合砂浆	10 m^2	9.538	192.49	1 835.97
合计						1 835.97

注：15-87换 综合单价=191.05+0.005×253.85+0.001×122.64×1.37=192.49［元/（10 m²）］。

实例 4.26　某大厦装修如图 4.23 所示，二楼顶棚ϕ10 吊筋电焊在 2 层板底的预埋铁件上，吊筋平均高度按 1.8 m 计算。大中龙骨均为木龙骨，经过计算，设计总用量为 4.167m^3，面层龙骨为 400×400 mm，中龙骨下钉胶合板（3 mm）面层，地面至天棚面高为+3.7m，拱高 1.3m，转角处的天棚面层标高均为 3.7 m。拱形面层的面积暂按水平投影面积增加 25%计算。综合人工单价为 60 元/工日，管理费费率 42%，利润费率 15%，其他按计价表规定不作调整。请按有关规定和已知条件，按计价表计算该顶棚的工程量、综合单价和合价。

解　（1）列项。

ϕ10 吊筋（15-35）、拱形部分龙骨（15-4）、其余部分龙骨（15-4）、拱形部分面层（15-44）、其余部分面层（15-44）。

（2）工程量计算。

ϕ10 吊筋：

$19.76\times13.76=271.9\ \text{m}^2$

拱形部分龙骨：

$8\times12=96\ \text{m}^2$

其余部分龙骨：

$271.9-96=175.9\ \text{m}^2$

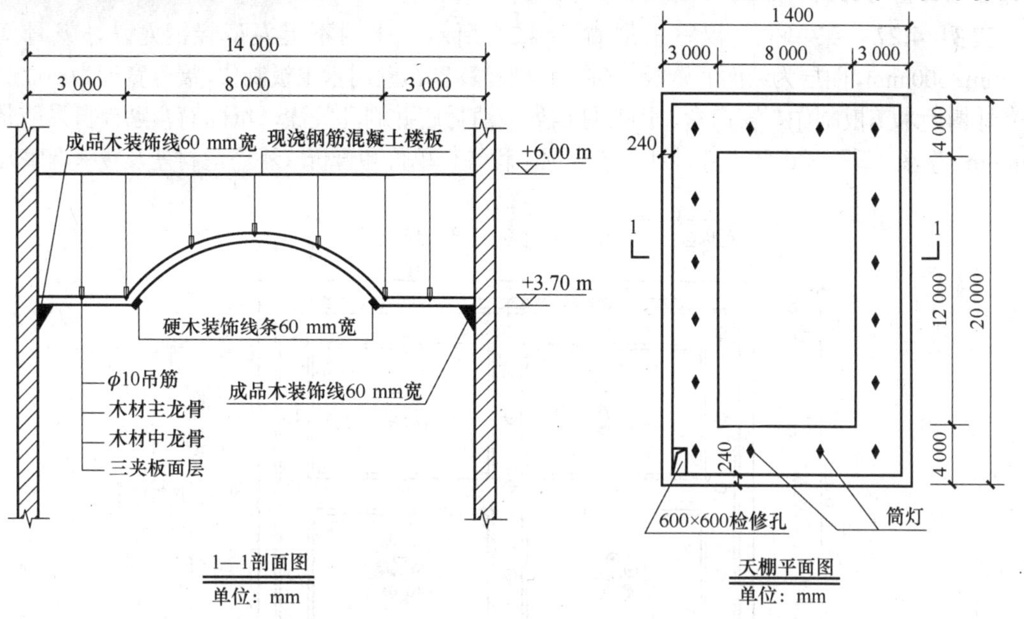

图 4.23 某大厦装修示意图

拱形部分面层：

$96 \times 1.25 = 120\ m^2$

其余部分面层：

$271.9 - 96 = 175.9\ m^2$

（3）套用计价表，计算结果填入表 4.23 中。

表 4.23 例 4.26 计算结果

序号	计价表编号	项目名称	计量单位	工程量	综合单价/元	合价/元
1	15-35换	φ10 吊筋	$10\ m^2$	27.19	125.57	3 414.25
2	15-4换	拱形部分龙骨	$10\ m^2$	9.6	463.17	4 446.43
3	15-4换	其余部分龙骨	$10\ m^2$	17.59	461.34	8 114.97
4	15-44换	拱形部分面层	$10\ m^2$	12	310.36	3 724.32
5	15-44换	其余部分面层	$10\ m^2$	17.59	251.96	4 431.98
合计						24 131.95

注：1．15-35换综合单价=(90.65+8×2.3)+10.52×(1+42%+15%)=125. 57［元/（$10\ m^2$）］；

2．15-4换综合单价=(0.162×1 600+6.55)+(1.71×60×1.2+1.46×1.8)×(1+42%+15%)=463.17［元/（$10\ m^2$）］；

3．15-4换综合单价=(0.162×1 600+6.55)+(1.71×60×1.2+1.46)×(1+42%+15%)=461.34［元/（$10\ m^2$）］；

4．15-44换综合单价=135.15+1.24×60×1.5×(1+0.42+0.15)=310.36［元/（$10\ m^2$）］；

5．15-44换综合单价=135.15+1.24×60×(1+0.42+0.15)=251.96［元/（$10\ m^2$）］；

6．木龙骨体积含量：4.167×1.06×10/271.9=0.162［元/（$10\ m^2$）］。

实例 4.27 某单位会议室吊顶如图 4.24 所示。采用不上人型轻钢龙骨，龙骨间距400 mm×600 mm，面层为纸面石膏板，刷白色乳胶漆，窗帘盒用木工板制作，展开宽度为500 mm，回光灯槽用木工板制作。窗帘盒、回光灯槽处清油封底并刷乳胶漆，纸面石膏贴板自黏胶带按1.5m/ m^{2}考虑，暂不考虑防火漆。计算该分项工程综合单价和合价（不考虑材差及费率调整）。

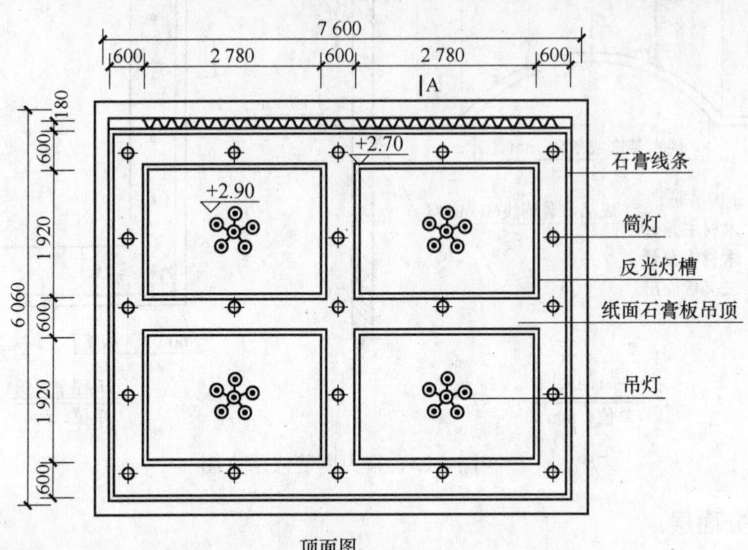

顶面图

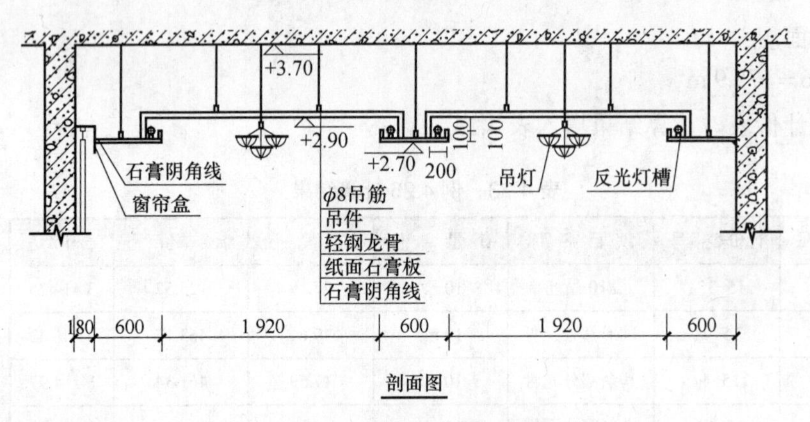

剖面图

图 4.24 某单位会议会吊顶

分析：

（1）套用计价表计算时，考虑该天棚高差 200 mm：$\dfrac{S_1}{S_1+S_2}=\dfrac{3.33}{13.33+29.51}\times100\%$ =31.12%>15%，该天棚为复杂型天棚。

（2）计价表计算吊筋时要按距楼板的高度不同分别套用。

（3）计价表计算石膏线条刷乳胶漆工程量并入天棚中，不另计算。

解 （1）列项。

0.8 m 高天棚吊筋（15-34$_{换}$）、1 m 高天棚吊筋（15-34）、复杂天棚龙骨（15-8）、纸面石膏板（15-46）、清油封底（17-174）、贴自黏胶带（17-175）、天棚刮腻子三遍（17-166、17-167）、

天棚刷乳胶漆三遍（17-182换）、回光灯槽（18-65）、石膏阴角线（18-26）、窗帘盒（18-66换）、筒灯孔（18-63）。

（2）计算工程量，如表4.24所示。

表4.24　计算工程量

序号	项目名称	计量单位	计算式	工程量
1	0.8 m高天棚吊筋	m^2	(2.78+0.2×2)×(1.92+0.2×2)×4	29.51
2	1 m高天棚吊筋	m^2	7.36×5.82-29.51	13.33
3	复杂天棚龙骨	m^2	7.36×5.82	42.84
4	纸面石膏板	m^2	7.36×(5.82-0.18)+40.8×0.2	49.67
5	回光灯槽	m	[(2.78+0.2)+(1.92+0.2)] ×2×4	40.8
6	石膏阴角线	m	7.36×2+（5.82-0.18）×2	26
7	窗帘盒	m	7.36	7.36
8	清油封底	m^2	7.36×0.50+40.80×0.30	15.92
9	天棚批腻子三遍，刷乳胶漆三遍	m^2	49.68+15.92	65.6
10	贴自黏胶带	m	49.68×1.50	74.52
11	开筒灯孔	个	21	21

（3）套用计价表，计算结果填入表4.25中。

表4.25　例4.27计算结果

计价表编号	项目名称	计量单位	工程量	综合单价（列简要计算过程）（元）	合价（元）
15-34换	0.8 m高天棚吊筋	10 m^2	2.951	单价换算： 圆钢含量：3.93-0.102×13× 2×0.394 6 = 2.88 kg 单价：60.54-(3.93-2.88)×4.02=56.32元	166.20
15-34	1 m高天棚筋	10 m^2	1.333	60.54	80.70
15-8	装配式U形（不上人型）轻钢龙骨复杂天棚	10 m^2	4.284	639.87	2 741.20
15-46	纸面石膏板面层	10 m^2	4.968	306.47	1 522.54
17-174	清油封底	10 m^2	2.568	43.68元	112.17
17-175	天棚贴自黏胶带	10 m	7.452	77.11	574.62
18-26	100×30石膏阴角线	100 m	0.26	1 455.35	378.39
18-66	暗窗帘盒	100 m	0.074	单价换算： 木工板增：(52.5-47.25)×38=199.5元 单价：4 088.34+199.5=4 287.84	317.30

续表

计价表编号	项目名称	计量单位	工程量	综合单价（列简要计算过程）（元）	合价（元）
18-65	回光灯槽	10 m	4.08	单价换算： 461.87+(300÷500−1)×5.12×38=384.05	1 566.92
18-63	开筒灯孔	10 个	2.1	28.99	60.88
17-166	夹板面满批腻子两遍	10 m^2	6.72	单价换算： 56.95×1.1×(1+25%+12%)×18.17=1 559.42	10 479.30
17-167	夹板满批腻子增一遍	10 m^2	6.56	单价换算： (0.3+0.165)×(1+25%+12%)×85+6.04×1.3=62	406.72
17-182	天棚乳胶漆三遍	10 m^2	6.56	238.64	1 565.48
合计					18 424.74

实例 4.28 某学院一过道采用装配式 T 形（不上人型）铝合金龙骨，面层采用 600 mm×600 mm 钙塑板吊顶，如图 4.25 所示。已知：吊筋为ϕ8 mm 钢筋，吊筋高度为 1.00 m，主龙骨为 45 mm×15 mm×1.2 mm 轻钢龙骨。T 形龙骨间距如图所示，计算该分项工程的清单造价及综合单价（不考虑材差及费率调整）。

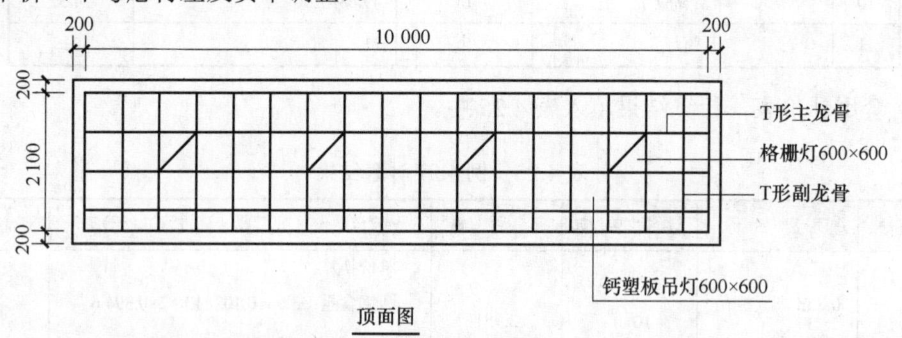

图 4.25 某学院过道建筑示意图

相关知识

（1）计价规范计算规则规定天棚按水平投影面积计算。扣除单个 0.3 m^2 以外的孔洞所占的面积。计价表规定天棚龙骨的面积按主墙间的水平投影面积计算。天棚饰面的面积按净面积，不扣除间壁墙、检修孔、附墙烟囱、柱垛和管道所占面积，但应扣除独立柱、0.3 m^2 以上的灯饰面积（石膏板、夹板天棚面层的灯饰面积不扣除）、与天棚相连接的窗帘盒面积。

（2）铝合金龙骨设计与定额不符，应按设计用量加 7%的损耗调整定额中的含量。

解 1. 按计价规范计算工程量清单

（1）确定项目编码和计量单位。

铝合金 T 形龙骨铝塑板吊顶查计价规范项目编码为 020302001001，取计量单位为 m^2。

（2）按计价规范规定计算工程量。

铝合金 T 形龙骨铝塑板吊顶：

10×2.10−0.60×0.60×4=19.56（m^2）

（3）项目特征描述。

铝合金龙骨钙塑板吊顶，ϕ8 mm 吊筋高度 1.00m，主龙骨为 45 mm×15 mm×1.20 mm 轻钢龙骨，装配式 T 形（不上人型）铝合金龙骨，面层钙塑板规格 600 mm×600 mm。

2．按计价表计算清单造价

（1）按计价表工程量计算规则计算工程量。

天棚吊筋：

10.00×2.10=21.00（m^2）

天棚装配式 T 形铝合金龙骨：

10.00×2.10=21.00（m^2）

铝塑板面层：

10.00×2.10−0.60×0.60×4=19.56（m^2）

（2）套用计价表计算各工程内容价格。

①计算 T 形铝合金龙骨含量。

铝合金 T 形主龙骨：

10.00×5/21.00×1.07=2.548（m/m^2）

铝合金 T 形副龙骨：

2.10×18/21.00×1.07=1.926（m/m^2）

②计算清单造价，填入表 4.26 中。

表 4.26　例 4.28 子目计算结果

计价表编号	项 目 名 称	计 量 单 位	综合单价/元	工 程 量	合价/元
15-34	天棚配筋	10 m^2	60.54	2.10	127.13
15-19	装配式 T 形（不上人型）铝合金龙骨	10 m^2	555.90	2.10	1 167.39
	铝合金 T 形主龙骨调整含量： (25.48−18.94)×5.5=35.97（元） 铝合金 T 形副龙骨调整含量： (19.26−18.20)×4.5=4.77（元） 扣角铝：−38.76 单价：553.92+35.97+4.77−38.76 =555.90（元/10 m^2）				
15-55	铝塑板面层	10 m^2	1 000.80	1.956	1 957.56
合计					3 252.08

3．计算分项清单综合单价

020302001001　　铝合金 T 形龙骨钙塑板吊顶　　$\dfrac{1147.06}{19.56}$=58.64（元/m^2）

实例 4.29　某学院门厅采用不上人型轻钢龙骨（间距 400 mm×600 mm），防火板基层，面层为铝塑板，具体做法如图 4.26 所示。吊筋为ϕ8 mm，板底标高为+4.500，有孔铝塑板价格为 90 元/m^2，计算该分项工程的清单造价及综合单价（不考虑价差和费率调整）。

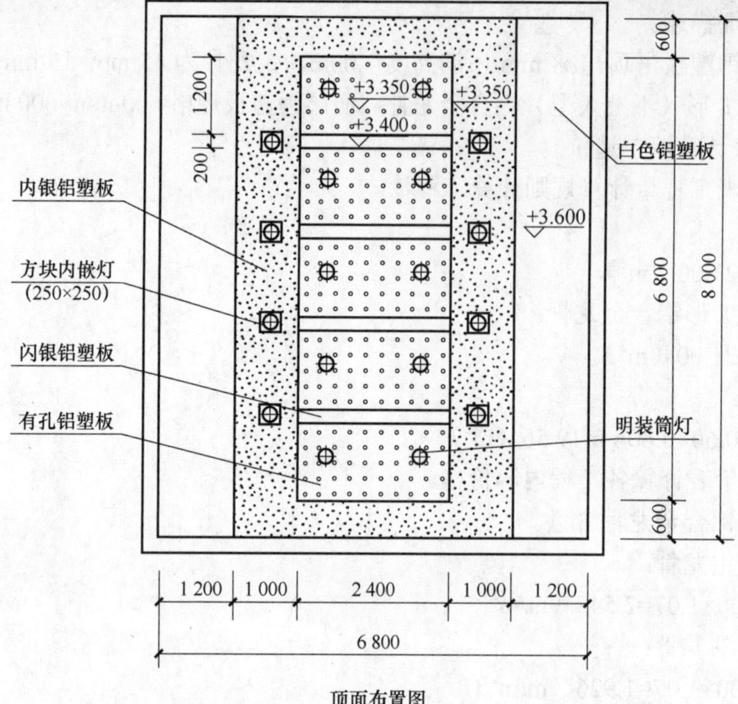

顶面布置图

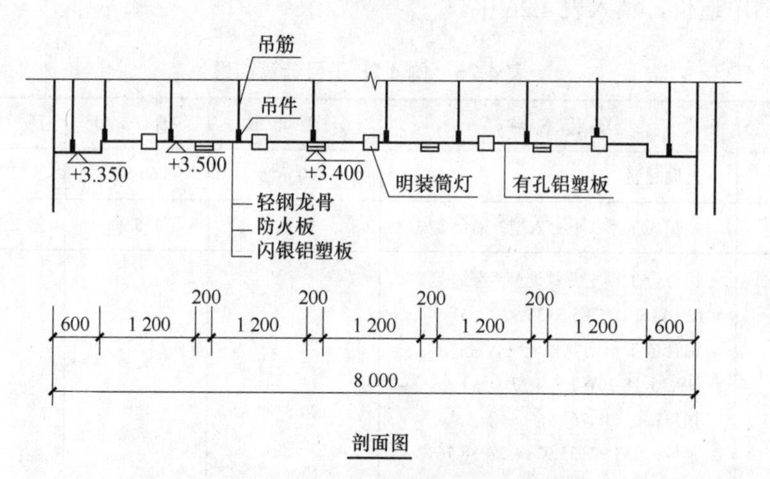

剖面图

图 4.26　某学院门厅顶面建筑示意图

相关知识

（1）计价规范工程量计算规则规定天棚吊顶按设计图示尺寸以水平投影面积计算。

（2）计价表工程量计算规则规定天棚龙骨的面积按主墙间的水平投影计算，天棚饰面应按展开面积计算。

（3）套用计价表时，因穿孔铝塑板的价格与铝塑板的价格不一致，应分开计算。

（4）套用计价表时因吊筋高度不同，应分别计算面积。

（5）套用计价表时防火板基层、铝塑板面层两者合为一个单独子目。

解　1．按计价规范计算工程量清单

（1）确定项目编码和计量单位。

轻钢龙骨纸面石膏板吊顶查计价规范项目编码为020302001001，取计量单位为m^2。

（2）按计价规范规定计算工程量。

轻钢龙骨纸面石膏板吊顶：

7.36×(5.82−0.18)=41.51（m^2）

（3）项目特征描述。

轻钢龙骨纸面石膏板吊顶为ϕ8 mm吊筋，不上人型轻钢龙骨，龙骨间距400 mm×600 mm，面层为9.5 mm纸面石膏板，板缝贴自黏胶带，批3遍腻子，刷白色乳胶漆3遍，与墙连接处用100 mm×30 mm石膏线条交圈，窗帘盒用木工板制作，展开宽度为500 mm，回光灯槽用木工板制作，天棚需开筒灯。

2．按计价表计算清单造价

（1）按计价表工程量计算规则计算工程量。

凹天棚吊筋：

(2.78+0.2×2)×(1.92+0.2×2)×4=29.51（m^2）

凸天棚吊筋：

7.36×5.82−29.51=13.33（m^2）

复杂天棚龙骨：

7.36×5.82=42.84（m^2）

回光灯槽：

[(2.78+0.2)+(1.92+0.2)]×2×4=40.80（m）

纸面石膏板：

7.36×(5.82−0.18)+40.8×0.2=49.67（m^2）

石膏阴角线：

7.36×2+(5.82−0.18)×2=26.00（m）

窗帘盒：7.36 m

清油封底：

7.36×0.50+0.1×(1.92+2.78)×2×4+0.2×(1.92+0.4+2.78+0.4)×2×4=16.24（m^2）

天棚批腻子3遍，刷乳胶漆3遍：

49.68+15.92=65.6（m^2）

贴自黏胶带：

41.52×1.50=62.28（m）

开筒灯孔：21个

（2）套用计价表，计算各工程内容价格填入表4.27中。

表4.27　例4.29计价结果

计价表编号	项 目 名 称	计 量 单 位	综合单价/元	工 程 量	合价/元
15-34换	凹天棚吊筋ϕ8 mm（0.8 m高）	10 m^2	56.32	2.95	166.14

续表

计价表编号	项 目 名 称	计 量 单 位	综合单价/元	工 程 量	合价/元
15-34换	圆钢含量：3.93−0.102×13×2×0.394 6=2.88（kg） 单价：60.54−(3.93−2.88)×4.02=56.32（元/10 m²）				
15-34	凸天棚吊筋ϕ8 mm（1.0 m 高）	10 m²	60.54	1.33	80.52
15-8	式 U 形（不上人型）轻钢龙骨 400 mm×600 mm	10 m²	639.87	4.28	2 738.64
15-46	纸面石膏板天棚面层凹凸	10 m²	306.47	4.96	1 520.1
18-26	100 mm×30 mm 石膏装饰线	10 m²	1 455.4	0.26	378.40
18-66换	暗窗帘盒细木工板	10 m²	4 287.8	0.074	317.30
	单价换算： 木工板增：(52.5−47.25)×38=199.5 元 单价：4 088.34+199.5=4 287.84				
18-65换	回光灯槽（300 高）	10 m²	189.85	4.08	774.59
	木工板含量：300/500×5.12=3.072 m²				
18-63	筒灯孔	10 m²	28.99	2.1	60.88
17-22换	天棚夹板面满批腻子 2 遍	10 m²	40.57	6.56	266.14
	人工费：16.8×1.1=18.48（元） 管理费：18.48×25%=4.62（元） 利润：18.48×12%=2.22（元） 单价：18.48+15.25+4.62+2.22=40.57（元/10 m²）				
	天棚夹板面满批腻子增加 1 遍	10 m²	17.86	6.56	117.16
	人工费：8.4×1.1=9.24（元） 管理费：9.24×25%=2.31（元） 利润：9.24×12%=1.11（元） 单价：9.24+5.2+2.31+1.11=17.86（元/10 m²）				
17-174	清油封底	10 m²	43.68	1.62	70.76
17-175	天棚板缝贴自黏胶带	10 m²	77.11	6.22	479.62
17-23换	天棚夹板面乳胶漆 3 遍	10 m²	146.07	6.56	958.22
	人工费：（9.8+0.165×28）×1.1=15.86 乳胶漆增：1.2 kg×7.85=9.42（元） 管理费：15.86×25%=3.97（元） 利润费：15.86×12%=1.9（元） 单价：15.86+23.50+9.42+3.97+1.9=54.65（元/m²）				
	合计				7 928.46

3．计算分项清单综合单价

020302001001　　轻钢龙骨纸面石膏板吊顶　　$\frac{5\,200.61}{41.51}$=125.29（元/m²）

4.1.4 门窗工程计价编制

实例 4.30　已知某铝合金卷帘门的宽为 3 000 mm，安装于洞口高度为 2 700 mm 的门口，卷帘门上有一活动小门，小门尺寸 600 mm×2 000 mm，提升装置为电动，其他同计价表，试

计算该卷帘门工程量、计价表单价和合价。

解　（1）列项。

铝合金卷帘门安装（16-20）、卷帘门电动装置安装（16-29）、铝合金活动小门安装（16-30）。

（2）计算工程量。

铝合金卷帘门安装：

$3.0\times(2.7+0.6)-0.6\times2=8.7$（$m^2$）

卷帘门电动装置安装：1 套

铝合金活动小门安装：1 扇

（3）套用计价表，计算结果填入表 4.28 中。

表 4.28　例 4.30 计算结果

序号	计价表编号	项目名称	计量单位	工程量	综合单价/元	合价/元
1	16-20	铝合金卷帘门安装	10 m^2	0.87	2 361.68	2 054.66
2	16-29	卷帘门电动装置安装	套	1	2 053.12	2 053.12
3	16-30	铝合金活动小门安装	扇	1	297.97	297.97
合计						4 405.75

实例 4.31　某阳台如图 4.27 所示用普通铝合金门连窗，门为单扇全玻平开，外框为 38 系列，浮法白片玻璃 5 mm，窗为双扇推拉窗，外框为 90 系列 1.5 mm 厚，浮法白片玻璃 5 mm，门安装球形执手锁，计算该铝合金门连窗的制作安装费用。

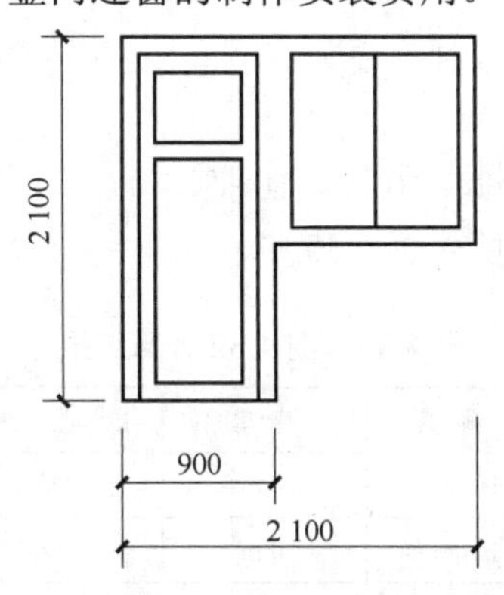

图 4.27　普通铝合金门连窗

解　（1）列项。

铝合金单扇全玻平开开门（16-39）、铝合金双扇推拉窗（16-45）、铝合金窗五金配件（16-321）、铝合金门铰链（16-314）、执手锁（16-312）。

（2）计算工程量。

门制作安装：

$0.9\times2.1=1.89$（m^2）

窗制作安装：

$1.2\times(2.1-0.9)=1.44$（m^2）

窗五金配件：1 樘

门铰链：2 副

球形执手锁：1 把

（3）套用计价表，计算结果填入表 4.29 中。

表 4.29　例 4.31 计算结果

序号	计价表编号	项 目 名 称	计 量 单 位	工 程 量	综合单价/元	合价/元
1	16-39	铝合金单扇全玻平开门	10 m^2	0.189	4 157.75	785.81
2	16-45	铝合金双扇推拉窗	10 m^2	0.144	3 659.97	527.04
3	16-321	铝合金窗五金配件	樘	1	46.10	46.10
4	16-314	铝合金门铰链	副	2	32.41	64.82
5	16-312	执手锁	把	1	96.34	96.34
合计						1520.11

实例 4.32　已知某一层建筑的 M1 为有腰单扇无纱五冒头镶板门，规格为 900 mm×2 100 mm，框设计断面 60 mm×120 mm，共 10 樘，现场制作安装，门扇规格与定额相同，框设计断面均指净料，全部安装球形执手锁，用计价表计算门的工程量、综合单价和合价。

解　（1）列项。

镶板门框制作（16-149换）、镶板门扇制作（16-150）、镶板门框安装（16-151）、镶板门扇安装（16-152）、门普通五金配件（16-339）、球形执手锁（16-312）。

（2）计算工程量。

镶板门框制作安装、镶板门扇制作安装：

$0.9\times2.1\times10=18.9$（$m^2$）

门普通五金配件、球形执手锁：10 樘、10 把

（3）套用计价表，计算结果填入表 4.30 中。

表 4.30　例 4.32 计算结果

序号	计价表编号	项 目 名 称	计 量 单 位	工 程 量	综合单价/元	合价/元
1	16-149换	镶板门框制作	10 m^2	1.89	608.41	1 149.89
2	16-150	镶板门扇制作	10 m^2	1.89	837.95	1 583.73
3	16-151	框安装	10 m^2	1.89	69.51	131.37
4	16-152	镶板门扇安装	10 m^2	1.89	130.42	246.49
5	16-339	门普通五金配件	10 m^2	10	72.15	721.5
6	16-312	球形执手锁	樘	10	96.34	963.4
合计						4 502.45

注：16-149换综合单价=452.28−272.00+63×125/(55×100)×0.187×1 599=608.41［元/（10 m^2）］。

实例 4.33　已知某一层建筑的 M1 为无腰单扇无纱胶合板门，规格为 900 mm×2100 mm，胶合板甲供四八尺胶合板，框、扇设计断面（净料）均与计价表相同，共 20 樘，现场制作

安装，计算门的工程量、综合单价和合价。

解 （1）列项。

胶合板门框制作（16-197）、胶合板门扇制作（16-198换）、胶合板门框安装（16-199）、胶合板门扇安装（16-200）、门普通五金配件（16-337）。

（2）计算工程量。

胶合板门框制作安装、胶合板门扇制作安装：

$0.9 \times 2.1 \times 20 = 37.8$（$m^2$）

门普通五金配件：20 樘

（3）套用计价表，计算结果填入表 4.31 中。

表 4.31 例 4.33 计算结果

序号	计价表编号	项目名称	计量单位	工程量	综合单价/元	合价/元
1	16-197	胶合板门框制作	10 m^2	3.78	428.62	1 620.18
2	16-198换	胶合板门扇制作	10 m^2	3.78	1 003.76	3 794.21
3	16-199	胶合板门框安装	10 m^2	3.78	68.01	257.08
4	16-200	胶合板门扇安装	10 m^2	3.78	201.38	761.22
5	16-337	门普通五金配件	樘	20	40.71	814.2
合计						7 246.89

注：16-198换综合单位=981.28+22.48=1 003.76［元/（10 m^2）］。

实例 4.34 门大样如图 4.28 所示，采用木龙骨，三夹板基层，外贴白榉木切片板，整片开洞，镶嵌红榉实木百叶风口装饰，红榉实木收边线封门边。门刷聚酯亚光漆 3 遍。已知：红榉实木 8 000 元/m^3，白榉木切片板 25.19 元/m^3，20×8 红榉子弹头线条 3.00 元/m，红榉实木收边线 6.5 元/m，普通成材 1 500 元/m^3，执手锁 45 元/把，三夹板 10.90 元/m^3，其他材料价差不计。施工单位为装饰工程二级资质，人工工日单价为 100.00 元/工日。门洞尺寸为 900 mm×2 100mm，求该门扇的综合单价（门扇边框断面、百叶风口断面同计价表）。

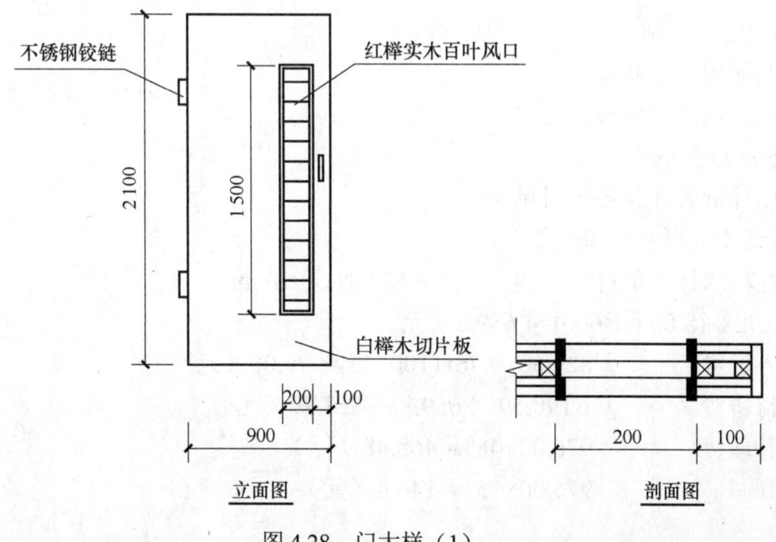

图 4.28 门大样（1）

相关知识

（1）门上镶嵌的百叶风口要套用百叶窗子目，20×8 子弹头线条套用相应定额。

（2）木百叶风口的油漆应套单扇木窗油漆的定额乘系数 1.50。

（3）计算计价表子目单价时，要将材料的实价计进去，按装饰资质二级企业调整管理费和利润。

解 1．按计价规范计算工程量清单

（1）确定项目编码和计量单位。

夹板装饰门查计价规范项目编码为 020401005001，取计量单位为“樘”。

（2）计算工程量清单。

020401005001　　夹板装饰门　　1 樘

（3）项目特征描述。

夹板装饰门，门扇面积 1.64 m^2，门扇边框断面 22.80 cm^2。三夹板基层外贴白榉木切片板，整片开洞嵌红榉实木百叶风口，红榉实木封边条封边。执手锁一把，不锈钢铰链两副，门扇漆聚酯亚光清漆 3 遍。

2．按计价表计算清单造价

（1）按计价表计算规则计算工程量。

木百叶风口制安：

0.20×1.50=0.3（m^2）

木切片板门扇制安：

0.90×2.10−0.30=1.59（m^2）

20×8 红榉子弹头线条的长度：

(0.20+1.50)×2×2=6.80（m）

执手锁：1 把

不锈钢铰链：　2 副

门油漆的面积：1.59 m^2

木百叶风口油漆的面积：

0.30×1.50=0.45（m^2）

（2）套用计价表计算各子目单价。

16−113换红榉木百叶风口制作

分析：红榉木计入单价　　　　　　6 532.31 元/10 mm^3

增　　0.728×(8 000−1 600)=4 659.2（元）

其中：人工费　　　　829.60+9.76×(100−85)=976.00（元）

　　　材料费　　　　1 198.59+4 659.2=5 857.79（元）

　　　管理费　　　　976.00×48%=468.48（元）

　　　利润　　　　　976.00×15%=146.4（元）

小计：7 448.67 元/10m²

16-114 红榉木百叶风口安装　　202.63 元/10 m²

16-295换白榉木切片板门制安　　2 913.79 元/10 m²

分析：按设计增加三夹板基层每 10 m²

增　　三夹板　9.90×2×10.90=215.82（元）

　　　万能胶　2.10×2×14.92=62.66（元）

（注：因为木百叶风口面积为 0.30 m²，所以三夹板含量不调整。）

人工　　0.49×2×35.00=34.30（元）

小计：人工费　　34.30 元

　　　材料费　　278.48 元

参考计价表子目 16-291　增加红榉实木封边线

增　29.15×6.50=189.48（元）

计：材料费　　189.48（元）

白榉木切片板，普通成材计入单价。

增　0.184×(1 500.00−1 600.00)=−18.40（元）

　　22.00×(25.19−18)=158.18（元）

计：材料费　　139.78 元

其中：人工费　　758.85+34.30+8.81×(100.00−85.00)=925.3（元）

　　　材料费　　716.76+278.48+189.48+139.78=1 324.50（元）

　　　机械费　　59.73 元

　　　管理费　　(915.3+59.73)×48%=468.01（元）

　　　利润　　(915.3+59.73)×15%=146.25（元）

小计：2 913.79 元/10 m²

18-12换红榉实木弹头线条安装　　687.15 元/100 m

分析：红榉实子弹头线条计入单价

增　　108.00×(3.00−2.5)=54.00（元）

其中：人工费　　173.4+2.04×(100−85)=204（元）

　　　材料费　　276.18+54=330.18（元）

　　　机械费　　15.00 元

　　　管理费　　(204+15.00)×48%=105.12（元）

　　　利润　　(204+15.00)×15%=32.85（元）

小计：687.15 元/100 m

16-312换执手锁　　96.34 元/把

分析：执手锁计入单价

增　1.01×(45.00−31.37)=13.77（元）

其中：人工费　　14.45+0.17×(100.00−85.00)=17（元）

　　　材料费　　76.55+13.77=90.32（元）

　　　管理费　　17×48%=8.16（元）

　　　利润　　17×15%=2.55（元）

小计：118.03 元

16-314换不锈钢铰链　　　　　　　　36.56 元/副

其中：人工费　　　　8.5+0.1×(100.00−85.00)=10（元）

　　　材料费　　　　20.76 元

　　　管理费　　　　10×48%=4.8（元）

　　　利润　　　　　10×15%=1.5（元）

小计：36.56 元/副

17-32换单层木窗聚酯亚光漆 3 遍　　　　　　　　846.66 元/10 m^2

其中：人工费　　　　335.75+3.95×(100−85)=395.00（元）

　　　材料费　　　　260.30 元

　　　管理费　　　　395.00×48%=189.6（元）

　　　利润　　　　　395.00×15%=59.25（元）

小计：904.15 元/10 m^2

17-34换单层木窗聚酯亚光漆 3 遍

其中：人工费　　　　335.75+3.95×(100−85)=395.00（元）

　　　材料费　　　　202.80 元

　　　管理费　　　　395.00×48%=189.6（元）

　　　利润　　　　　395.00×15%=59.25（元）

小计：846.65 元/10 m^2

（3）计算清单造价。

020401005001　　夹板装饰门

16-113换红榉木百叶风口制作　　　　0.30/10×7 448.67=223.46（元）

16-114 红榉木百叶风口安装　　　　0.30/10×202.63=6.08（元）

16-295换白榉木切片板门制安　　　　1.59/10×2 913.79=463.29（元）

18-12换红榉子弹头线条安装　　　　6.80/100×687.15=46.73（元）

16-312换执手锁　　　　1×96.34=96.34（元）

16-314换不锈钢铰链　　　　2×36.56=73.12（元）

17-32换木门油漆　　　　1.59/10×904.16=143.76（元）

17-34换木百叶风口油漆　　　　0.30/10×846.66=25.40（元）

合计：1 498.71 元

3．计算综合单价

020401005001　　　　夹板装饰门　　　　1 498.71 元/樘

实例 4.35　门大样如图 4.29 所示，采用细木工板贴白影木切木板，内嵌 5 mm 厚喷砂玻璃，两边成品扁铁花压边，白榉木实木封边线收边。门油聚酯亚光漆 3 遍。已知：细木工板 26.87 元/m^2，白影木切片板 50.39 元/ m^2，白榉木实木收边线 6.5 元/m，5 mm 喷砂玻璃 35 元/m^2，成品扁铁花油漆安装好后价格 70 元/片，其他材料不计价差，人工工日单价为 100 元/工日，施工单位为装饰工程二级资质，门洞尺寸为 900 mm×2 100 mm，求该门的综合单价。

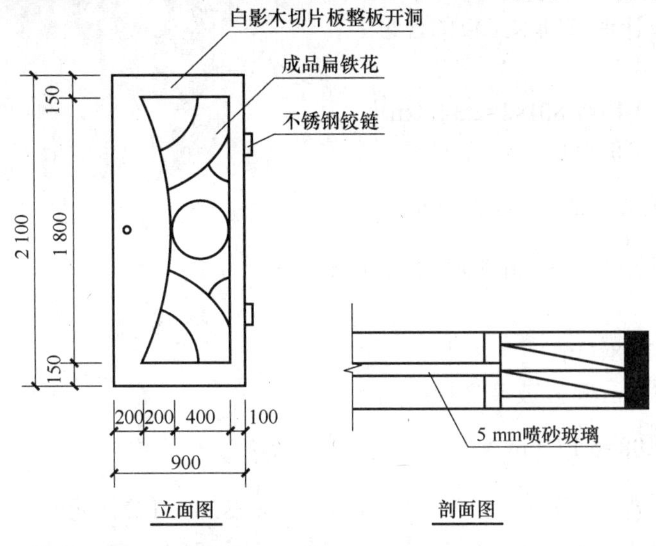

图 4.29　门大样（2）

相关知识

（1）该门白影木切片板是整板开洞，定额含量不调整，但木工板基层要按实调整。

（2）门油漆套用单扇木门油漆定额，因门上镶嵌磨砂玻璃，应乘系数 0.90。

解　1．按计价规范计算工程量清单

（1）确定项目编码和计量单位。

实木装饰门查计价规范项目编码为 020401003001，取计量单位为“樘”。

（2）计算工程量清单。

020401003001　　　实木装饰　　　1 樘

（3）项目特征描述。

实心木工板衬底，门窗面积 1.64 m^2，门扇边框断面 22.80 cm^2，白影木切片板整片开洞镶嵌 5 mm 厚磨砂玻璃，成品扁铁花压脚。球锁一把，不锈钢铰链两副，门扇漆聚酯亚光清漆 3 遍。

2．按计价表计算清单造价

（1）按计价表计算规则计算工程量。

实木门扇制安：

0.90×2.10=1.89（m^2）

扁铁花成品：2 片

球形锁：1 把

不锈钢铰链：2 副

门油漆：

1.89×0.90=1.70（m^2）

（2）套用计价表计算各子目单价。

15-291$_{换}$细木工板上贴双面普通切片板门　　　　　3 048.70 元/10 m^2

分析：按设计调整细木工板的含量

木工板：

$(0.90\times2.10-0.40\times1.80)\times2=2.34$（$m^2$）

每 10 m^2 木工板含量：

$\frac{2.34}{1.89}\times10\times19.71/20.00=12.20$（$m^2$）

分析：按设计增加 5 mm 喷砂玻璃含量

喷砂玻璃：

$0.60\times1.80=1.08$（m^2）

每 10 m^2 25 mm 喷砂玻璃含量：

$\frac{1.08}{1.89}\times10\times1.08=6.17$（$m^2$）

其中：人工费　　1 017.45+11.97×(100−85)=1 197（元）

材料费　　1 573.96+(12.20−19.71)×26.87(木工板)+22.00×(50.39−18)(白影木切片板)+6.17×35.00+29.15×(6.50−3.71)(白榉木封边条)

=2 382.02（元）

机械费　　17.50 元

管理费　　(1 197+17.5)×48%=582.96（元）

利润　　(1 197+17.5)×15%=182.18（元）

小计：5 193.26 元/10 m^2

16−312 球形锁　　96.34 元/把

16−314 不锈钢铰链　　32.41 元/副

17−32 单层木门聚酯亚光漆 3 遍　　720.28 元/10 m^2

（3）计算清单造价

020401003001　　实木装饰门　　1 樘

16−291换细木工板上贴双面普通切片板门　　1.89/10×5 193.26=981.53（元）

16−312 球形锁　　1×96.34=96.34（元）

16−314 不锈钢铰链　　2×32.41=64.82（元）

17−32 单层木门聚酯亚光漆 3 遍　　1.70/10×720.28=122.45（元）

独立费　成品扁铁花制安　　2×70.00=140.00（元）

合计：1 405.14 元

3．计算综合单价

020401003001　　实木装饰门　　1 405.14 元/樘

4.1.5　油漆、涂料工程计价编制

实例 4.36　某工程长宽轴线尺寸为 6 000 mm×3 600 mm，墙体厚度为 240 mm，板底高度为 3.2 m，有一门（1 000 mm×2 700 mm，内平）一窗（1500 mm×1 800 mm），窗台高 1 m，三合板木墙裙（无造型高 1 m）上润油粉，调和漆六遍。墙面、天棚刷乳胶漆两遍（光面，

混合腻子），确定项目，计算工程量、综合单价及合价。

解　（1）列项。

墙裙刷调和漆（17-160，17-161）、天棚刷乳胶漆（17-176）、墙面刷乳胶漆（17-176）。

（2）计算工程量。

墙裙刷调和漆：

$[(6.00-0.24+3.60-0.24)\times2-1.00]\times1.00\times1.00$（系数）=17.24（m^2）

天棚刷乳胶漆：

$5.76\times3.36=19.35$（m^2）

墙面刷乳胶漆：

$(5.76+3.36)\times2\times2.20-1.00\times(2.70-1.00)-1.50\times1.80$=33.73（m^2）

（3）套用计价表，计算结果填入表4.32中。

表4.32　例4.36计算结果

序号	计价表编号	项目名称	计量单位	工程量	综合单价/元	合价/元
1	17-160, 17-161	墙裙刷调和漆	10 m^2	1.724	236.2	407.21
2	17-176	天棚刷乳胶漆	10 m^2	1.935	191.02	369.62
3	17-176	墙面刷乳胶漆	10 m^2	3.573	191.02	682.51
合计						1 459.34

实例4.37　某天棚工程有纸面石膏板面层1 600 m^2，纸面石膏板面层刷乳胶漆，工作内容为：板缝自黏胶带800 m、清油封底、满批腻子三遍、乳胶漆三遍，其他同计价表，试计算该油漆工程的单价和合价。

解　（1）列项。

满批腻子两遍（17-166）、清油封底（17-174）、板缝自黏胶带（17-177）、乳胶漆两遍（17-182）。

（2）计算工程量。

满批腻子两遍　　1 600 m^2

清油封底　　1 600 m^2

板缝自黏胶带　　800 m

乳胶漆两遍　　1 600 m^2

（3）套用计价表，计算结果填入表4.33中。

表4.33　例4.37计算结果

序号	计价表编号	项目名称	计量单位	工程量	综合单价/元	合价/元
1	17-166	满刮腻子两遍	10 m^2	160	96.16	15 385.6
2	17-174	清油封底	10 m^2	160	43.68	6 988.8
3	17-177	板缝自黏胶带	10 m	80	255.26	20 420.8
4	17-182	刷乳胶漆两遍	10 m^2	160	238.64	38 182.4
合计						80 977.6

实例 4.38 现在 10 樘单层带上亮木门，洞口尺寸 900 mm×2 100 mm，刷硝基清漆，工作内容为：润油粉、刮腻子、刷硝基清漆、磨退出亮，其他同计价表，试用计价表计算该门油漆工程的工程量、单价和合价。

解 （1）列项。

单层带上亮木门刷硝基清漆（17-76）。

（2）计算工程量。

单层带上亮木门刷硝基清漆：

0.9×2.1×0.96×10=18.14（m^2）

（3）套用计价表，计算结果填入表 4.34 中。

表 4.34 例 4.38 计算结果

序号	计价表编号	项 目 名 称	计 量 单 位	工 程 量	综合单价/元	合价/元
1	17-76	单层带上亮木门刷硝基清漆	10 m^2	1.814	1 409.45	2 556.74
合计						2 556.74

4.1.6 其他零星工程计价编制

实例 4.39 如图 4.30 所示天棚采用ϕ8 钢吊筋，装配式 U 形轻钢龙骨，纸面石膏板面层，方格为 500 mm×500 mm，天棚与墙相接触采用 60 mm×60 mm 红松阴角线条，凹凸处采用 15 mm×15 mm 阴角线条，线条均为成品，安装完成后采用清漆油漆二遍。计算线条安装的工程量、综合单价和合价（按土建三类计取管理费和利润）。

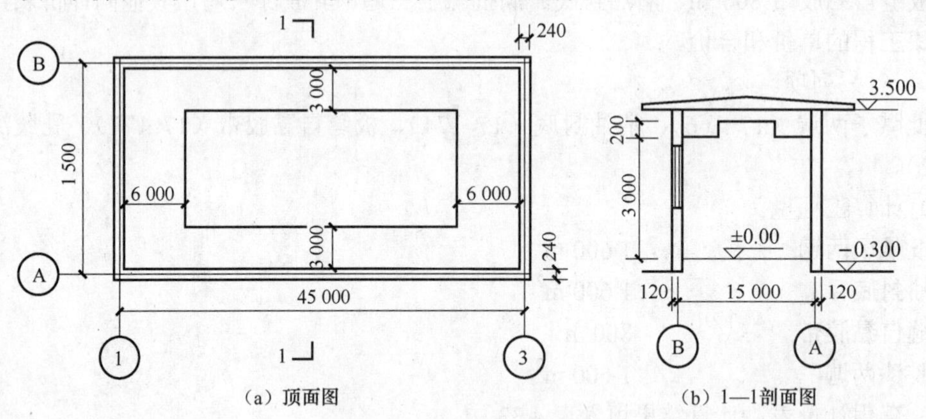

（a）顶面图　　（b）1—1剖面图

图 4.30 某天棚装饰示意图

解 （1）列项。

油漆（17-23）、15 mm×15 mm 阴角线（18-19）、60 mm×60 mm 阴角线（18-21）。

（2）计算工程量。

油漆：

(83.04+119.04)×0.35=70.728（m）

15 mm×15 mm 阴角线：

[(45−0.24)+(15−0.24−6)] ×2=107.04（m）

60 mm×60 mm 阴角线：

[(45−0.24)+(15−0.24)] ×2=119.04（m）

（3）套用计价表，计算结果填入表 4.35 中。

表 4.35　例 4.39 计算结果

序号	计价表编号	项 目 名 称	计 量 单 位	工 程 量	综合单价/元	合价/元
1	17−23	油漆	10 m	7.072 8	146.07	1 033.12
2	18−19	15 mm×15 mm 阴角线	100 m	1.070 4	458.84	381.02
3	18−21	60 mm×60 mm 阴角线	100 m	1.190 4	966.70	1 150.76
合计						2 564.9

实例 4.40　已知 1 个 M1 尺寸为 1 200 mm×2 000 mm，8 个窗 C1 尺寸为 1 200 mm×1 500 mm×80 mm。如图 4.31 所示为门窗内部装饰详图（土建三类），门做门套和贴脸，窗在内部做窗套和贴脸，贴脸采用 50 mm×5 mm 成品木线条（3 元/m）45° 斜角连接，门窗套采用木针与墙面固定，胶合板三夹底、普通切片三夹板面，门窗套与贴脸采用清漆油漆二遍。计算门窗内部装饰的工程量、综合单价和合价。

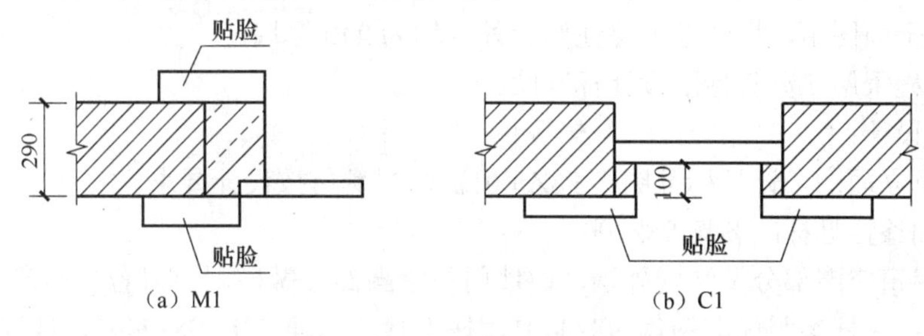

图 4.31　门窗内部装饰详图

解　（1）列项。

贴脸（18−19换）、成品窗帘安装（18−70）、油漆（17−24）。

（2）计算工程量。

① 贴脸

M1 贴脸：

(2×2+1.2)×2=10.4（m）

C1 贴脸：

(1.2+1.5)×2×8=43.2（m）

小计：53.6 m

② 成品窗帘安装 M1 贴脸：

(1.2+2×2)×0.29=1.51（m²）

C1 贴脸：

(1.2+1.5)×0.1×2×8=4.32（m²）

小计：5.83 m²

③ 油漆：5.83 m^2（贴脸部分油漆含在门窗油漆中，不另计算）

（3）套用计价表，计算结果填入表 4.36 中。

表 4.36　例 4.40 计算结果

序号	计价表编号	项 目 名 称	计 量 单 位	工 程 量	综合单价/元	合价/元
1	18-19换	贴脸条宽在 50 mm 以内	100 m	0.536	584.89	313.50
2	18-70	成品窗帘安装	10 m^2	0.583	550.48	320.93
3	17-24	油漆	10 m^2	0.583	423.97	247.17
合计						881.60

注：18-19换 458.84-197.95+108×3=584.89 元

4.2　单位工程清单计价工程

4.2.1　建筑设计说明

（1）本工程建筑面积 450.00 m^2。

（2）本设计标高以 m 为单位，其余尺寸以 mm 为单位。

（3）砖墙体在标高-0.060 m 处做 1∶2 水泥砂浆加 5%防水剂的防潮层 20 厚。

（4）各层平面图中，墙体厚度除注明者外，均为 240 厚墙。

（5）本工程采用江苏省标准设计标准图。

（6）装修设计：

① 外墙见立面图，详见标准图集 98ZJ001，涂料颜色按设计要求。

② 木门油漆详见标准图集 98ZJ001。

③ 外墙门窗空圈部分做法同外墙，内墙门窗空圈部分做榉木门窗套（不带木筋）。

（7）楼梯：栏杆参照标准图集 98ZJ401，扶手参照标准图集 98ZJ401，楼梯间横向安全栏杆高 1.10 m。

（8）卫生间、厨房地面标高比楼地面标高低 60 mm，阳台、楼梯间人户地面标高比楼地面标高低 50 mm，污水池采用标准图集 98ZJ512，内外贴黄色瓷砖。洗手池采用立式黄瓷洗手池。

（9）安装铝合金窗时按墙中心线安装，平开门均按固门器。

（10）一层门窗均要有防盗措施。一层 G 轴做不锈钢网状卷闸门，规格 12000 mm×3500 mm，A 轴 C2、C3 做不锈钢防盗窗（嵌入式，不锈钢圆钢ϕ8@500）。

（11）天沟内采用 C20 细石混凝土找坡 1.5%，厚度为 20 mm，屋面、天沟防水涂膜采用聚氨酯涂膜，屋面防水卷材采用 APP 防水卷材。

（12）女儿墙内侧，檩木支撑墙外侧抹 1∶2 水泥砂浆。

（13）雨棚、窗台线等构件，凡未注明者，其上部抹 20 mm 厚 1∶2 水泥砂浆并按 1.5%找排水坡，底面抹 20 mm 厚 1∶2 水泥砂浆，面刷仿瓷涂料三遍，并做 20 mm 滴水线，侧面 1∶2 水泥砂浆上粉饰白色墙面漆。

（14）凡木材与砌体接触处，均涂防腐剂。

（15）屋面水箱内面饰防水砂浆，外面饰 1∶2 水泥砂浆，水箱检修孔参见标准图集 98ZJ201。

（16）化粪池做法参见标准图集92S213。

（17）一层营业厅和二层工作室吊顶高度均为离楼地面3.00 m。

4.2.2 门窗明细表

门窗明细表参见表4.37。

表4.44 门窗明细

门窗名称	洞口尺寸宽×高（m）	门窗数量	采用图号		备注
C-1	35 200×2 300	3	全玻固定窗		白玻10 mm
C-2	1 800×1 500	7	98ZJ721	TLC9012-1	
C-3	600×1 500	6	98ZJ721	TLC508	窗户统一采用6 mm厚白玻
C-4	3 360×1 500	2	98ZJ721	TLC9054-1	钛白色铝合金窗框
C-5	1 500×1 500	3	98ZJ721	TLC9012-2	
C-6	3 520×1 500	4	98ZJ721	TLC9054-1	
M1	1 000×2 100	1	98ZJ641	PLM7030-1	平板白玻8 mm
M2	800×2 100	11	98ZJ681	QJM301	
M3	1 000×2 100	8	塑钢门		
M4	1 200×3 500	1	钢防盗门		
M5	12 000×3 500	1	网状铝合金卷闸门		

4.2.3 装饰表

装饰表参见表4.38。

表4.38 装 饰

序号	房间名称	地面	楼面	墙裙	踢脚	内墙面	顶棚
1	营业厅	98ZJ001 20/6			98zJ001 28/25	98zJ001 4/30	98zJ001 12/49
2	仓库	98ZJ001 19/6			98ZJ001 23/24	888涂料 二遍抛光	98ZJ001 3/47 888涂料三遍
3	工作室		98ZJ001 10/15		98ZJ001 23/24		98ZJ001 12/49
4	会计室		98ZJ001		98ZJ001		98ZJ001
	办公室		10/15		23/24		3/47
5	卧室		98ZJ001		98ZJ001		888涂料
	客厅		10/15		23/24		三遍抛光
6	阳台		98ZJ001 10/5		98ZJ001 23/24		
7	厨房	98ZJ001	98ZJ001	98ZJ001			
	卫生间	50/11	27/20	5/37			
8	楼梯间	98ZJ001 19/6	98ZJ001 10/15		98ZJ001 23/24		

4.2.4 建筑施工图

建筑施工图如图 4.32 至图 4.38 所示。

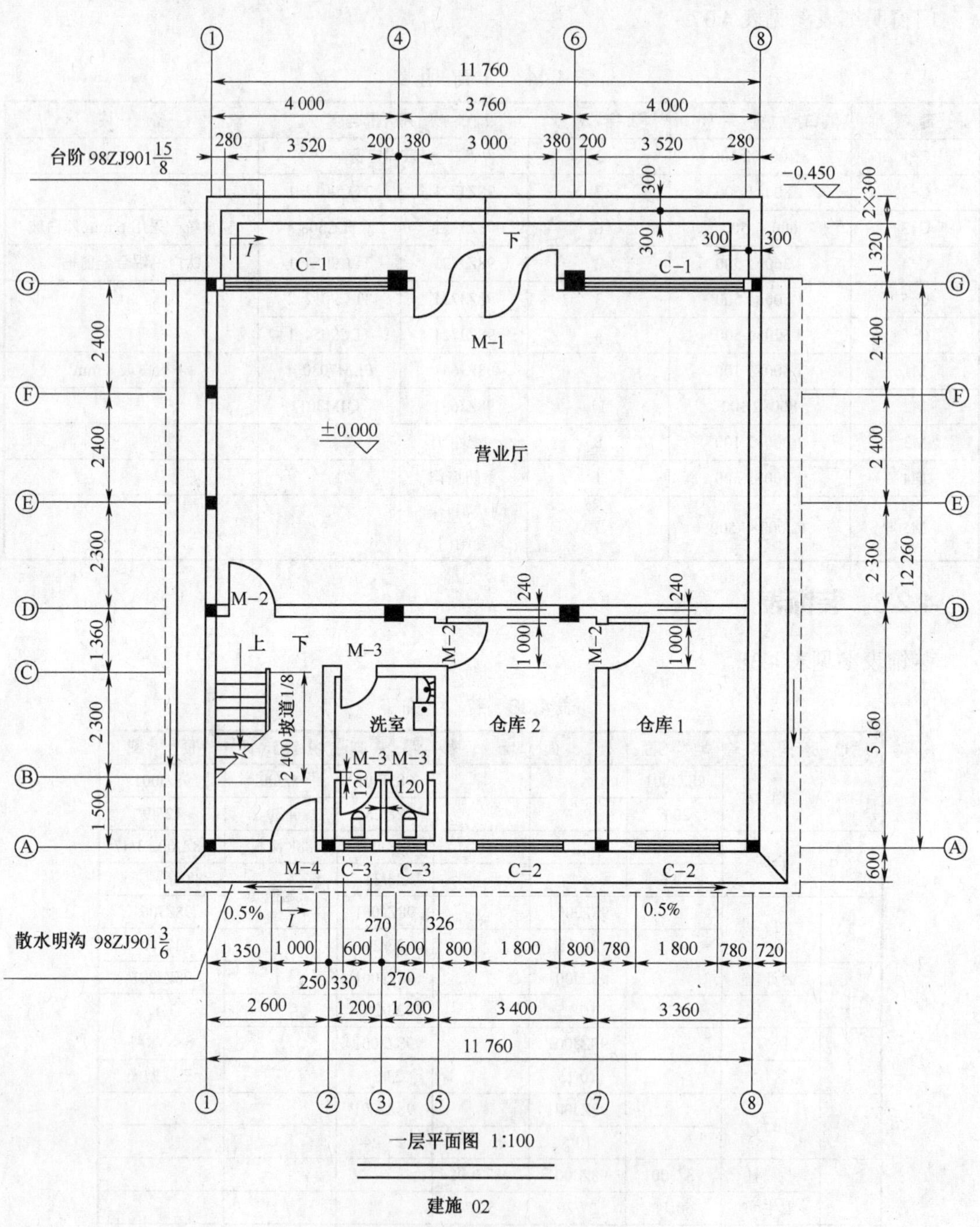

图 4.32 一层建筑平面图

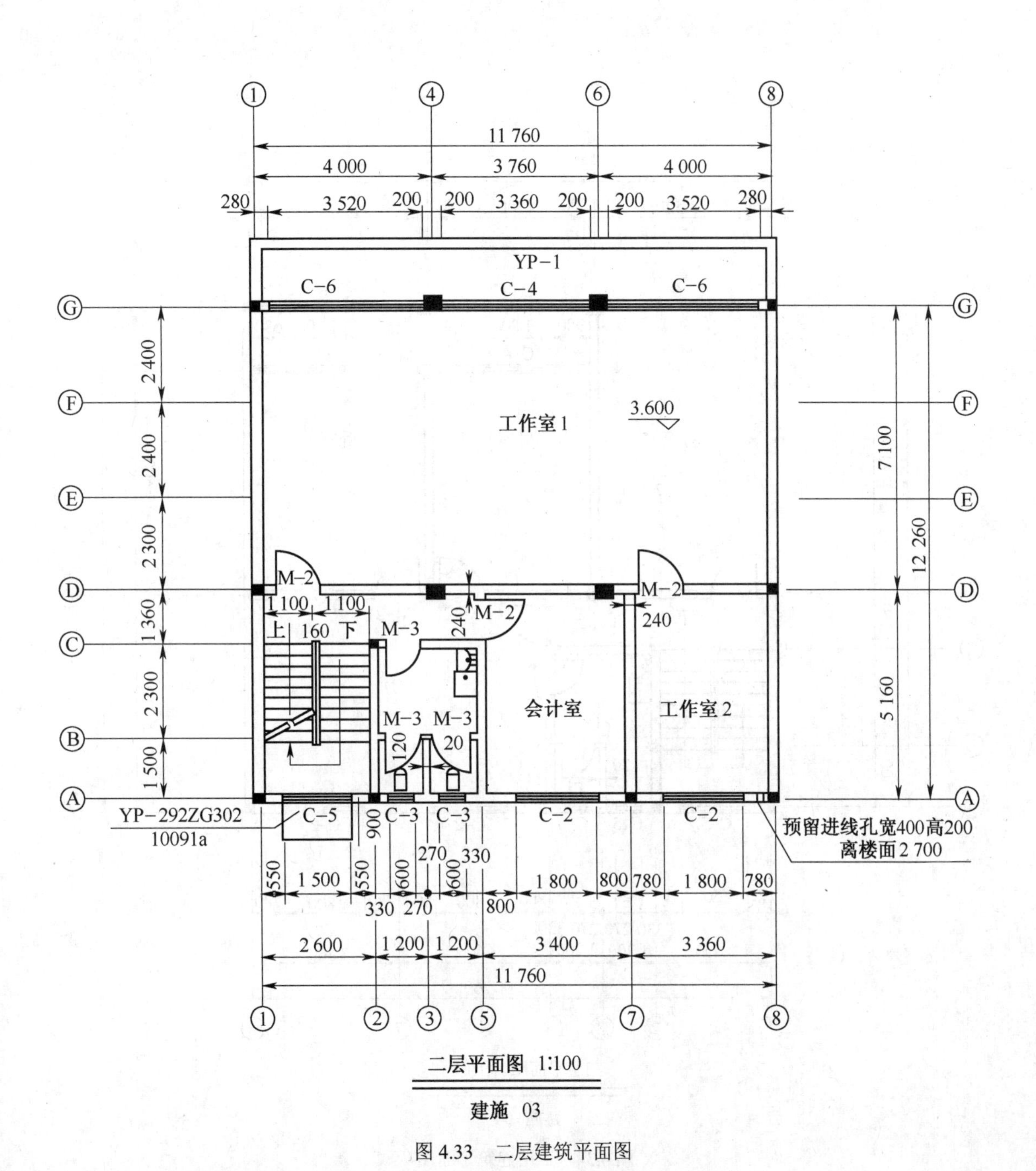

二层平面图 1∶100

建施 03

图4.33 二层建筑平面图

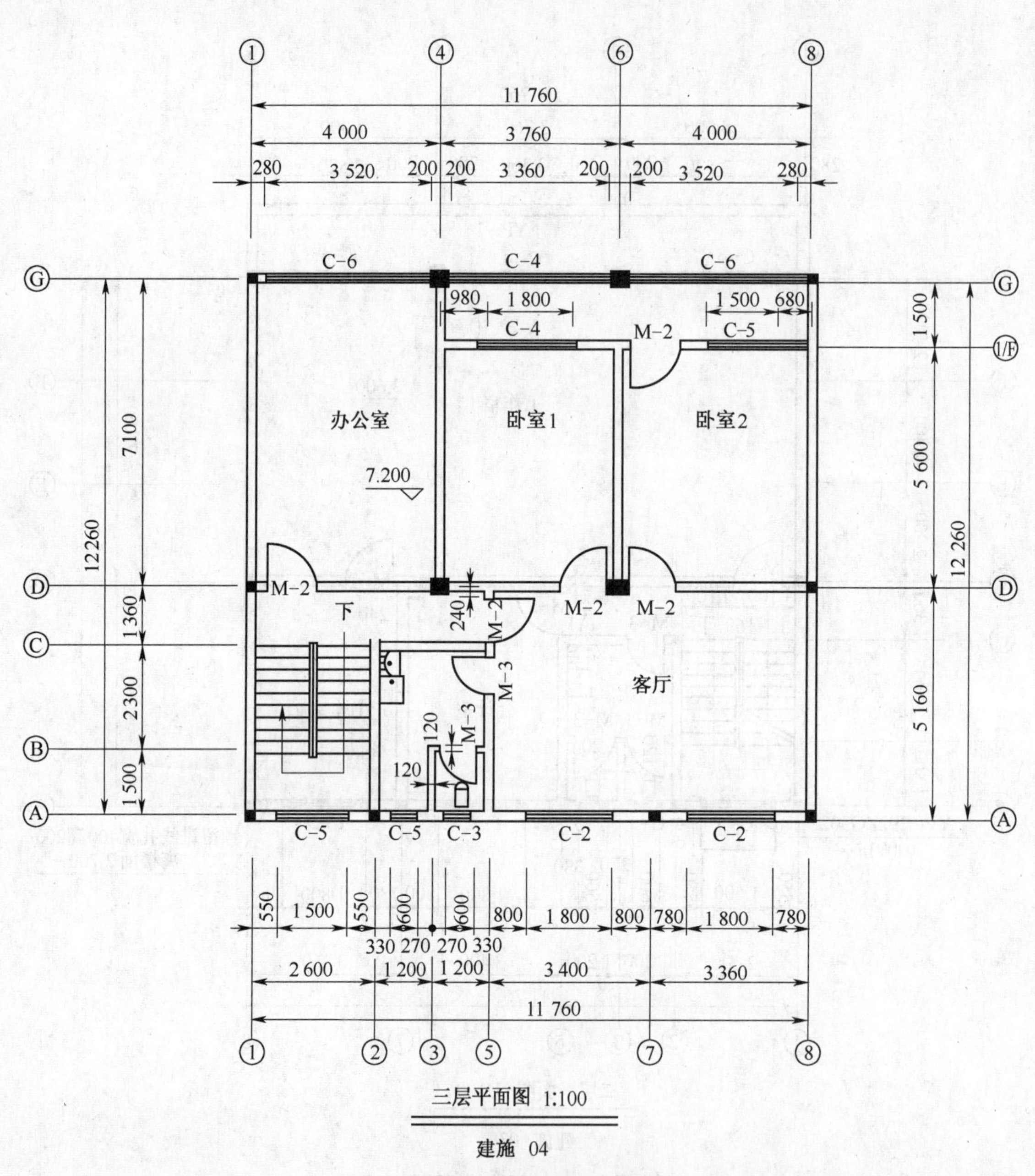

图 4.34 三层建筑平面图

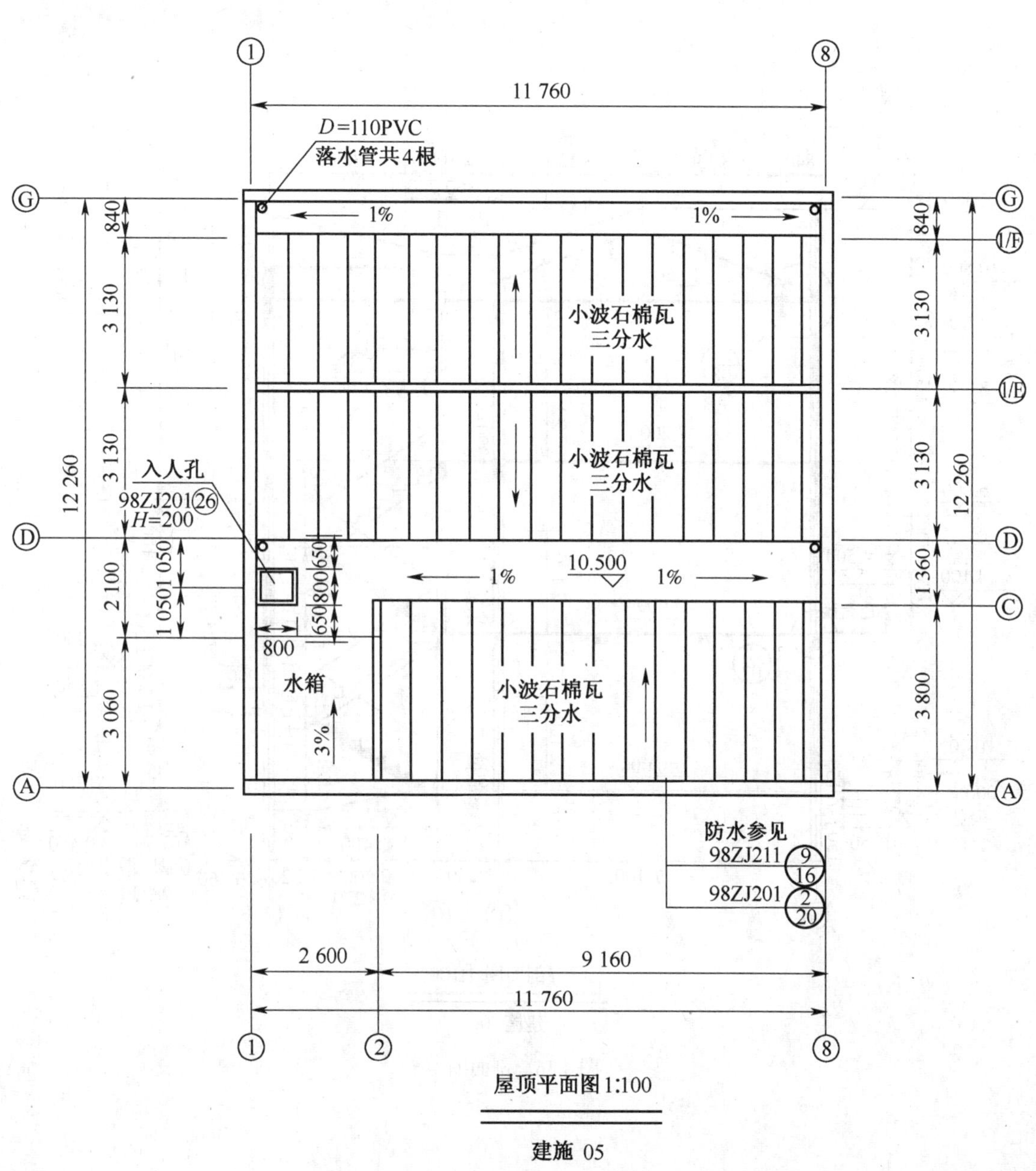

屋顶平面图1:100

建施 05

图 4.35 顶层结构平面图

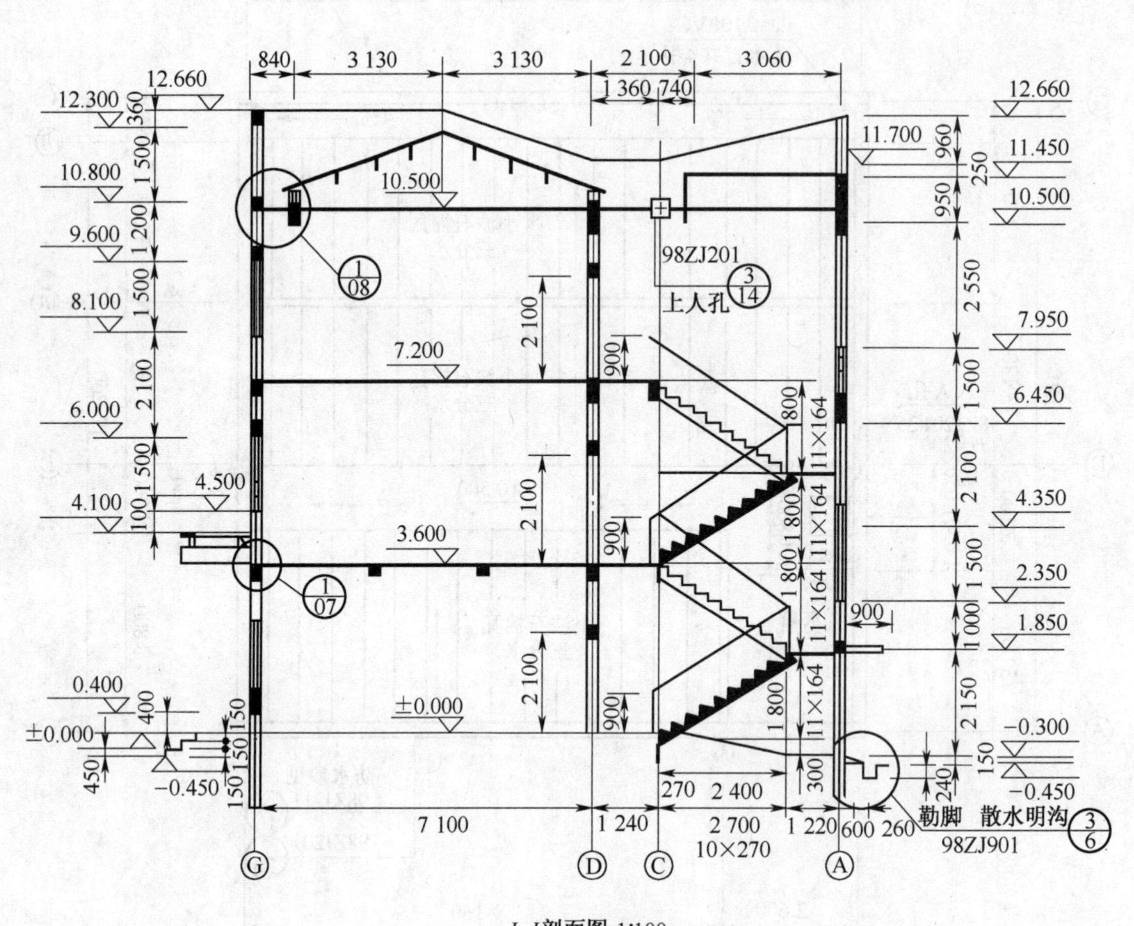

*I-I*剖面图 1∶100

建施 06

图4.36 剖面图

图 4.37　立面图

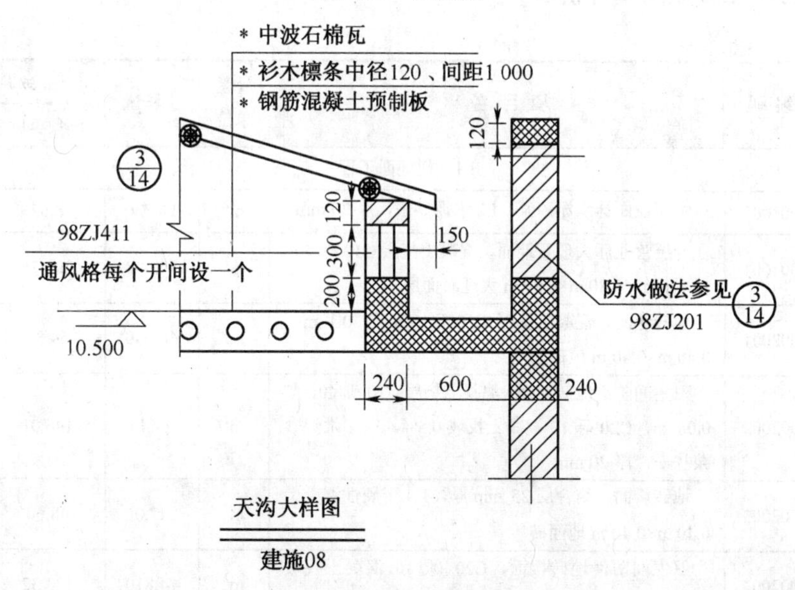

图 4.38　大样图

4.2.5 某单位装饰工程计价

工程量清单报价表

招　标　人：______（单位签字盖章）

（盖章）

法 人 代 表：______（签字盖章）

（盖章）

造价工程师及证号：（签字盖执业专用章）

（证号、盖执业专用章）

编 制 时 间：××××年××月××日

1. 单位装饰工程费汇总表

工程名称：×××装饰工程　　　　第×页，共×页

序号	工 程 名 称	金额（元）
1	分部分项工程量清单计价合计	136 281.70
2	措施项目清单计价合计	12 000.00
3	其他项目清单计价合计	13 950.00
4	规费	10 000.00
5	税金	8 000.00
合 计		180 231.70

2. 分部分项工程量清单计价表

工程名称：×××装饰工程　　　　第×页，共×页

序号	项 目 编 码	项 目 名 称	计量单位	工程量	金额（元）	
					综合单价	合价
		B.1 楼地面工程				
1	020101001001	水箱盖面抹水泥砂浆，1.2 水泥砂浆，厚 20 mm	m^2	11.720	8.62	101.03
2	020102001001	一层营业厅大理石地面，混凝土垫层 C10 砾 40，厚 0.1 m，0.80 m×0.80 m 大理石面层	m^2	79.990	203.75	16 297.96
3	020102002001	地砖地面，混凝土垫层 C10 砾 40，厚 0.1 m，0.40 m×0.40 m 地砖面层	m^2	46.030	64.85	2 985.05
4	020102002002	卫生间防滑地砖地面，混凝土垫层 C10 砾 40，厚 0.08 m，C20 砾 10 混凝土找坡 0.5%，1：2 水泥砂浆找平，厚 20 mm	m^2	7.440	146.01	1 086.31
5	020102002003	地砖楼面，结合层 25 mm 厚，1.4 干硬性混凝土 0.40 m×0.40 m 地面砖	m^2	247.06	48.60	12 007.12
6	020102002004	卫生间防滑地砖楼面，C20 砾 10 混凝土找坡 0.5%，1.2 水泥砂浆找平，厚 20 mm	m^2	14.810	133.32	1 974.47

续表

序号	项目编码	项目名称	计量单位	工程量	金额（元）	
					综合单价	合价
7	020105002001	石材踢脚线，高 150 mm，15 mm 厚 1∶3 水泥砂浆，10 mm 厚大理石板	m^2	4.990	227.55	1 135.47
8	020105003001	块料踢脚线，高 150 mm，17 mm 厚 2∶1∶8 水泥石灰砂浆，3～4 mm 厚 1∶1 水泥砂浆加 20%107 胶	m^2	35.520	54.75	1 944.72
9	020106002001	块料楼梯面层，20 mm 厚 1∶3 水泥砂浆，0.4×0.4×0.01 面砖	m^2	17.930	102.48	1 837.47
10	020107001001	金属扶手带栏杆、栏板，不锈钢栏杆 ϕ 25 mm，不锈钢扶手 ϕ 70 mm	m	18.37	449.85	8 263.74
11	020108001001	石材台阶面，1∶3∶6 石灰、砂、碎石垫层 20 mm 厚，C15 砾 40 混凝土垫层，10 mm 厚花岗岩面层	m^2	21.60	305.18	6 591.89
		B.2 墙柱面工程				
12	020201001001	墙面一般抹灰，混合砂浆 15 mm 厚，888 涂料三遍	m^2	879.26	12.82	11 272.11
13	020201001002	外墙抹混合砂浆及外墙漆，1∶2 水泥砂浆 20 mm 厚	m^2	522.52	21.35	11 155.80
14	020201001003	女儿墙内侧抹水泥砂浆，1∶1 水泥砂浆 20 mm 厚	m^2	65.40	8.69	568.33
15	020203001001	女儿墙压顶抹水泥砂浆，1∶2 水泥砂浆 20 mm 厚	m^2	10.24	21.34	218.52
16	020203001002	出入孔内侧四周抹水泥砂浆，1∶2 水泥砂浆 20 mm 厚	m^2	0.72	20.83	15.00
17	020203001003	雨篷装饰，上部、四周抹 1∶2 水泥砂浆，涂外墙漆，底部抹混合砂浆，888 涂料三遍	m^2	19.35	79.94	1 546.84
18	020203001004	水箱外抹灰砂浆立面，1∶2 水泥砂浆，20 mm 厚	m^2	12.89	9.53	122.84
19	020204003001	瓷板墙裙，砖墙面层，17 mm 厚 1∶3 水泥砂浆	m^2	63.90	36.32	2 320.85
20	020206003001	块料零星项目：污水池，混凝土面层，17 mm 厚 1∶3 水泥砂浆，3～4 mm 厚 1∶1 水泥砂浆加 20%107 胶	m^2	5.14	42.25	217.17
		B.3 天棚工程				
21	020301001001	天棚抹灰（现浇板底），7 mm 厚 1∶1∶4 水泥、石灰砂浆，5 mm 厚 1∶0.5∶3 水泥砂浆，888 涂料二遍	m^2	123.41	13.30	1 641.35
22	020301001002	天棚抹灰（预制板底），7 mm 厚 1∶1∶4 水泥、石灰砂浆，5 mm 厚 1∶0.5∶3 水泥砂浆，888 涂料三遍	m^2	129.33	14.57	1 884.34
23	020301001003	天棚抹灰（楼梯板底），7 mm 厚 1∶1∶4 水泥、石灰砂浆，5 mm 厚 1∶0.5∶3 水泥砂浆，888 涂料三遍	m^2	20.29	13.30	269.86
24	020302002001	格栅吊顶不上人型 U 形轻钢龙骨 600×600 间距，600×600 石膏板面层	m^2	158.06	49.62	7 842.94
		B.4 门窗工程				
25	020401001001	上人孔木盖板，杉木板 0.02 m 厚，上钉镀锌铁皮 1.5 mm 厚	樘	2	125.09	250.18

续表

序号	项 目 编 码	项 目 名 称	计量单位	工程量	金额（元）	
					综合单价	合价
26	020401004001	胶合板门 M−2，杉木框上钉 5 mm 胶合板，面层 3 mm 厚榉木板，聚氨脂 5 遍，门碰、执手锁 11 个	樘	11	427.50	4 702.5
27	020402003001	铝合金地弹门 M−1，铝合金框 70 系列，四扇四开，白玻璃 6 mm 厚	樘	1	2 303.32	2 303.32
28	020402005001	塑钢门框 M−3，不带亮，平开，白玻璃 5 mm 厚	樘	8	310.20	2 481.60
29	020402006001	防盗门 M−4，两面 1.5 mm 厚铁板，上涂深灰聚氨酯面漆	樘	1	1 199.92	1 199.92
30	020403001001	网状铝合金卷闸门 M−5，网状钢丝ϕ10 mm，电动装置 1 套	樘	1	10 780.82	10 780.82
31	020406001001	铝合金推拉窗 C−2，铝合金 1.2 mm 厚，90 系列 5 mm 厚白玻璃	樘	7	699.34	4 895.38
32	020406001002	铝合金推拉窗 C−4，铝合金 1.2 mm 厚，90 系列 5 mm 厚白玻璃	樘	2	1 247.46	2 494.92
33	020406001003	铝合金推拉窗 C−5，铝合金 1.2 mm 厚，90 系列 5 mm 厚白玻璃	樘	3	591.49	1 774.47
34	020406001004	铝合金推拉窗 C−6，铝合金 1.2 mm 厚，90 系列 5 mm 厚白玻璃	樘	4	1 299.46	5 197.84
35	020406002001	铝合金平开窗 C−5，铝合金 1.2 mm 厚，90 系列 5 mm 厚白玻璃	樘	6	273.50	1 641.00
36	020406003001	铝合金固定窗 C−1，四周无铝合金框，用 SPS 胶嵌固在窗四周铝合金板内，12 mm 厚白玻璃	樘	2	1 208.34	2 416.68
37	020406008001	金属防盗窗 C−2，不锈钢圆管ϕ18@100，四周扁管 20 mm×20 mm	樘	2	173.08	346.16
38	020406008001	金属防盗窗 C−3，不锈钢圆管ϕ18@100，四周扁管 20 mm×20 mm	樘	2	57.70	115.40
39	020407001001	榉木门窗套，20×20@200 杉木枋上钉 5 mm 厚胶合板，面层 3 mm 厚榉木板	m^2	30.12	60.08	1 809.61
		B.5 油漆工程				
40	020506001001	外墙门窗套刷外墙漆，水泥砂浆面上刷外墙漆	m^2	41.60	13.72	570.75
		总计	136 281.70			

3. 措施项目清单计价表

工程名称：×××装饰工程　　　　第×页，共×页

序号	项 目 名 称	金额（元）
1	临时设施	8 000.00
2	环境保护	3 000.00
3	文明安全施工	1 000.00
	合计	12 000.00

4. 其他项目清单计价表

工程名称：×××装饰工程　　　　第×页，共×页

序号	项目名称	金额（元）
1	招标人部分 预留金	12 000.00
	小计	12 000.00
2	投标人部分 （1）零星工作项目费 （2）总承包服务费	750.00 1 200.00
	小计	1 950.00
合计		13 950.00

5. 零星工作项目计价表

工程名称：×××装饰工程　　　　第×页，共×页

序号	名称	计量单位	工程量	金额（元）	
				综合单价	合价
1	人工 （1）抹灰工 （2）油漆工	工日	15	30.00 33.30	450.00 500.00
	小计				950.00
2	材料				
	小计				
3	机械				
	小计				
合计					950.00

6. 分部分项工程量清单综合单价分析表

工程名称：×××装饰工程　　　　第×页，共×页

项目编码	项目名称	工程内容	计量单位	工程量	综合单价组成						综合单价
					人工费	材料费	机械使用费	管理费	利润	合价	
020102002002	卫生间地砖地面		m^2	7.44						1 086.30	146.01
		混凝土垫层C15砾40	$10\ m^2$	0.059	269.50	1 096.41	91.99	100.32	70.54	96.16	
		20 mm细石混凝土找平层	$100\ m^2$	0.074	172.44	478.64	101.70	48.94	34.41	61.87	
		15 mm砂浆找平层	$100\ m^2$	0.073	140.58	334.38	57.90	34.76	24.44	43.22	

续表

项目编码	项目名称	工程内容	计量单位	工程量	综合单价组成						综合单价
					人工费	材料费	机械使用费	管理费	利润	合计	
020102 002002	卫生间地砖地面	聚氨酯二遍	100 m^2	0.095	146.52	4 804.69	36.21	319.19	224.43	525.45	
		地砖面层	100 m^2	0.074	628.54	3 638.32	103.26	287.24	201.97	359.60	
020201 001002	外墙装饰		m^2	522.52						11 154.4	21.35
		混合砂浆	100 m^2	5.225	302.06	305.91	77.18	45.39	31.92	3 983.84	
		外墙漆	100 m^2	5.225	107.90	1 332.27		18.96	13.3	7 170.56	
020401 004001	胶合板门 M-2		樘	11						4 702.48	427.50
		胶合板门制作	100 m^2	0.231	1 365.76	12 101.18	757.80	1 020.85	717.78	3 687.54	
		聚氨酯漆三遍	100 m^2	0.231	825.22	1 198.74		137.43	96.63	521.60	
		每增加一遍聚氨酯漆	100 m^2	0.231	157.96	673.54		58.29	40.99	215.01	
		门碰珠	10 只	1.1	8.80	17.34		1.67	1.18	31.89	
		球形执手锁	把	11	4.4	15.3		1.59	1.12	246.44	
（以下略）											

7. 主要材料价格表

工程名称：×××装饰工程　　　　第×页，共×页

序　号	材料编码	项 目 名 称	计 量 单 位	工 程 量	综合单价（元）	合价（元）
1	（均按统一材料编码编写）	钢防盗门	m^2	2.02	554.29	1 119.67
2		塑钢门（不带亮）	m^2	12.891	145.50	1 875.64
3		块料石板（大理石）	m^2	81.2	155.2	12 602.24
4		台阶花岗岩	m^2	26.14	194	5 071.16
5		门锁	把	4	7.13	28.50
6		胶合板（五夹）5 mm 厚	m^2	46.874	13.23	620.14
7		平板玻璃 4 mm 厚	m^2	5.4	15.59	84.19
8		平板玻璃 12 mm 厚	m^2	16.2	75	1 215
9		压顶瓷片	千块	0.327	210	68.67
10		阴阳角瓷片	千块	0.264	110	29.04
11		地面砖 300 mm×300 mm	m^2	298.962	30	8 968.86

综合实训　编制某住宅楼大厅装饰工程清单计价

在学习完前面的知识后，组织同学按小组（4～6人）编制某小区住宅楼大厅装饰工程清单计价，该实训完成后由各小组派代表上台讲解编制过程，最后由教师给小组综合评分。

1．实训目的

通过课程设计促使学生将所学知识融会贯通，正确理解装饰工程计量与计价的方法、步骤，掌握装饰工程计量与计价的基本程序。

2．实训内容、方法、步骤

工程量计算书一份，其内容包括：装饰工程各分部工程如楼地面工程、墙柱面工程、天棚工程、门窗工程、油漆涂料裱糊工程中各分项工程的清单及定额工程量计算；装饰工程直接工程费以外其他各项费用的计算过程；按规定格式完成工程量清单表。

装饰报价书一份，内容包括：

（1）工程量清单；
（2）投标总价；
（3）总说明；
（4）工程项目投标报价汇总表；
（5）单项工程投标报价汇总表；
（6）单位工程投标报价汇总表；
（7）分部分项工程量清单与计价表；
（8）工程量清单综合单价分析表（其中每一分部工程做一项综合单价分析表）；
（9）措施项目清单与计价表；
（10）其他项目清单与计价汇总表；
（11）暂列金额明细表；
（12）材料暂估单价表；
（13）计日工表；
（14）总承包服务费计价表；
（15）规费、税金项目清单与计价表。

附：某花园小区家居装饰工程施工图，如图4.39至图4.67所示。

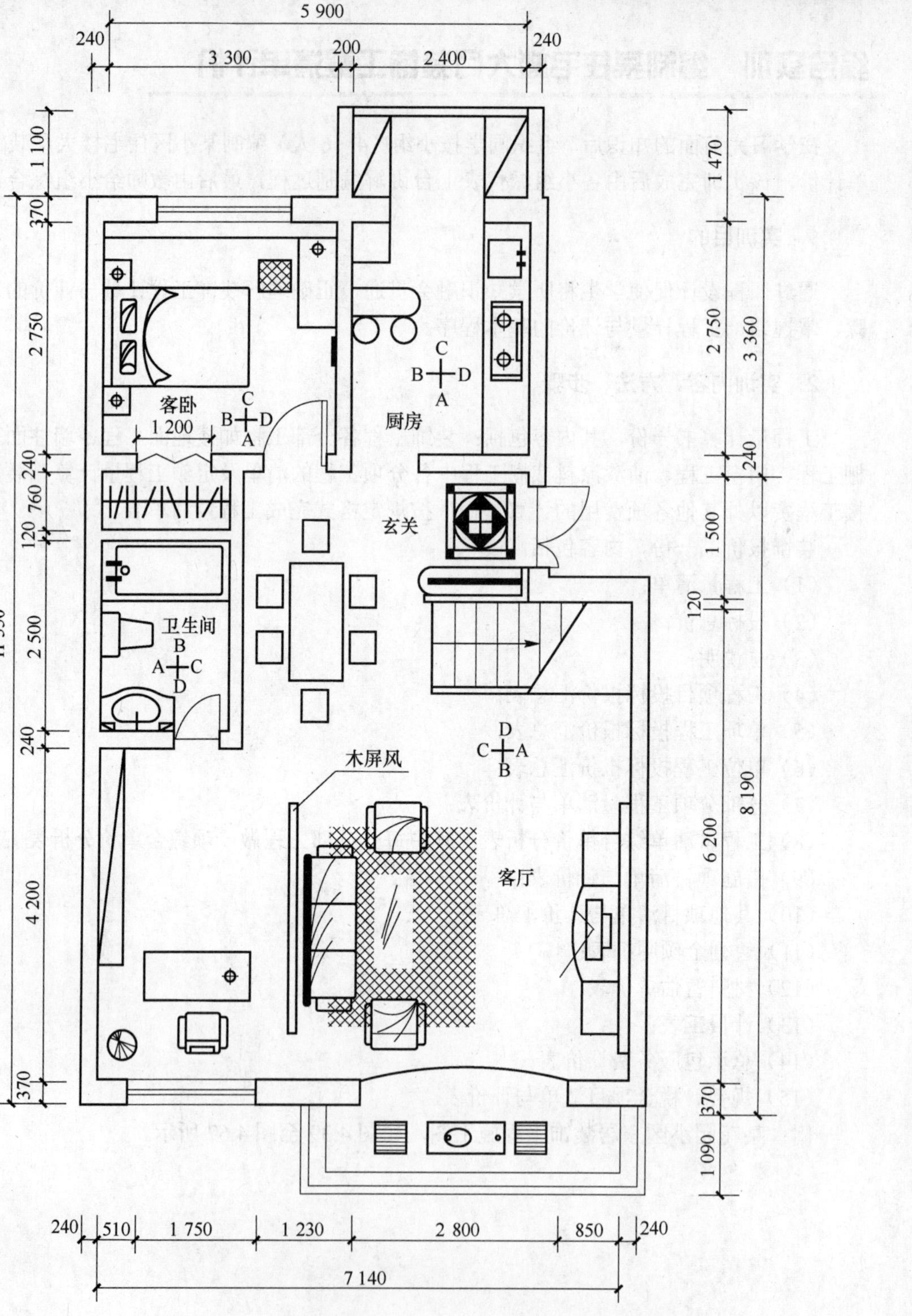

客卧

厨房

玄关

卫生间

木屏风

客厅

一层平面布置图 1：100

图 4.39　一层平面布置图

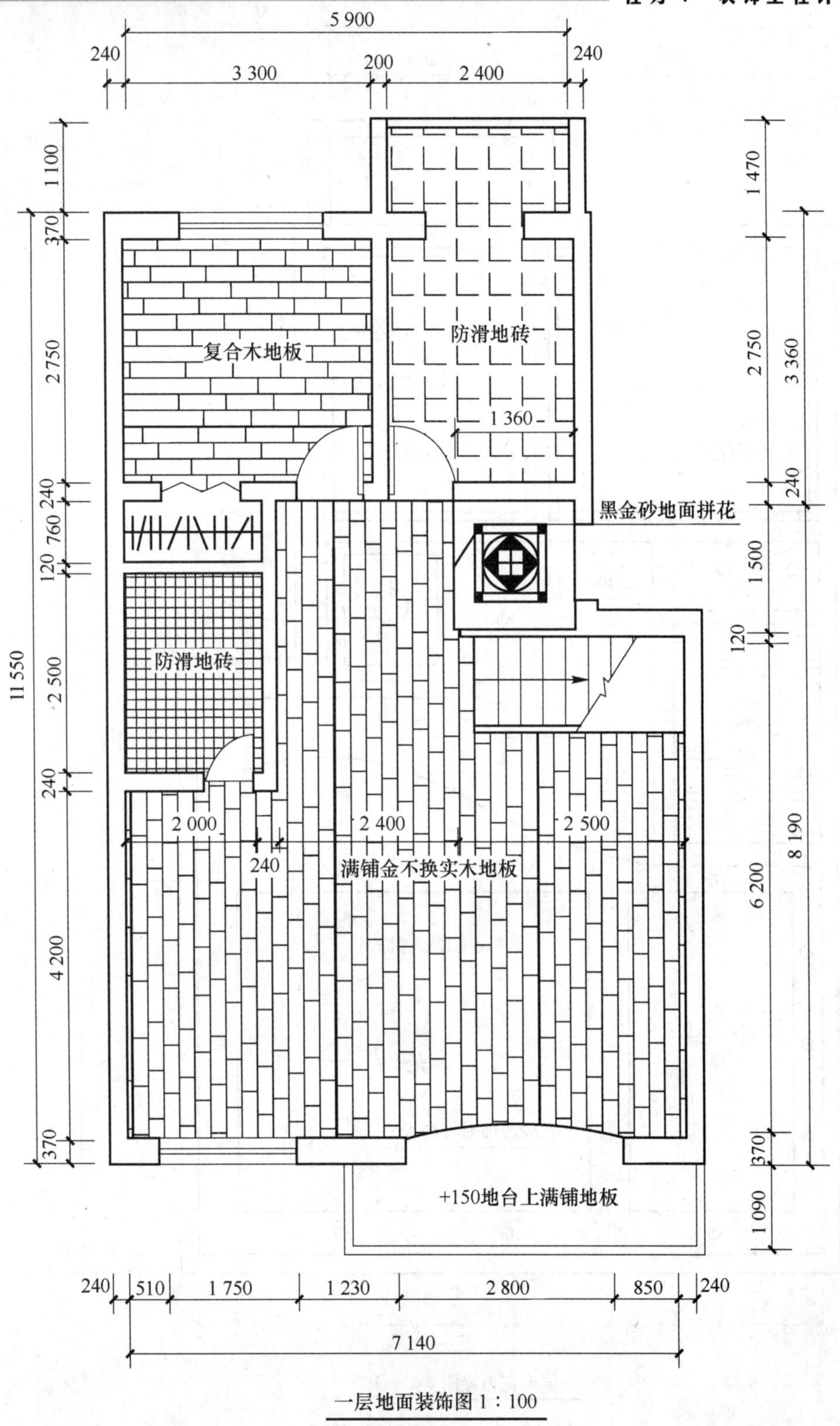

图4.40 一层地面装饰图

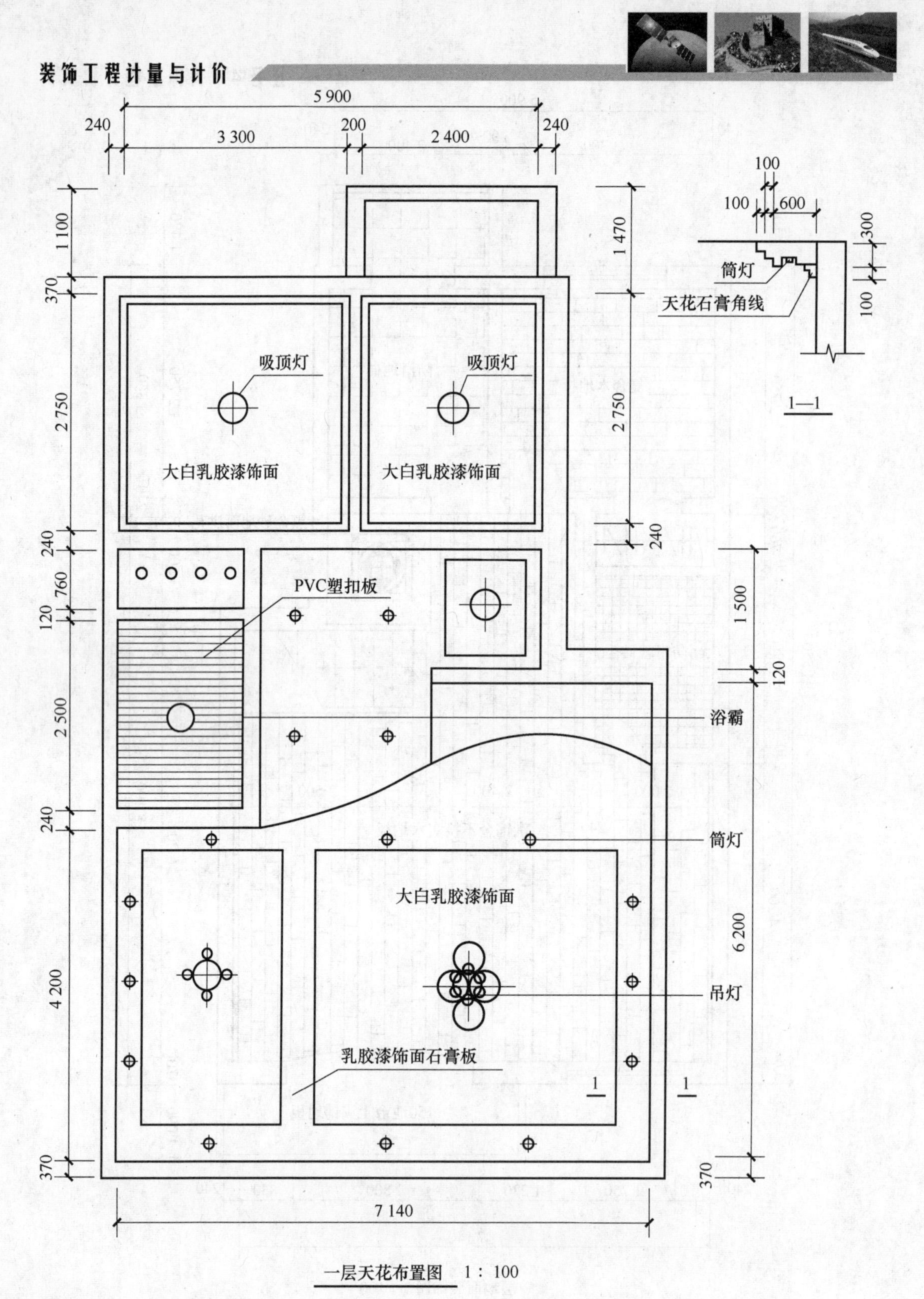

图 4.41　一层天花布置图

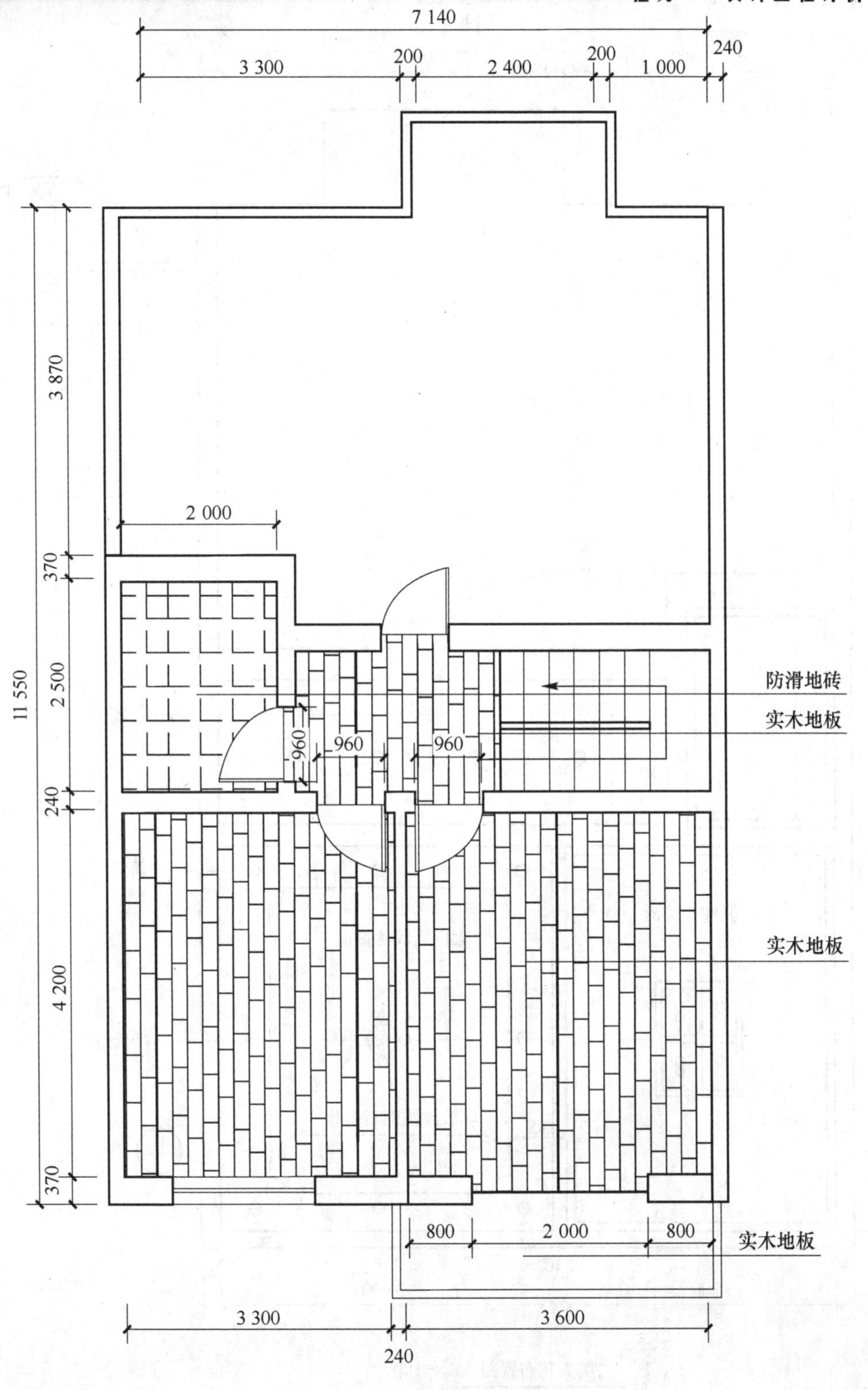

二层地面装饰图 1：100

图 4.42　二层地面装饰图

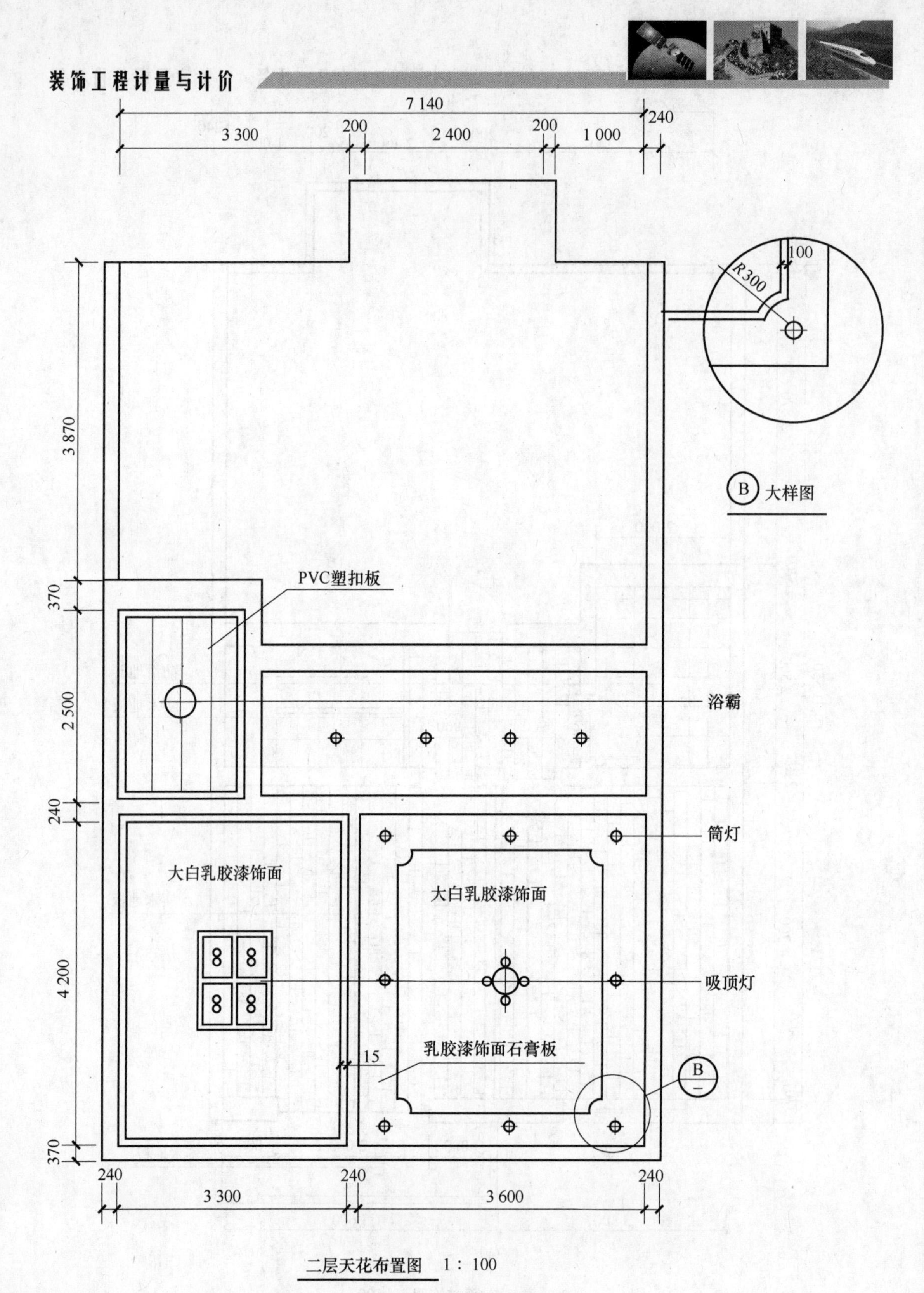

图 4.43 二层天花布置图

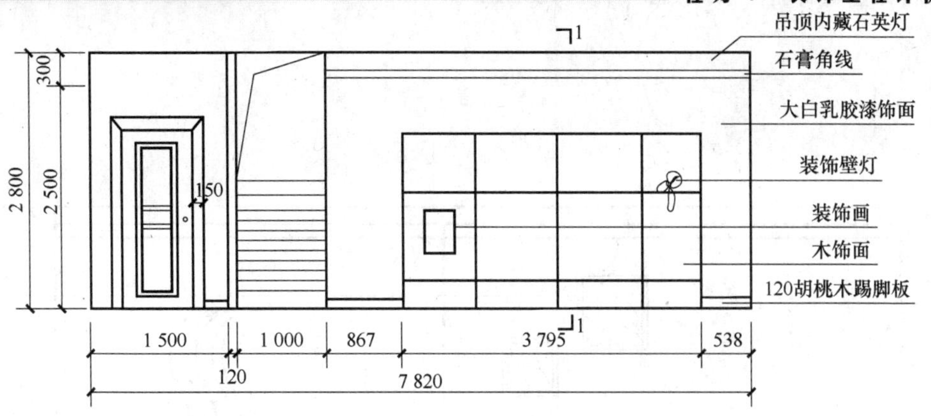

客厅A立面图 1：100

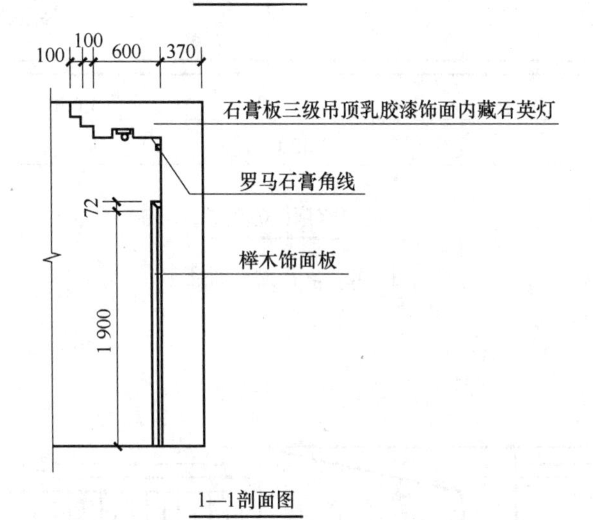

1—1剖面图

图 4.44　客厅 A 立面图

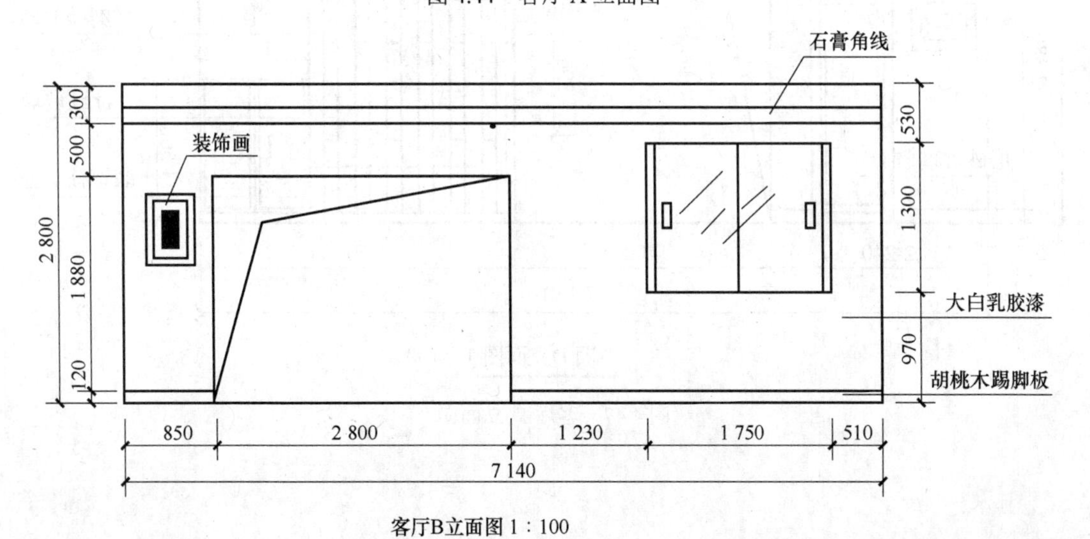

客厅B立面图 1：100

图 4.45　客厅 B 立面图

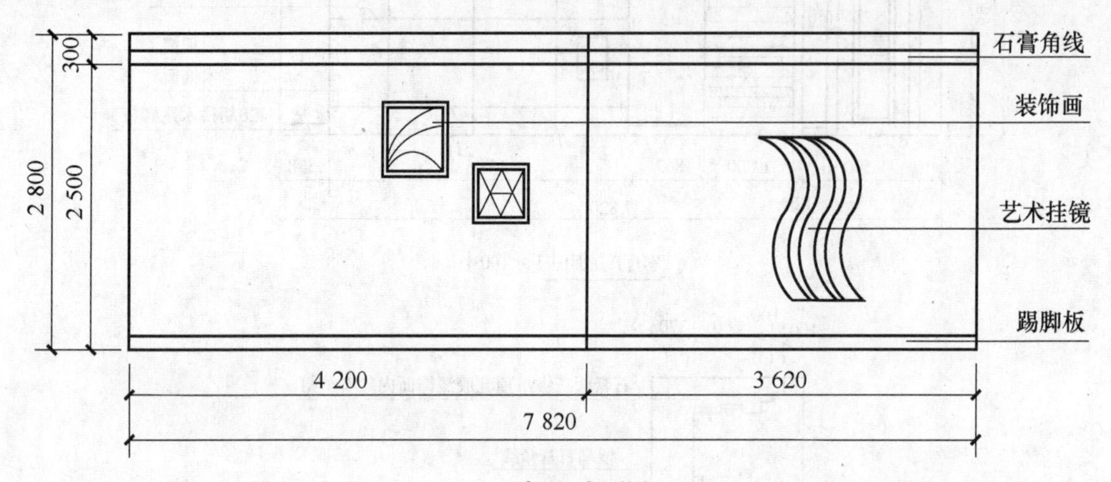

图 4.46 客厅 C 立面图

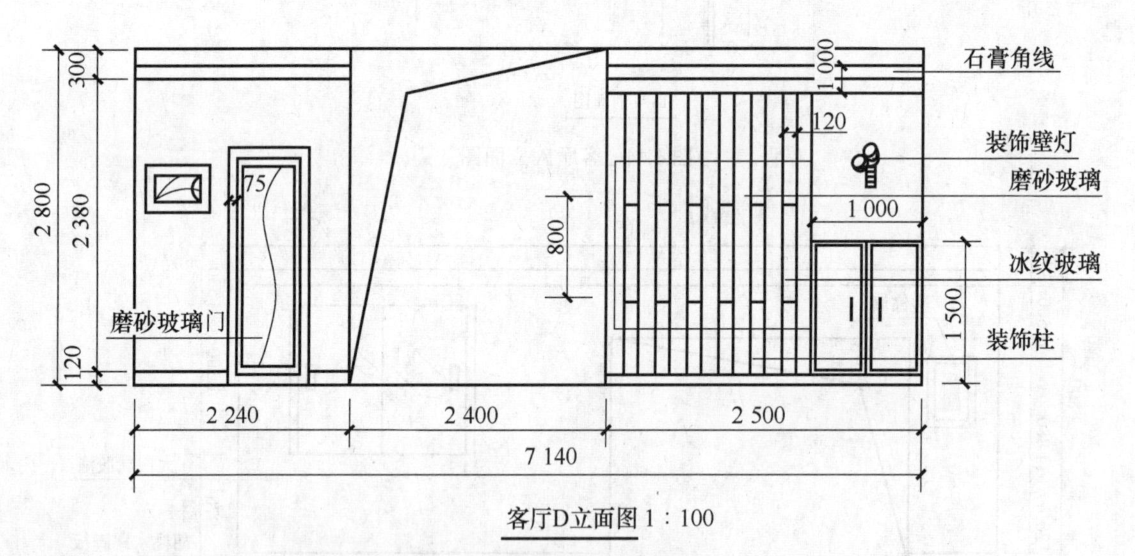

图 4.47 客厅 D 立面图

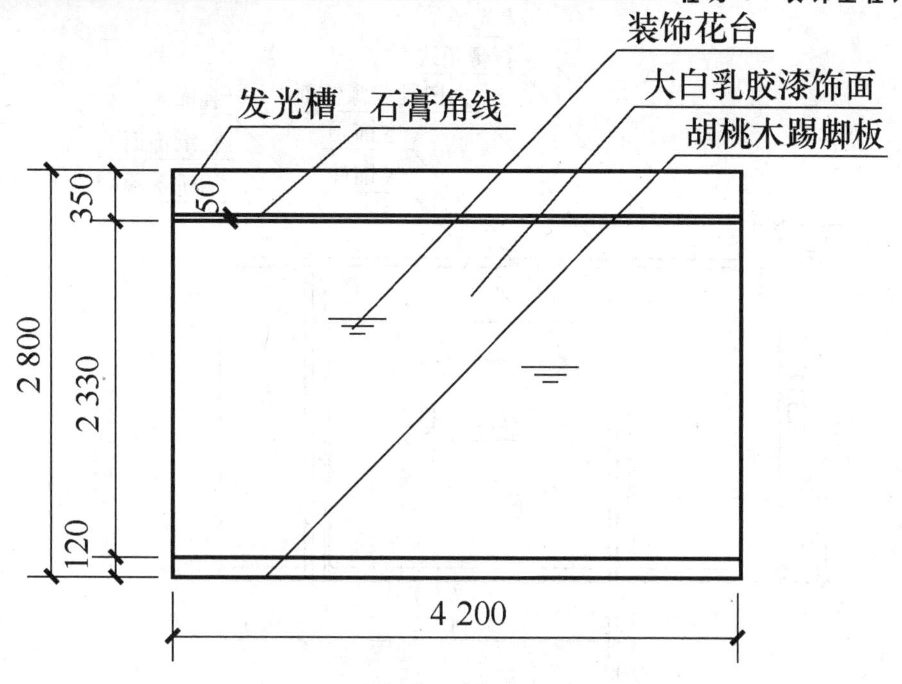

图 4.48 主卧 A 立面图

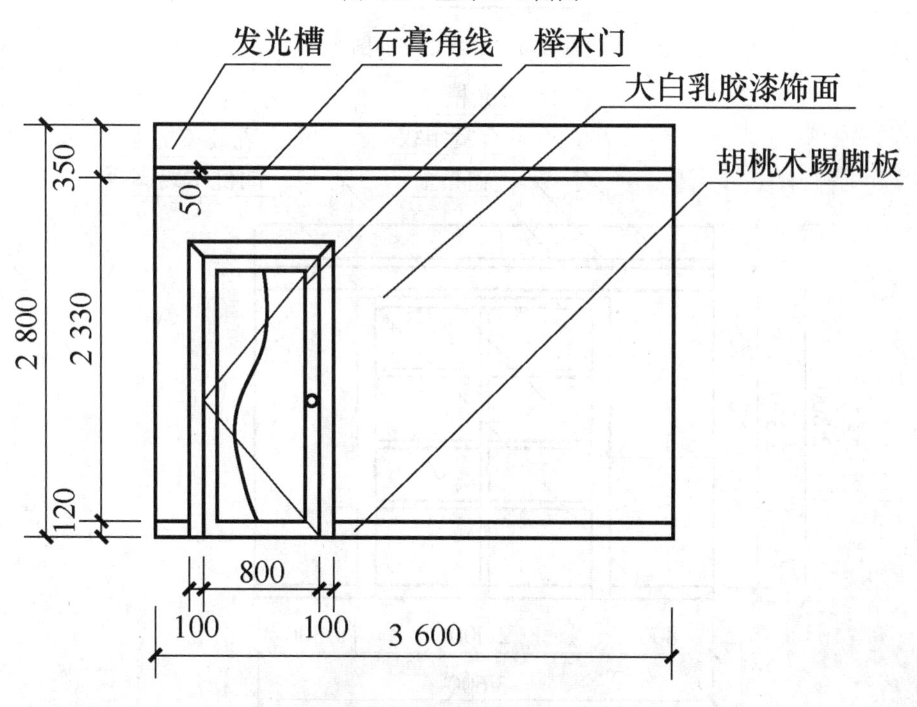

图 4.49 主卧 B 立面图

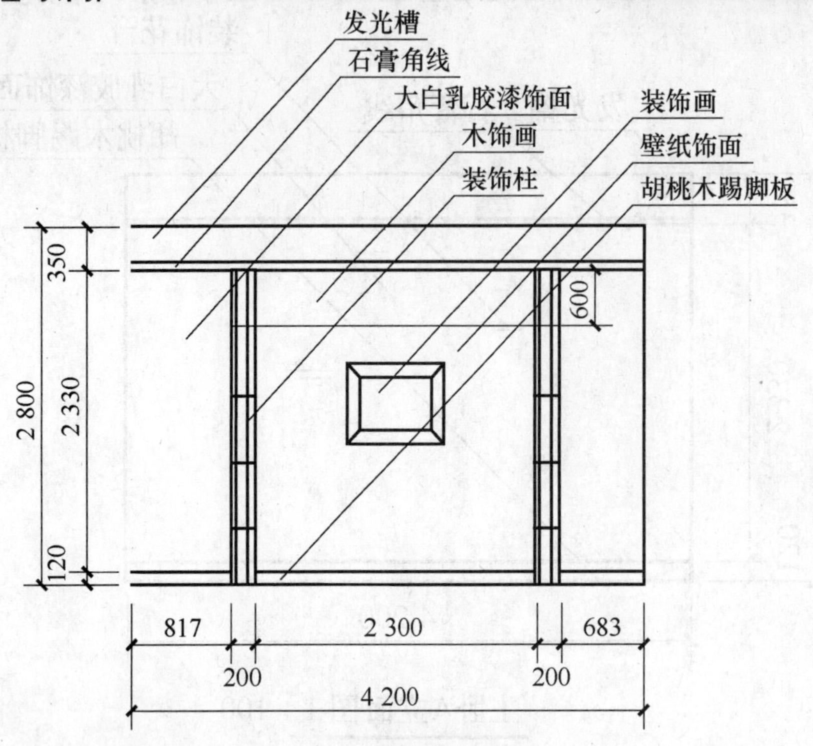

图 4.50　主卧 C 立面图

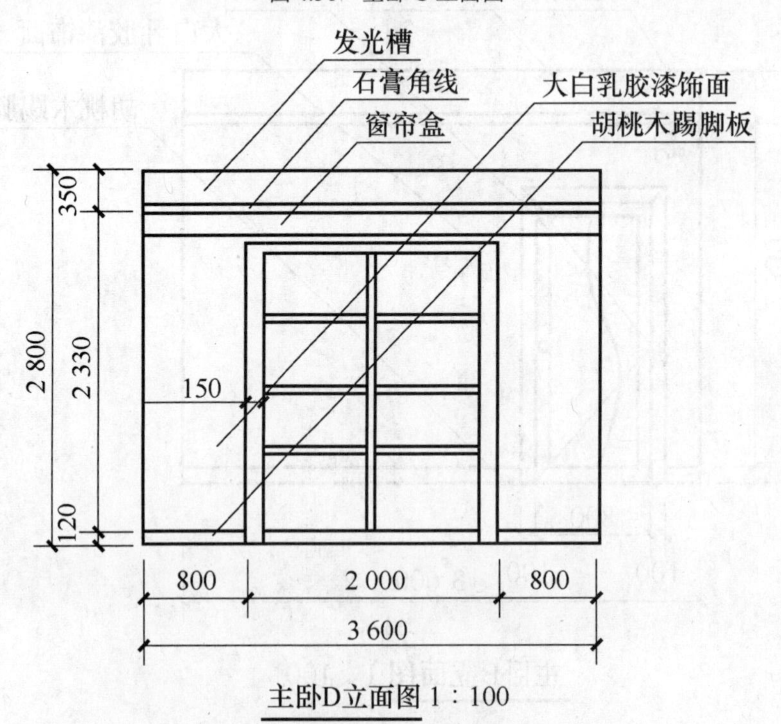

图 4.51　主卧 D 立面图

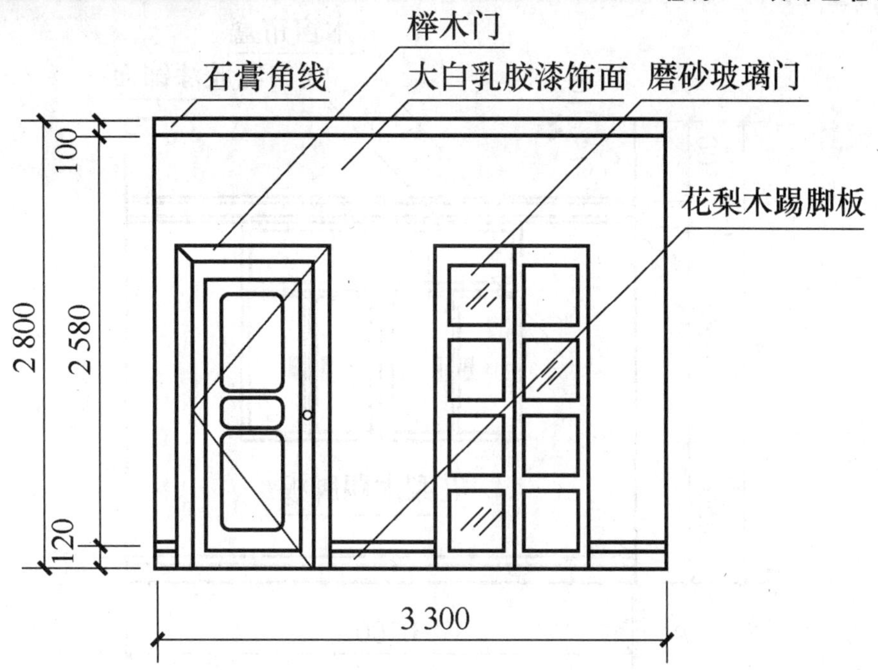

图 4.52　客卧 A 立面图

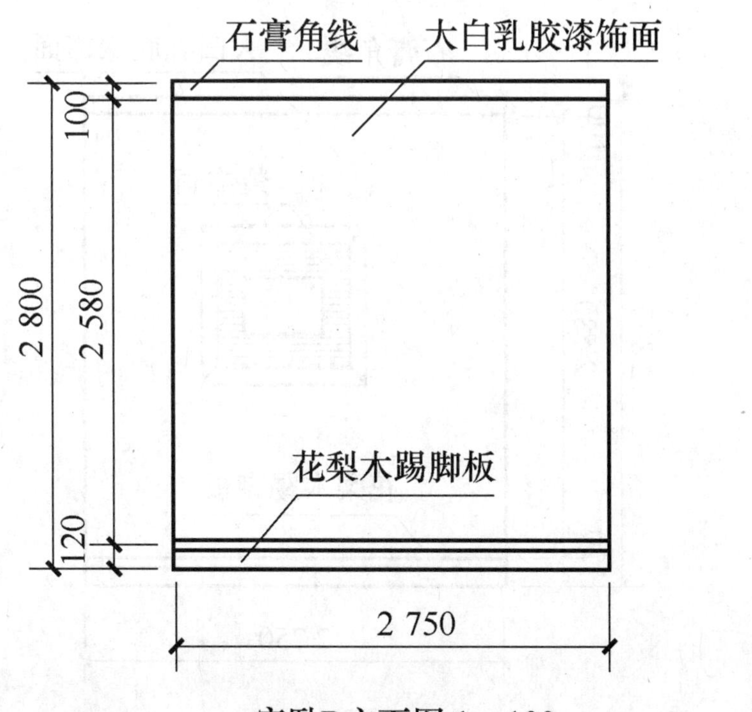

图 4.53　客卧 B 立面图

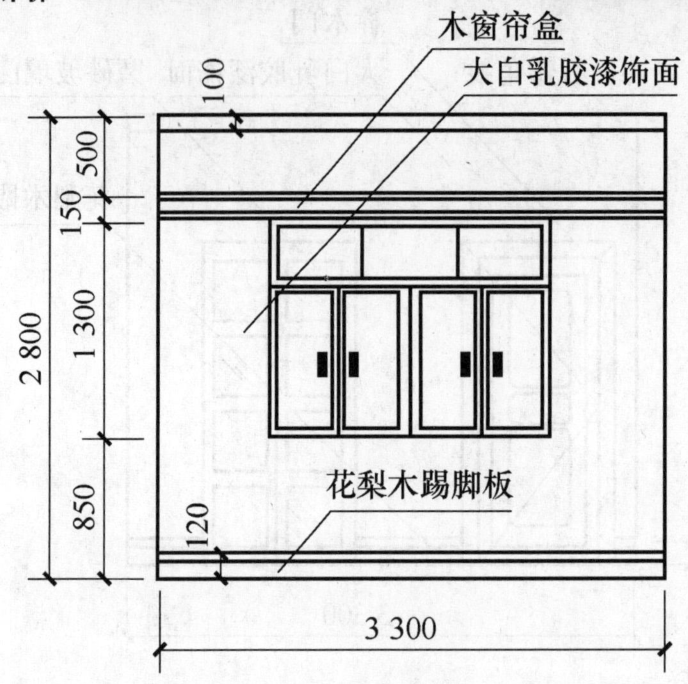

图 4.54　客卧 C 立面图

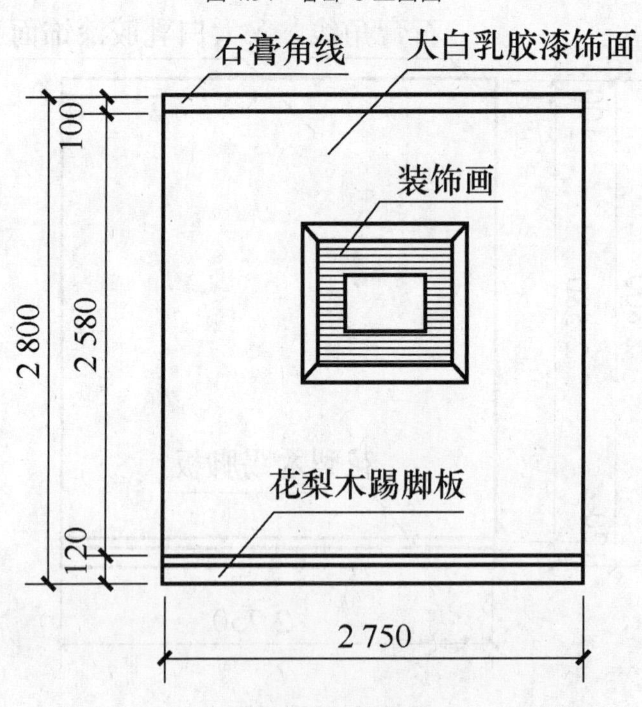

图 4.55　客卧 D 立面图

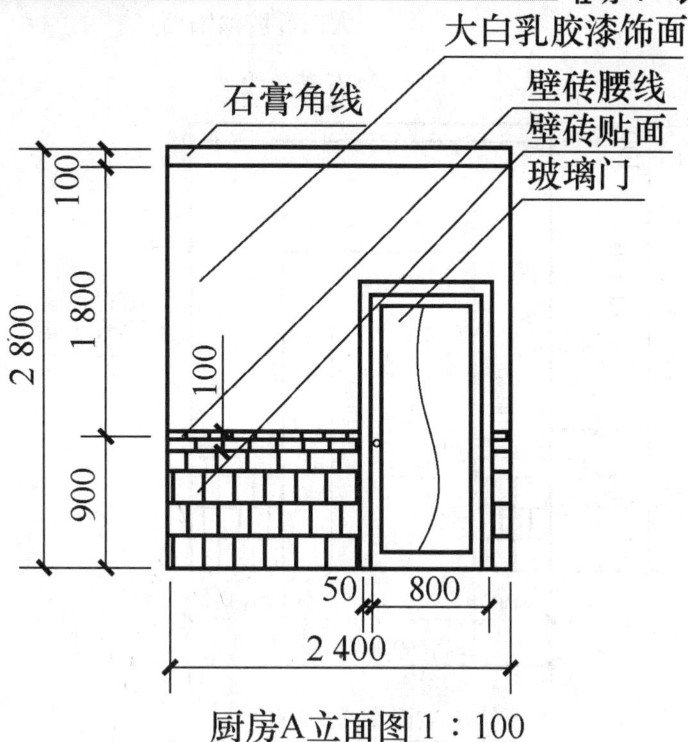

图 4.56 厨房 A 立面图

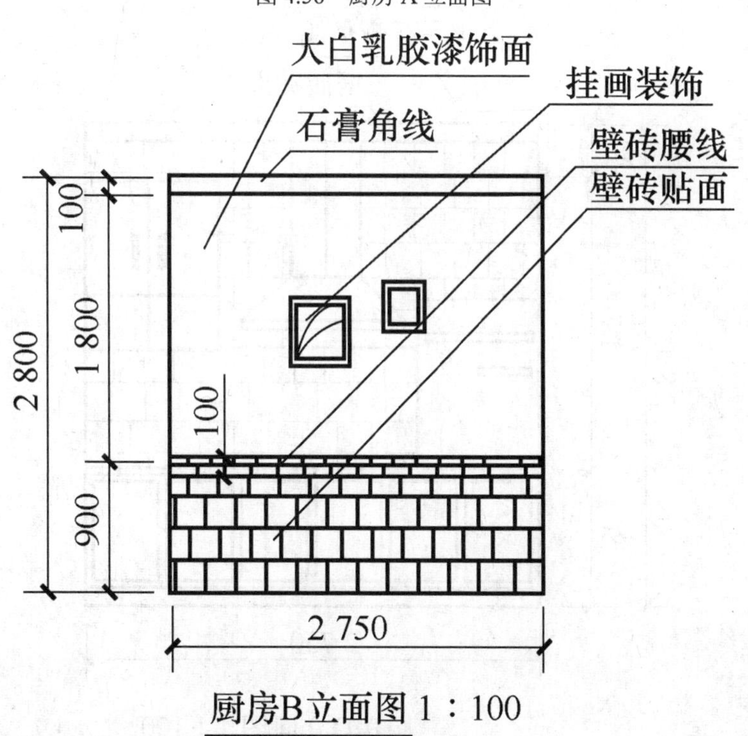

图 4.57 厨房 B 立面图

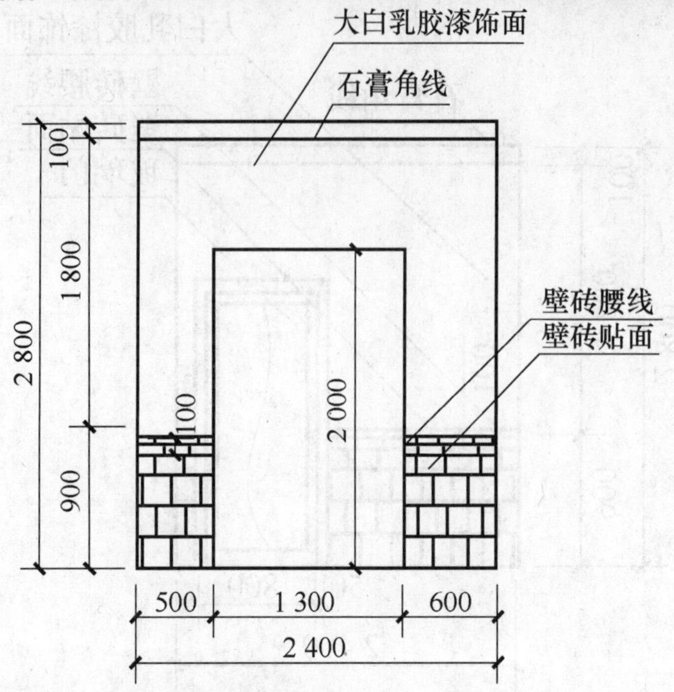

图 4.58　厨房 C 立面图

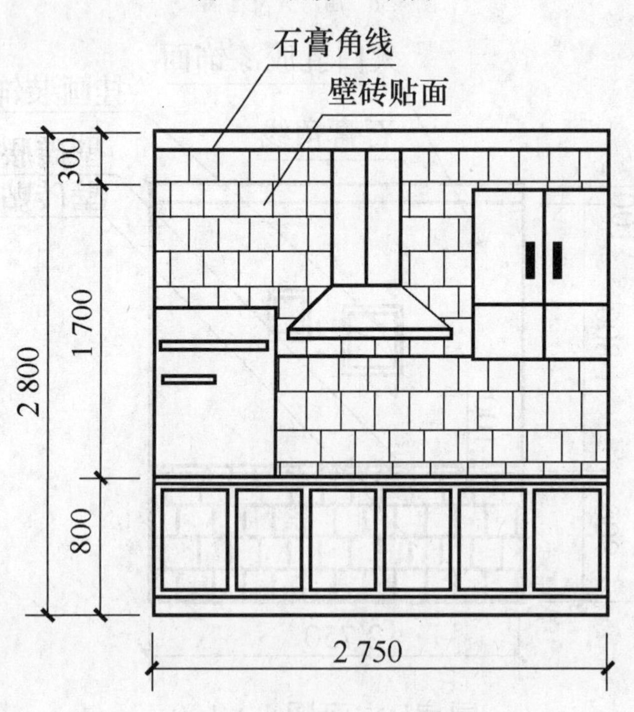

图 4.59　厨房 D 立面图

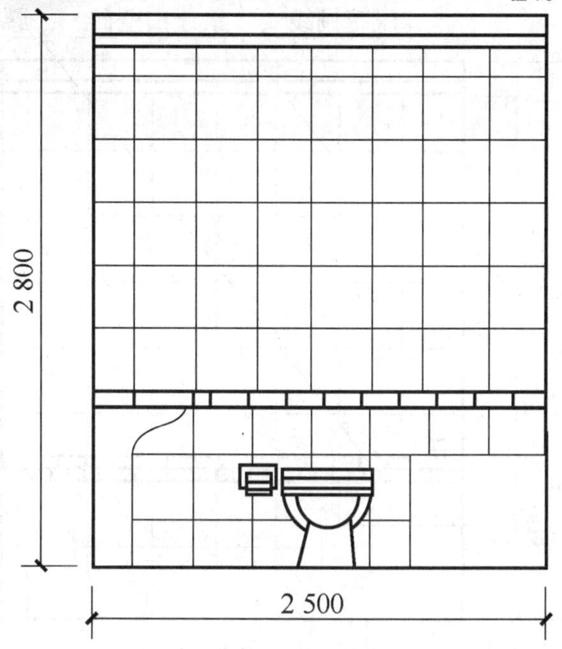

图 4.60　卫生间 A 立面图

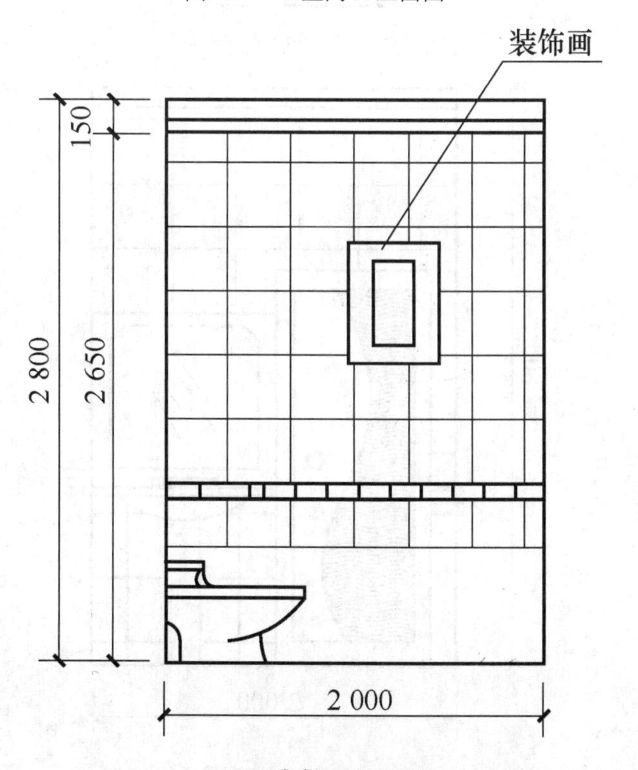

图 4.61　卫生间 B 立面图

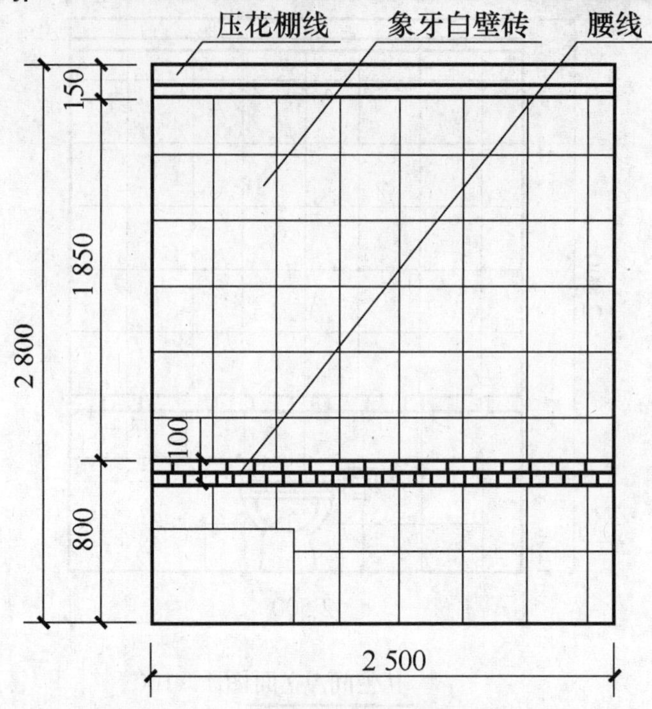

图 4.62 卫生间 C 立面图

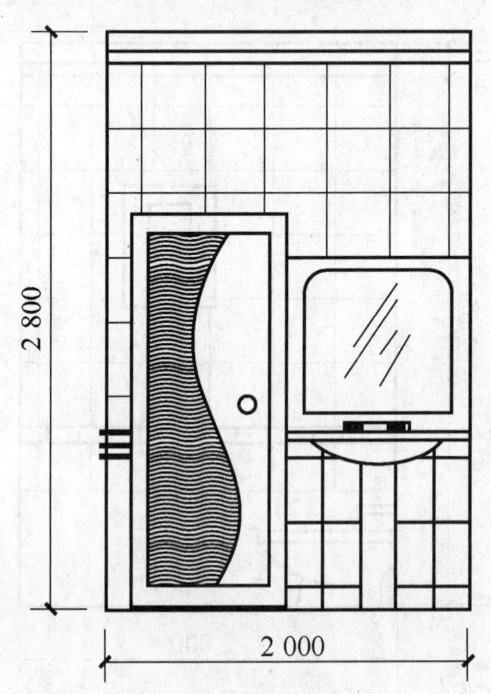

图 4.63 卫生间 D 立面图

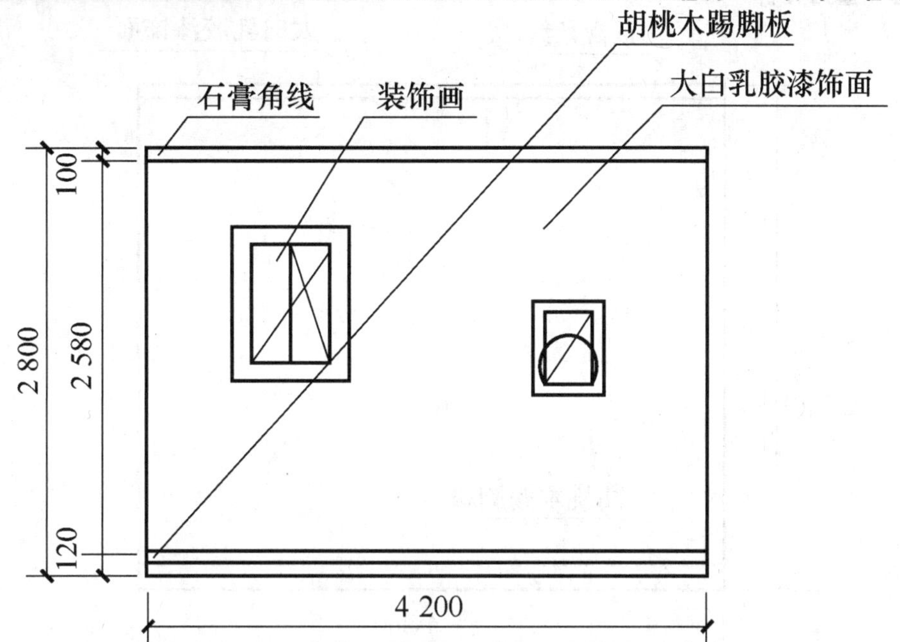

图 4.64　儿童卧室 A 立面图

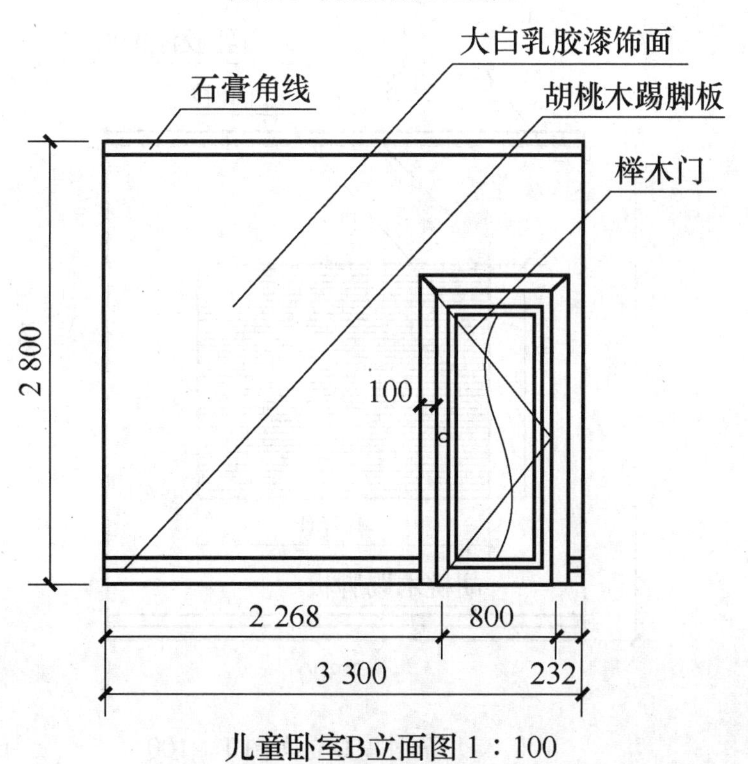

图 4.65　儿童卧室 B 立面图

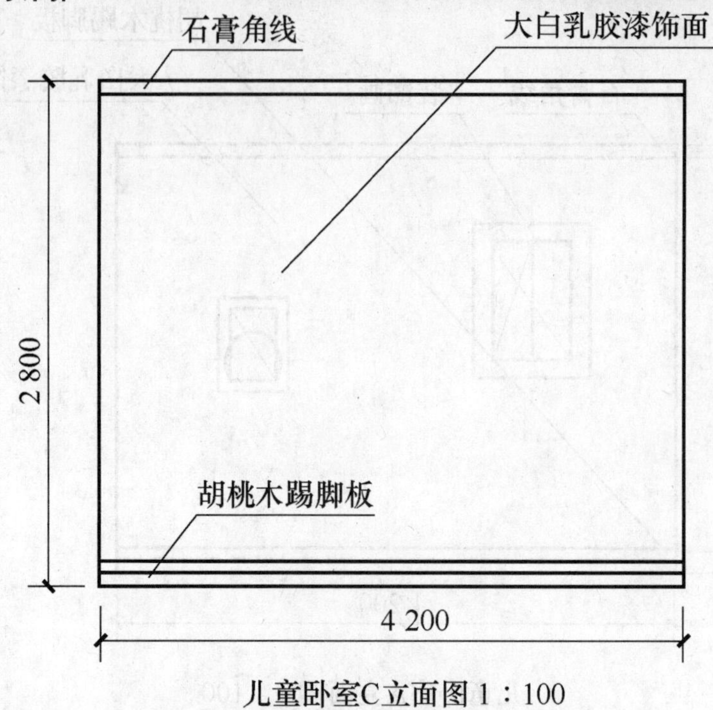

图 4.66　儿童卧室 C 立面图

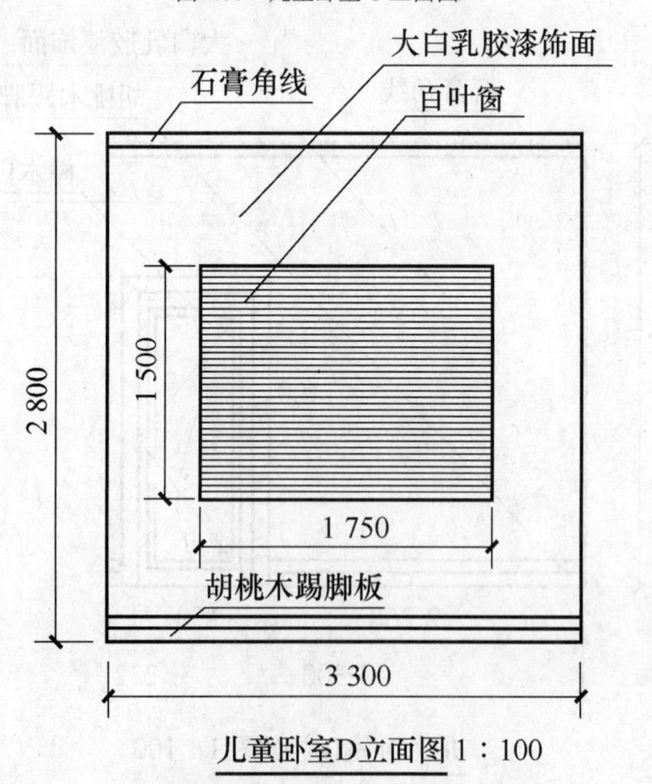

图 4.67　儿童卧室 D 立面图

任务5 装饰工程招标投标

内容提要

(1) 招标投标的概念。
(2) 建设工程施工公开招标程序。
(3) 建设工程施工投标须知。
(4) 建设工程施工评标定标办法。
(5) 装饰工程投标报价。

5.1 招投标的概念、要求与方式

5.1.1 招标投标的概念

招标投标是市场经济中用于采购大宗商品或建设工程的一种交易方式。招标是指招标人利用报价的经济手段择优选购商品的购买行为，工程建设项目，按照公布的条件，挑选承担可行性研究、方案论证、勘察、设计、施工及设备等任务的单位所采取的一种方式。投标是指投标人利用报价的经济手段销售自己商品的一种交易行为。在工程建设中是指凡有合格资格和能力并愿按招标者的意图、愿望和要求承担任务的施工企业，经过对市场的广泛调查，掌握各种信息后，结合企业的自身能力，掌握好工期、价格和质量的关键因素，在指定的期限内填写标书、提出报价、向招标者致函、请求承包该项工程。

招标投标制是为了维护招标人与投标人之间的经济权力、经济责任、经济利益和义务而制定的一种制度。招标投标制是实现工程项目法人责任制的重要保障措施之一。

5.1.2 基本要求

（1）工程项目的建设应用招标投标的方式选择实施单位。

以下工程可以采用直接委托的形式：

① 限额以下的建设工程项目（一般 50 万元以下）；

② 抢险救灾等紧急情况下的工程；

③ 保密工程；

④法律法规规定的其他工程。

（2）工程项目招标必须符合工程建设管理程序。

（3）招标投标必须按法规规定的程序进行。

（4）招标投标必须接受建设主管部门的监督管理。

5.1.3 建设工程实行招标投标制的优越性

（1）有利于确保和提高工程质量，贯彻优质优价的原则。

（2）有利于缩短施工工期。

（3）有利于降低工程造价。

（4）有利于提高投资效益。

（5）有利于提高企业素质。

（6）有利于简化结算手续。

5.1.4 招标的方式

根据新的《中华人民共和国招标投标法》，招标方式有公开招标、邀请招标两种方式。

1. 公开招标（无限竞争招标）

公开招标是指招标单位通过报刊、广播、电视、电子网络或其他媒体发布招标公告，凡具备相应资质，符合招标条件的单位不受地域和行业的限制，均可以申请投标。这种招标方

式的优点是可以充分竞争，体现公开和平等竞争的原则，缺点是评标的工作量大，招标的时间较长，费用高。一般设置资格预审程序。

2. 邀请招标（有限竞争性招标）

邀请招标是指招标单位向预先选择的若干家具备相应资质，符合招标条件的单位发出投标邀请函，将招标工程的情况、工作范围和实施条件等做出简要说明，请他们参加投标竞争。邀请的企业个数以5～10家为宜，但不能少于3家。这种方式的缺点是竞争的范围有限，招标单位拥有的选择余地相对较小，有可能提高中标的合同价，也可能在邀请对象中排除了在技术和报价上有竞争力的实施企业。

5.2 建设工程施工公开招标程序

5.2.1 建设工程施工公开招标程序流程

建设工程施工公开招标程序流程，如图5.1所示。

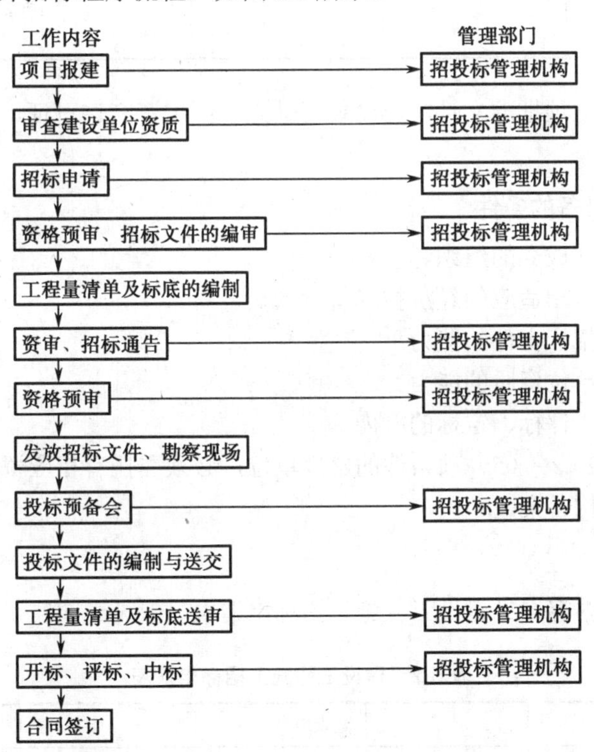

图5.1 建设工程施工公开招标程序流程图

5.2.2 建设工程施工公开招标程序说明

1. 建设项目工程报建

（1）报建条件：立项批准文件或年度投资计划已经下达。

（2）报建范围：各种房屋建筑、土木工程、设备安装、管线敷设、装饰等工程。

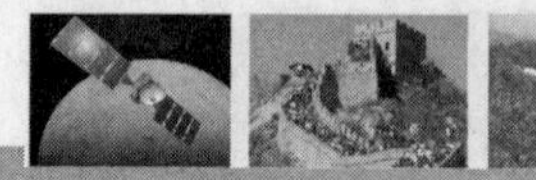

（3）报建内容：包括工程名称、建设地点、投资规模、资金来源等。建设工程项目报建登记表参见表 5.1。

表 5.1　建设工程项目报建登记表

<table>
<tr><td>建设单位</td><td>单位地址</td><td colspan="2"></td><td colspan="2">工程名称</td><td colspan="2"></td></tr>
<tr><td>建设地点</td><td>装饰等级</td><td colspan="2"></td><td colspan="2">建设规模</td><td colspan="2"></td></tr>
<tr><td>资金来源</td><td>发包方式</td><td colspan="2"></td><td colspan="2">总投资（万元）</td><td colspan="2"></td></tr>
<tr><td>当年投资额（万元）</td><td>立项或投资计划
批准单位及文号</td><td colspan="2"></td><td colspan="2">投资许可证文号及审
批单位</td><td colspan="2"></td></tr>
<tr><td>建设规划许可证批准单
位及证号</td><td>计划开工日期</td><td colspan="2">年　月　日</td><td colspan="2">计划竣工日期</td><td colspan="2">年　月　日</td></tr>
<tr><td>建设用地
拆迁
勘探
设计</td><td>负责人
办人
联系电话
报审日期</td><td>建设单位
意见</td><td>盖 章
年　月
日</td><td>所属主管
部门意见</td><td>盖 章
年　月
日</td><td>建设
主管
部门
意见</td><td>盖
章

年
月
日</td></tr>
</table>

（4）交验资料：立项批准文件或年度投资计划、固定资产许可证、建设工程许可证、资金证明。

2．建设单位应具备的条件

（1）是法人或依法成立的组织。

（2）有与招标工程相适应的经济技术管理人员。

（3）有组织编制招标文件的能力。

（4）有审查招标单位资质的能力。

（5）有组织开标、评标、定标的能力。

凡不具备以上（2）～（5）项条件的建设单位，必须委托有相应资质的中介机构代理招标，并报招标管理机构备案。

3．招标申请

招标申请的主要内容详见建设工程施工招标申请表，参见表 5.2。

表 5.2　建设工程施工招标申请表

工程名称		建设地点	
装饰等级		招标建设规模	
报建批准文号		概预算（万元）	
计划开工日期		计划竣工日期	
招标方式		发包方式	
要求投标单位资质		设计单位	
工程招标范围			

续表

<table>
<tr><td rowspan="2">招标前期准备情况</td><td colspan="4">施工现场条件</td><td colspan="2"></td></tr>
<tr><td colspan="4">建设单位提供的材料或者设备</td><td colspan="2"></td></tr>
<tr><td rowspan="2">招标工作组名单</td><td>姓名</td><td>单位</td><td>职务</td><td>职称</td><td>工作年限</td><td>负责内容</td></tr>
<tr><td></td><td></td><td></td><td></td><td></td><td></td></tr>
<tr><td>招标单位</td><td colspan="6"></td></tr>
<tr><td>建设单位意见</td><td colspan="6"></td></tr>
<tr><td>建设单位上级主管部门意见</td><td colspan="6"></td></tr>
<tr><td>招标管理机构意见</td><td colspan="6"></td></tr>
<tr><td>备注</td><td colspan="6"></td></tr>
</table>

4．资格预审文件（资格预审与后审）

1）资格预审文件的内容

（1）投标单位组织与机构；

（2）近 3 年完成工程的情况；

（3）目前正在履行的合同情况；

（4）过去两年经审计过的财务报表；

（5）过去两年的资金平衡表和负债表；

（6）下一年度财务预测报告；

（7）施工机械设备情况；

（8）各种奖励或处罚情况；

（9）与本合同资格审查有关的其他资料。如是联营体投标应填报联营体每一成员的以上资料。

2）资格预审的方法

资格预审的标准必须考虑到评标的标准，一般凡属评标时考虑的因素，资格预审评审时可不必考虑。反过来，也不能把资格中已考虑的因素再列入评标的标准。资格预审的方法一般采用评分法，将评审考虑的因素分类，确定他们在评审中应占的比分，参见表 5.3。表 5.3 中的每一个类别的参数，都可以占有一定的比分（表示括号内的数据仅供参考）。如果不能令人满意，或所提供的信息不当，可以给 0 分；能完成项目并有一定余力的可以给满分。有些参数不能用数量来衡量，如主要人员中胜任程度，可以用质量等级来衡量，分为高水平、中等水平、低水平和可接受 4 个等级。一般申请人得分在 70 分以下，或其中有一类得分不足最高分的 50%的，应视为不合格。

表 5.3 资格评审用表

<table>
<tr><td rowspan="4">机构及组织</td><td>项目实施方案</td><td rowspan="4">得分（10）</td></tr>
<tr><td>分包计划</td></tr>
<tr><td>未能履行而导致的诉讼、赔偿损失情况</td></tr>
<tr><td>管理机构及总部对现场的指挥情况</td></tr>
</table>

续表

人员	主要人员的经验与胜任程度	得分（15）
	专业人员的胜任程度	
设备及车辆	适用性	得分（15）
	已使用年份及状况	
	来源及获得该设备的可能性	
经验（过去三年）	技术方面的介绍	得分（30）
	所完成相似工程的合同额	
	在相似条件下完成的合同额	
	每年作为承包商完成的合同额	
财物状况	银行介绍的函件	得分（30）
	保险公司介绍的函件	
	平均年营业额	
	流动资金	
	流动资金与目前负债的比值	
	过去5年中完成的合同总额	
合计		（100）

5. 招标文件

1）招标文件的内容

（1）投标须知前附表和投标须知。

（2）合同条件。

（3）合同协议条款。

（4）合同格式。

（5）技术规范。

（6）图纸。

（7）投标文件参考格式。

（8）投标书及投标附录；工程量清单与报价表；辅助资料表；资格审查表（资格预审的不采用）。

2）招标文件部分内容的编写

（1）评标原则与评标办法（按当地有关规定执行）。

（2）投标价格。一般结构不太复杂或工期在 12 个月以内的工程，可采用固定价格，同时考虑一定的风险系数；结构复杂或大型工程或工期在 12 个月以上的应采用调整价格，调整的方法及范围应在招标文件中明确。

（3）投标价格的计算依据。工程计价类别；执行的定额标准及取费标准；工程量清单；执行的人工、材料、机械设备政策性调整文件等；材料设备计价方法及采购、运输、保管责任等。

（4）质量和工期要求。

① 合格和优良，并实行优质优价。

② 工期比工期定额缩短 20%及以上的，应计取赶工措施费。以上两条均应在招标文件中明确。

（5）奖罚的规定。工期拖延或工期提前的处理应在招标文件中明确。

（6）投标准备时间（28 天）。

（7）投标保证金。投标保证金的总额不超过投标总价的 2%，可以采用现金、支票、银行汇票或银行出具的银行保函。其有效期应超过投标有效期的 28 天。

（8）履行担保。履约保证可以采用银行保函（5%）或履约担保书（10%）。

（9）投标有效期。投标有效期是指自投标截止日起至公布中标之日为止的一段时间，有效期的长短根据工程的大小、繁简而定。按照国际惯例，一般为 90～120 天，我国规定为 10～30 天。也有地方规定：结构不太复杂的中小型工程为 28 天；其他工程为 56 天。投标有效期一般是不能延长的，但在某些特殊情况下，招标者要求延长投标有效期也是可以的，但必须征得投标者的同意。投标者拒绝延长投标有效期的，招标者不能因此而没收其投标保证金；同意延长投标有效期的投标者，不应要求在此期间修改其投标书，而且投标者必须同时相应延长其投标保证金的有效期。

（10）材料或设备采购供应。材料或设备采购、运输、保管的责任应在招标文件中明确，还应列明建设单位供应的材料的名称或型号、数量、供货日期和交货地点，以及所提供的材料或设备的计划和结算退款的方法。

（11）工程量清单。

（12）合同条款。

6．工程量清单及标底价格的编制

7．发放招标文件

（1）发放的对象：资格预审时，预审合格的单位；资格后审时，愿意参加投标的单位。

（2）招标文件的修改或补充：均应经过招投标管理机构审查同意后并在投标截止日期前，同时发给所有投标单位。

（3）招标文件的确认：收到时应经过认真核对后予以确认；有疑问或有不清楚的问题需要解释时，应在收到招标文件 7 日内以书面形式向招标单位提出，招标单位应以书面形式向投标单位做出解答。

8．勘察现场

（1）时间安排：投标预备会的前 1～2 天。

（2）问题处理：均以书面形式处理。

（3）介绍的内容：施工现场是否达到招标文件规定的条件；施工现场的地理位置和地形、地貌；地质、土质、地下水位、水文情况；施工现场的气候条件、环境条件；临时设施搭建。

9．投标预备会

（1）时间：发出招标文件的 7 天后，28 天以前的任何一天。

（2）主持：招标单位。

（3）澄清招标文件中的疑问和解答投标单位提出的问题（书面、口头）；对图纸进行交

底和解释，并形成会议记录或纪要，发给投标单位。

（4）对参加人员的要求：签到登记。

10. 投标文件的编制与递交

1）投标文件的编制

投标文件应完全按照招标文件的各项要求编制，主要包括以下内容：

（1）投标书；

（2）投标书附录；

（3）投标保证金；

（4）法定代表人资格证明书；

（5）授权委托书；

（6）具有标价的工程量清单与报价表；

（7）辅助资料表；

（8）资格审查表；

（9）对招标文件中的合同协议条款内容的确认和响应；

（10）按招标文件规定提交的其他资料。

2）投标文件的递交和接收

（1）递交：在投标截止时间前按规定的地点递交至招标单位（或招标办）。在递交投标文件之后，投标截止日期之前，投标单位可以对递交的投标文件进行修改和撤回，但所递交的修改或撤回通知必须按招标文件的规定进行编制、密封和标识。

（2）接收：在投标截止时间前，投标单位应作好投标文件的接收工作，在接收中应注意核对投标文件是否按招标文件的规定进行密封和标识，并作好接收时间的记录等。在开标前，应妥善保管好投标文件、修改和撤回通知等投标资料。由招标单位管理的投标文件需经招投标管理机构密封或送招投标管理机构统一保管。

11. 工程量清单及标底价格的报审

（1）时间：投标截止后至开标前，小型工程 7 日内，大型工程 14 日内。

（2）内容：与标底的组成内容相同。

12. 开标

（1）主持：招标单位。

（2）时间、地点：按招标文件规定的。

（3）参加的人员：投标单位的法定代表人或其授权的代理人、招标管理机构、公证人员。

（4）会议程序：

① 主持人宣布开标会议开始；

② 投标单位代表确认其投标文件的密封完整性，并签字予以确认；

③ 宣读招标单位法定代表人资格证明书及授权委托书；

④ 介绍参加开标会议的单位和人员名单；

⑤ 宣布公证、唱标、评标、记录人员名单；

⑥ 宣布评标原则、评标办法；

⑦ 由招标单位检验投标单位提交的投标单位和资料，并宣读核查结果；
⑧ 宣读投标单位的投标报价、工期、质量、主要材料用量、投标保证金、优惠条件等；
⑨ 宣读评标期间的有关事项；
⑩ 宣布休会，进人评标阶段；
⑪ 宣布复会，招标管理机构宣布标底，公布评标结果；
⑫ 会议结束。
（5）唱标顺序：按各投标单位报送投标文件的逆顺序。
（6）评标原则、评标办法。

13．评标、定标、中标和合同签订

1）评标的程序
（1）评标组织成员审阅投标文件，其主要内容包括：
① 投标文件的内容是否实质上响应招标文件的要求；
② 投标文件正副本之间的内容是否一致；
③ 投标文件是否有重大的漏项、缺项。
（2）根据评标办法实施细则的规定进行评标。
（3）评标组织负责人对评标结果进行校核，确定无误后，按优劣或得分高低进行排列。
（4）评标组织根据评标情况写出评标报告。

2）定标的方式
（1）招标人定标：招标人对评标组织提交的评标报告复核后，提出中标人选，报招投标管理机构核准，确认中标人。
（2）招标委托评标组织定标：评标组织应将评标结果排名第一的投标人列为中标人选，报招投标管理机构核准，确定中标人。
（3）凡委托评标组织定标的，投标人不得以任何理由否定中标结果。

3）定标的时间要求
开标当天定标的项目，可复会宣布中标人。开标当天不能定标的项目，自开标之日起一般不超过 7 天定标；结构复杂的大型工程不超过 14 天定标。特殊情况下经招投标管理机构同意可适当延长。

4）中标通知书的发放
定标后招标人应在 5 天内到招投标管理机构办理中标通知书，发给中标人，同时通知未中标人在 1 周内退回招标文件及图纸，招标人返还投标保证金。

5）签订合同
中标通知书发出后，中标人应在规定期限内（结构不太复杂的中小型工程 7 天，结构复杂的大型工程 14 天），按指定的时间和指定的地点，依据《中华人民共和国合同法》、《建设工程施工合同管理办法》的规定，依据招标文件、投标文件与招标人签订施工合同，同时按照招标文件的约定提交履约担保，领取投标保证金。若招标人拒绝与中标人签订合同，除双倍返还投标保证金、赔偿有关损失外，还需补签施工合同；若中标人无正当理由拒绝签订施

工合同，经招投标管理机构同意后，招标人有权取消其中标资格，并没收其投标保证金。

5.3 建设工程施工投标须知

5.3.1 投标须知前附表

投标须知前附表参见表 5.4。

表 5.4 投标须知前附表

项号	条款号	内容规定
1	1.1	工程综合说明： 工程名称： 建设地点： 结构类型及层数： 建筑面积： 承包方式： 要求质量标准： 要求工期： 年 月 日 开工， 年 月 日 竣工 工期： 天（日历天） 招标范围：
2	1.1	合同名称：
3	2	资金来源：
4	3.2	投标单位资质等级：
5	11.1	投标有效期： 天（日历天）
6	12.1	投标保证金额数： %或 元
7	13.1	投标预备会 时间： 地点：
8	14.1	投标文件副本份数为 份
9	15.4	投标文件交至 单位： 地址：
10	16.1	投标截止日期： 时间：
11	18.1	开标 时间： 地点：
12	24.2	评标方法：

5.3.2 投标须知

1．遇有下类情况，对投标单位作自动放弃投标权处理

（1）投标单位未送投标申请书的。

（2）投标单位未参加标前会的。

（3）投标单位未按招标文件要求的时间送交标书的。

（4）投标单位未参加开标会或迟到15分钟以上的。

（5）投标单位法定代表参加但开标会时不能出示法定表人证书（或企业法人营业执照）和身份证的，或虽出示法定代表人证书（或企业法人营业执照）和身份证，但其本人未参加开标会的。

（6）投标单位法定代表人授权代理人参加开标会时，其代理人当场不能出示有效的法定代表人授权委托书、企业法人营业执照及身份证的，或虽出示上述证件但代理人本人未出席开标会的。

2．遇有下列情况时，对投标单位的标书作无效标书处理

（1）标书袋有较大破损致使标书资料可以从标书袋中抽出。

（2）标书袋袋口处未贴密封条或密封条两骑缝处未加盖单位法人章和投标单位法人代表印章的，或虽加盖印章但数量不够的（每一骑缝处不少于各两枚）。

（3）投标书未按招标文件要求装订成册的。

（4）装订成册的标书没有封面或虽有封面但封面上未注明投标工程名称的。

（5）装订成册的标书封面上未加盖投标单位法人章和投标单位法人代表印章的。

（6）装订成册的标书没有目录或虽有目录但未注明第几项标书资料的起止页码号的。

（7）装订成册的标书未编页码号的。

（8）未装订的标书资料任何一份上缺盖投标单位法人章和投标单位法人代表印章的。

（9）标书资料不全或份数不够的。

（10）投标综合说明中未对招标文件的各项条款明确表示认可和接受的。

（11）标书内容未达到招标文件要求或违反有关规定的，如不按招标文件规定的格式、内容和要求填写，投标文件字迹潦草、模糊、无法辨认。

（12）投标综合说明及标函汇总表中有涂改和行间插字处未加盖投标单位法人代表印章

（13）投标人在一份文件中对同一招标项目报有两个或多个报价且未书面声明以哪个报价为准的。

（14）投标人与通过资格预审的单位在名称上和法人地位上发生改变的。

3．遇有下列情况，对投标单位的报价作无效标价处理

（1）在采用单因素评标定标法时，投标报价的定额直接费（有安装工程时含调整前的定额基价）超出（或低于）标底定额直接费（有安装工程时含调整前的定额基价）的规定幅度（如+3%至−5%）的。

（2）在采用单因素评标定标法时，投标最终报价与标底总价相比，超出（或低于）标底总价的规定幅度（如+2%至−7%）的。

（3）在采用综合评分评标定标法时，投标报价的定额直接费（有安装工程时含调整前定额基价）超出（或低于）标底定额直接费（有安装工程时含调整前的定额基价）的规定幅度（如+3%至−5%）的。

（4）凡经按定额直接费筛选被作为无效标价处理的，即被淘汰，不得参加第二轮筛选。

（5）凡经按定额直接费筛选被作为无效标价处理的，即被淘汰，对其标书标价不再评分打分。

注：投标单位“法人代表”是指投标单位法定代表人或投标单位法定代表人授权委托的

代理人；投标单位“法人章”是指投标单位公章。

5.4 建设工程施工评标定标办法

5.4.1 评标定标办法的确定

评标定标工作应严格按照开标前宣布的评标定标办法进行，开标后不得变更。

5.4.2 评标小组成员的组成

评标小组成员一般 9 人组成。其中招标单位（含其主管部门） 2 人，招投标市场管理人员 3 人，评标专家 3 人，公证人员 1 人。

5.4.3 评标定标的方法

在评标过程中，评标组织认为需要，在招投标管理机构人员在场的情况下，可要求投标单位对其投标文件中的有关问题进行澄清或提供补充说明及有关资料，投标人应做出书面答复。但书面答复中不得变更价格、工期、自报质量等级等实质性内容，书面答复须经法定代表人或其授权委托的代理人签字或盖章。该书面答复将作为投标文件的组成部分。评标完成后，评标组织的负责人对评标结果进行校核，确定无误差后，按优劣或得分高低进行排列。评标组织根据评标情况写出评标报告。最后确定中标人。

评标小组应采用下列办法进行评标、定标。

1. 单因素评标定标法

单因素评标定标法是仅对投标单位报价进行评标，选其中合理最低标价中标的评标方法。凡住宅楼工程，不论造价高低，面积大小，均应采用单因素评标定标法，选定中标单位。

2. 综合打分评标定标法

综合打分法是对投标单位所报标价、主要装饰材料用量、工期、质量、施工方案、企业信誉进行评议打分，以得分（平均分）高低确定中标单位的方法。

3. 综合评议法

特殊工程可采用综合评议法。综合评议法是在充分阅读标书，认真分析标书优劣的基础上，评标小组成员经过充分讨论确定中标单位的一种方法。确定中标单位的标准有：

（1）投标报价较低，且报价合理；

（2）对招标文件认可程度高；

（3）报价工程质量等级高，工期短；

（4）施工方案和技术措施切实可行，能确保工期、质量、安全，环保措施好；

（5）施工企业管理、施工技术、装备水平高，与建设单位协作配合好、重合同、守信用。

5.5 装饰工程投标报价

5.5.1 装饰工程投标报价的特点及依据

装饰工程投标报价是根据装饰企业的管理水平、技术力量、生产水平等实际情况，计算出拟建装饰工程的实际造价，在此基础上，考虑投标策略、利润、适当风险以及本企业实际情况后确定出投标报价。因此，它具有策略性和接近实际预算价的正确性。

装饰工程投标报价不同于装饰工程的概（预）算，它是根据施工企业的实际情况及对装饰工程的理解程度来确定的。对同一装饰工程来讲，不同企业的投标报价是不同的。即使是同一企业，由于考虑的利润和风险不同，其报价也不同。因此，投标报价直接反映了施工企业的实际水平和竞争策略。

装饰工程投标报价是装饰工程投标工作的重要环节，对企业能否中标及中标后的盈利情况起决定性作用。要想得到一个合理的、具有竞争力的投标报价，需要企业收集大量的装饰工程资料和信息。装饰工程投标报价的主要依据有：

（1）招标文件。包括装饰工程综合说明，工期、质量、安全、保险、环保等方面的要求，以及对装饰工程及装饰材料的特殊要求等。

（2）装饰工程项目的施工图纸、采用的标准图集、有关厂家的技术资料、规定的装饰施工规范和质检标准。

（3）施工组织设计（或方案）及有关技术资料。

（4）当地现行的装饰工程预算定额或单位估价表、装饰工程各项取费标准。

（5）材料、机械设备预算价格、预算价差及市场价格信息，采用新材料、新工艺的补充预算价格。

5.5.2 装饰工程投标报价的基本原则

（1）报价要按国家有关规定，并体现本企业的生产经营管理水平。报价一方面要按国家有关规定如计算规则、取费标准进行，另一方面又要从本企业的实际情况出发，充分发挥本企业的优势和特点，所采用定额水平要能反映本企业的实际水平。定额水平的确定，一般是以当地的装饰工程预算及各项取费标准为依据，在进行报价时，应结合本企业的实际工效、实际材料消耗水平、机械设备效率及装饰工程的实际施工条件等加以调整，以综合反映企业的技术水平、管理水平。

（2）报价计算要主次分明，详略得当。影响装饰工程投标报价的因素很多，由于投标报价往往时间紧迫，装饰施工企业必须在平时注重资料的收集与整理，编制时应抓住主要矛盾，只有这样才能做到有的放矢，提高报价计算速度和质量。报价计算的重点包括招标单位有特殊要求的分项工程，造价大的分项工程，质量不易控制的分项工程。对这些项目必须重点分析，努力满足招标文件的各项技术和质量要求。对次要因素、次要环节要尽量简化计算。

（3）报价要以施工方案的经济比较为基础。不同的施工方案会有不同的报价，因此施工企业应对不同的施工方案进行经济比较，再结合自身的实际情况，选择技术上先进、经济上

合理、施工切实可行的施工方案。

5.5.3 装饰工程投标报价的计算程序

1．熟悉招标文件

报价人员应认真熟悉和掌握招标文件的内容和精神，认真研究装饰工程的内容、特点、范围、工程量、工期、质量、责任及合同条款。

2．调查施工现场、确定施工方案

调查装饰工程施工现场，了解现场施工条件，当地劳动力资源及材料资源，调查各种材料、设备价格，包括国内或进口的各种装饰材料的价格及质量，真正做到对工程实际情况和目前市场行情了如指掌。通过详细的现场调查资料，对施工方案进行技术经济比较，选择最优施工方案。

3．复核或计算工程量

若招标文件已经给出实物工程量清单，在进行报价计算前应进行复核，发现问题应以书面形式提出质疑，以得到变更。如不能得到肯定答复，一般不能任意更改，可在标函中加以说明或在中标后签订合同时再加以纠正。若招标文件没有给出实物工程量清单，则应根据给定的图纸，按照定额计算规则，计算出相应的工程量。

4．计算投标报价

根据工程量计价规范的要求，实行工程量清单计价必须采用综合单价法计价，并对综合单价包括的范围进行了明确规定。造价人员在计价时必须按工程量清单计价规范进行计价。工程计价的方法很多，对于实行工程量清单投标模式的工程计价，较多采用综合单价法计价。

“综合单价法”就是分部分项工程量清单费用及措施项目费用的单价综合了完成单位工程量或完成具体措施项目的人工费、材料费、机械使用费、管理费和利润，并考虑一定的风险因素，将规费、税金等费用作为投标总价的一部分，单列在其他表中的一种计价方法。投标报价，按照企业定额或政府消耗量定额标准及预算价格确定人工费、材料费、机械费，并以此为基础确定管理费、利润，并由此计算出分部分项的综合单价。根据现场因素及工程量清单规定措施项目费以实物量或以分部分项工程费为基数按费率的方法确定。其他项目费按工程量清单规定的人工、材料、机械台班的预算价为依据确定。规费按政府的有关规定执行。税金按税法的规定执行。分部分项工程费、措施项目费、其他项目费、规费、税金等合计汇总得到初步的投标报价，根据分析、判断、调整得到投标报价。

5．报价决策

在投标实践中，基础报价不一定就是最终报价，还要进行工程成本、风险费、预期利润等多方面的分析，考虑实际和竞争形势，确定投标策略和报价技巧，由企业决策者做出报价决策。投标报价的策略和技巧，一般有以下几种。

（1）免担风险，增大报价。对于装饰情况复杂、技术难度较大，采用新材料、新工艺等没有把握的工程项目，可采取增大报价以减少风险，但此法的中标机会可能较小。

（2）多方案报价。由于招标文件不明确或本身有多方案存在，投标企业可多方案报价，

最后与招标商协商处理。

（3）活口报价。在工程报价中留下一些活口，表面上看报价很低，但在投标报价中附加多项附注或说明，留在施工过程中处理（如工程变更、现场签证、工程量增加），其结果不是低价，而是高价。

（4）薄利保本报价。由于招标条件优越，有类似工程施工经验，而且在企业任务不饱满的情况下，为了争取中标，可采取薄利保本报价的策略，以较低的报价水平报价。

（5）亏损报价。亏损报价一般在以下特殊情况下采用：企业无施工任务，为减少亏损而争取中标；企业为了创牌子，采取先亏后盈的策略；企业实力雄厚，为了开辟某一地区的市场，采取以东补西的策略。

（6）合理化建议。投标企业对设计方案中技术经济不尽合理处提出中肯建议，“若做某项修改，则造价可降低多少”，这样必然会引起招标单位的注意和好感。

（7）服务报价。此报价策略与上述几种不同，它不改变标价，而是扩大服务范围，以取得招标单位的信任，争取中标。如扩大供料范围、提高质量等级、延长保修时间等。

5.5.4 装饰工程施工合同价的确定

1．装饰工程施工合同的签订

装饰工程施工合同是发包方与承包方为完成商定的装饰工程，明确双方权利义务关系的协议。依照装饰工程施工合同，承包方应完成规定的装饰工程施工任务，发包方应提供必要的施工条件并支付工程价款。《建筑法》、《合同法》、《装饰工程工程承包合同条例》等法律、法规是签订施工合同的法律依据。1996 年 11 月国家工商行政管理局和建设部联合发布了《装饰工程施工合同示范文本》（以下简称示范文本），我国的装饰工程施工合同一般按照该示范文本签订。同的订立必须经过一定的程序，不同的合同其订立的程序可能不同，但其中的要约和承诺是每一个合同都必须经过的程序。

1）要约

要约是指当事人一方向另一方提出订立合同的要求和合同的主要条款，并限定其在一定期限做出承诺的意思表示。要约具有以下特点：

（1）要约人在要约的有效期限内受要约的约束，即要约是一种法律行为，不得随意撤回、变更和限制其要约；

（2）要约人可向特定人发出，也可向非特定人发出，在要约的有效期内受要约人未明确答复拒绝要约前，要约人不得再向第三人发出要约或订立合同；

（3）要约到达受要约人时生效；

（4）超过要约有效期限，或要约虽未规定有效期限但显然已超过合同的时间范围，受要约人仍未承诺的，视要约无效。

2）承诺

承诺是指当事人一方对另一方发来的要约，在有效期限内做出完全同意的要约条款的意思表示。有效承诺必须具备以下条件：

（1）承诺必须由承诺者本人或其代理人做出；

（2）承诺必须无条件同意要约中的全部内容；

（3）承诺必须在约定的有效期限内做出。

采用招标发包的装饰工程，《装饰工程施工合同条件》应是招标书的组成部分，发包方对其修改、补充或不予采用的意见，要在招标书中说明。承包方对招标书的说明是否同意及本身对《装饰工程施工合同条件》的修改、补充或不予采用的意见，要在投标书中一一列出。中标后，双方将协商一致的意见写入《装饰工程施工协议条款》。不采用招标发包的装饰工程，在要约和承诺时，都要把对《装饰工程施工合同条件》的修改补充和不予采用的意见一一列出，将取得一致意见写入《装饰工程施工协议条款》。承、发包双方协商一致后，在《装饰工程施工协议条款》中签字盖章，合同即告成立。承办人员签订合同，应取得法定代表人的授权委托书。如果需要签证、公证或审批的，则在办理完鉴证、公证和审批后合同生效。装饰工程施工合同一经依法订立，即具有法律效力，双方当事人应当按合同约定严格履行。

2．装饰工程施工合同价

装饰工程施工合同价，是按有关规定和协议条款约定的各种取费标准计算的，用于支付施工企业按照合同要求完成装饰工程内容的价款总额。约定合同价主要有两种形式：

（1）通过甲、乙双方协商和有关单位审定；

（2）通过招投标，按中标价约定。

3．装饰工程施工合同价的类型

建设单位在发包之前，要根据发包项目准备工作的实际情况、设计工作的深度、工程项目的复杂程度来考虑合同的形式。按计价方式划分为合同形式，一般分为总价合同、单价合同及成本加酬金合同三大类，在每一类中根据具体的计价特点和要求，又分为多种形式。

1）总价合同

对于各种总价合同，在投标时，投标者必须报出工程总价格。而在合同执行过程中，对较小的单项工程，在完成后一次性付款；对较大的单项工程既可按施工过程分阶段付款，也可按完成工程量的百分比付款。总价合同可以使建设单位对装饰总开支做到心中有数，评标时易于确定报价最低的单位，在施工过程中可以更有效的控制施工进度的工程质量。而对承包商来说，总价合同具有一定的风险，如物价上涨、气候条件恶劣及其他意外的困难等。总价合同一般有以下 3 种。

（1）固定总价合同。承包商的报价以准确的设计图纸及计算为基础，并考虑到一些费用的上升因素，总价固定不变。只有在施工中图纸或工程质量要求有变更，或工期要求提前，总价才能变更。在这种合同形式下承包商承担全部风险，须为不可预见因素付出代价，因此一般报价较多。适用于工期较短（1 年以下）且要求十分明确的过程。施工图预算加包干系数的合同即属于总价合同类型。

（2）调值总价合同。在报价及签订合同时，以招标文件的要求及当时的物价计算合同总价。但在合同中双方商定，如果在执行合同时由于通货膨胀引起成本增加达到某一限度时，合同总价应相应调整。此种合同，此种合同，建设单位承担通货膨胀的风险，承包商承担其他风险。一般适用于工期较长的项目（1 年以上）。

（3）固定工程量总价合同。建设单位要求投标者在投标时按单价合同办法分别填报分项工程单价，从而计算出装饰工程总价，依此签订合同。原定装饰工程项目全部完成后，根据

合同总价付款给承包商。如果改变设计或增加新项目，则用合同中已确定的单价来计算新的工程量价款并调整总价。这种方式适用于工程量变化不大的装饰项目。

2）单价合同

当准备发包的装饰工程项目内容和设计不能十分确定，或工程量可能出入较大时，则采用单价合同形式为宜。单价合同的优点是可以减少招标准备工作，缩短招标准备时间，以鼓励承包商通过提高工效等措施从成本节约中提供利润。建设单位只按工程量表（工程量清单）的项目开支，可减少意外开支，只需要对少量遗漏的项目在执行合同过程中再报价，结算程序简单。单价合同又分为以下3种形式。

（1）估计工程量单价合同。建设单位准备此类合同的招标文件时，委托咨询单位按分部分项工程列出估算的工程量，承包商投标时在工程量表中填入各项单价，据之计算出的合同总价作为投标报价。但在每月付款时，以实际完成的工程量结算。在工程全部完成后以竣工图最终结算出工程的总价格。一般按施工图预算计价的合同属于估计工程量单价合同类型。

（2）纯单价合同。在设计单位还来不及提供施工详图，或虽有施工图但因某些原因不能准确地计算工程量时采用纯单价合同。招标文件只向投标者给出装饰工程的工作项目一览表、工程范围及必要的说明，而不提供工程量，承包商只要给出表中各项目的单价即可，将来施工时按实际工程量计算，有时也可由建设单位一方在招标文件中列出单价，而投标一方提出修正意见，双方协商后确定最后的承包单价。对于费用分摊在许多工程中的复杂工程或有一些不易计算工程量的项目，采用纯单价合同容易引起一些麻烦与争执。

（3）单价与包干混合式合同。以估计工程量单位合同为基础，但对工程中某些不易计算工程量的分项工程采用包干办法，而对能用某种计量单位计算工程量的，均要求报单价按实际完成工程量及合同上的单价支付工程款。

3）成本加酬金合同

成本加酬金合同，主要适用于以下两种情况：一是在工程内容及其技术经济指标尚未全面确定，投标报价的依据尚不充分的情况下，建设单位因工期要求紧迫，必须发包；二是建设单位与承包商之间有高度的信任，承包商在某些方面具有独特的技术、特长和经验。以这种形式签订的施工合同有两个明显的缺点：一是建设单位对工程总价不能实施实际的控制；二是承包商对降低成本兴趣不大。因此，采用这种合同形式，其条款必须非常严格。

成本加酬金合同有如下几种形式。

（1）成本加固定百分比酬金合同。建设单位对承包商支付的人工、材料和机械使用费、其他直接费、现场经费等按实际直接成本全部据实补偿，同时按照实际直接成本的固定百分比付给承包商一笔酬金，作为承包商的利润。由于这种合同形式的工程造价及支付给承包商的酬金随工程成本而水涨船高，不利于鼓励承包商降低成本，因而很少被采用。

（2）成本加固定酬金合同。此合同形式与成本加固定百分比酬金合同相似，不同之处仅在于实际成本之外所增加费用是一笔固定金额的酬金。酬金一般是按估算的工程成本的一定百分比确定，数额是固定不变的。采用上述两种合同计价方式时，为了避免承包商企图获得更多的酬金而对工程成本不加控制，往往要在施工合同中规定一些“补充条款”，以鼓励承包商节约资金，降低成本。

（3）成本加奖金合同。采用此合同形式，首先要确定一个目标成本。这个目标成本是根据粗略估算的工程量和单价表编制出来的。在此基础上，根据目标成本来计算酬金的数额，可以是百分数的形式，也可是一笔固定酬金。当实际成本高于目标成本时，承包商仅能从建设单位得到成本和酬金的补偿。同时，视实际成本高出目标成本情况，若超过合同规定的限额还要处以一笔罚金。除此之外，还可设工期奖罚。这种合同形式可以促使承包商降低成本，缩短工期。而且，目标成本随着设计的进展而加以调整，承发包双方都不会承担太大的风险，所以这种合同形式有一定的应用。

（4）最高限额成本加固定最大酬金合同。首先要确定限额成本、报价成本和最低成本。当实际成本没有超过最低成本时，承包商花费的成本费用及应得酬金等都可得到建设单位的支付，并与建设单位分享节约额；如果实际成本在最低成本和报价之间，承包商可得到成本补偿和酬金；如果实际成本在报价和最高限额成本之间，则只有全部成本可以得到补偿；如果实际成本超过最高限额成本时，超过限额成本的部分建设单位不予支付。

5.5.5 工程量清单的编制

工程量清单根据计价规范规定，由分部分项工程量清单、措施项目清单、其他项目清单组成。这三种清单的性质各有不同，现分别介绍。

分部分项工程量清单为不可调整的闭口清单，投标人对招标文件提供的分部分项工程量清单必须逐一计价，对清单所列内容不允许作任何更改变动。投标人如果认为清单内容有不妥或遗漏，只能通过质疑的方式由清单编制人作统一的修改更正，并将修正后的工程量清单发往所有投标人。措施项目清单为可调整清单，投标人对招标文件中所列项目，可根据企业自身特点作适当的变更增减。投标人要对拟建工程可能发生的措施项目和措施费用作通盘考虑，清单计价一经报出，即被认为是包括了所有应该发生的措施项目的全部费用。如果报出的清单中没有列项，且施工中又必须发生的项目，业主有权认为，其已经综合在分部分项工程量清单的综合单价中。将来措施项目发生时，投标人不得以任何借口提出索赔与调整。其他项目清单由招标人部分、投标人部分两部分组成。招标人填写的内容随招标文件发至投标人或标底编制人，其项目、数量、金额等投标人或标底编制人不得随意改动。在投标人填写部分的零星工作项目表中，招标人填写的项目与数量，投标人不得随意更改，且必须进行报价。如果不报价，招标人有权认为投标人就本报价内容要无偿为自己服务。当投标人认为招标人列项不全时，投标人可自行增加列项并确定本项目的工程数量及计价。

1．分部分项工程量清单的编制

1）分部分项工程量清单编制规则

《建设工程工程量清单计价规范》有以下强制性规定：

（1）第 3.2.2 条规定：分部分项工程量清单应根据附录 B 规定的统一项目编码、项目名称、计量单位和工程量计算规则进行编制。

（2）第 3.2.3 条规定：分部分项工程量清单的项目编码，1～9 位应按附录 B 的规定设置；10～12 位应根据拟建工程的工程量清单项目名称由其编制人设置，并应自 001 起顺序编制。

（3）第 3.2.4 条规定：项目名称应按附录 B 的项目名称与项目特征并结合拟建工程的实际确定。

（4）第3.2.5条规定：分部分项工程量清单的计量单位应按附录B规定的计量单位确定。
（5）第3.2.6条规定：工程数量应按附录B中规定的工程量计算规则计算。

2）分部分项工程量清单编制依据

（1）《建设工程工程量清单计价规范》（GB 50500—2003）；
（2）招标文件；
（3）设计文件；
（4）有关的工程施工规范与工程验收规范；
（5）拟采用的施工组织设计和施工技术方案。

3）分部分项工程量清单编制程序

分部分项工程量清单编制程序如图5.2所示。

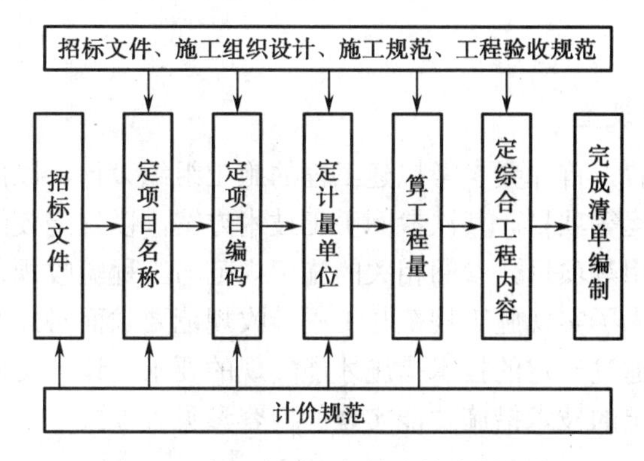

图5.2　分部分项工程量清单编制程序

清单项目的设置与工程量计算，首先要参阅设计文件，读取项目内容，对照计价规范项目名称，以及用于描述项目名称的项目特征，确定具体的分部分项工程名称。然后设置项目编码，项目编码前9位取自与项目名称相对应的计价规范，后3位按计价规范统一规范项目名称下不同的分部分项工程，自001起顺序设置。再按计价规范中的计量单位确定分部分项工程的计量单位。继而按计价规范规定的工程量计算规则，读取设计文件数据计算工程数量。最后参考计价规范中列出的工程内容，组合分部分项工程量清单的综合工程内容。

招标文件在清单设置时的作用：工程范围、工作责任的划分一般是通过招标文件来规定。

在清单设置时，施工组织设计和施工技术方案可提供分部分项工程的施工方法，清楚分部分项工程概貌。施工组织设计及施工技术方案是分部分项工程综合工程内容不可缺少的参考资料。工程施工规范及竣工验收规范，可提供生产工艺对分部分项工程的品质要求，可为分部分项工程综合工程内容列项，以及综合工程内容的工程量计算提供数据和参考，因而决定了分部分项工程实施过程中必须进行的工作。

4）分部分项工程量清单设置

附录B　装饰工程量清单项目及计算规则,包括楼地面工程,墙柱面工程,天棚工程,门窗工程,油漆、涂料、裱糊工程，其他工程共6章47节214个子项目。

2. 措施项目清单的编制

1）措施项目清单的编制规则

《建设工程工程量清单计价规范》有一下规定：

（1）措施项目清单应根据拟建工程的具体情况，参照规范表 3.3.1 列项；

（2）编制措施项目清单，出现规范表 3.3.1 未列项目，编制人可作补充。

2）措施项目清单的编制依据

（1）拟建工程的施工组织设计；

（2）拟建工程的施工技术方案；

（3）与拟建工程相关的工程施工规范与工程验收规范；

（4）招标文件；

（5）设计文件。

3）措施项目清单的设置

措施项目清单的设置，首先要参考拟建工程的施工组织设计，以确定环境保护、安全文明施工、材料的二次搬运等项目。其次参阅手工技术方案，以确定夜间施工、脚手架、垂直运输机械、大型机具使用等项目。参阅相关的施工规范与工程验收规范，可以确定施工技术方案没有表述的，但是为了实现施工规范与工程验收规范要求而必须发生的技术措施。招标文件中提出的某些必须通过一定的技术措施才能实现的要求。设计文件中一些不足以写进技术方案的但是要通过一定的技术措施才能实现的内容参见表 5.5。

表 5.5 措施项目清单及其列项条件

序号	措施项目内容	措施项目发生的条件
1	环境保护	正常情况下都要发生
2	文明施工	
3	安全施工	
4	临时设施	
5	二次搬运	
6	脚手架	
7	已完工程及设备保护	
8	夜间施工	拟建工程有必须连续施工的要求，或工期紧张有夜间施工的倾向
9	大型机械设备进出及安拆	施工方案中有大型机具的使用方案，拟建工程必须使用大型机械设备
10	垂直运输机械	施工方案中有垂直运输机械的内容，施工高度超过 5m 的工程
11	室内空气污染测试	使用挥发性有害物质的内容

3. 其他项目清单的编制

1）其他项目清单的编制规则

《建设工程工程量清单计价规范》有一下规定：

（1）第 3.4.1 条规定："其他项目清单应根据拟建工程的具体情况，参照下列内容列项。预留金、材料购置费、总承包服务费、零星工作项目费等。"

（2）第 3.4.2 条规定："零星工作项目表应根据拟建工程的具体情况，详细列出人工、材料、机械的名称、计量单位和相应数量，并随工程量清单发至投标人。"

（3）第 3.4.3 条规定："编制其他项目清单，出现 3.4.1 条未列的项目，编制人可作补充。"

2）其他项目清单的编制

其他项目清单由招标人部分、投标人部分内容组成，参见表 5.6。

表 5.6 其他项目清单计价表

工程名称　　　　　　　　　　　　第　页　　共　页

序号	项 目 名 称	金额（元）
1	招标人部分	
1.1 1.2 1.3	预留金材料购置费其他	
小计		
2	投标人部分	
2.1 2.2 2.3	总承包服务费 零星工作项目费用 其他	
小计		
合计		

（1）招标人部分。预留金，主要考虑可能发生的工程量变更而预留的金额。此处提出的工程量的变更主要是指工程量清单漏项或有误引起的工程量的增加和施工中的设计变更引起的标准提高或工程量的增加等。材料购置费，是指在招标文件中规定的、由招标人采购的拟建工程材料费。这两项费用均应由清单编制人根据业主意图和拟建工程实况计算出金额填制表格。预留金的计算，应根据设计文件的深度、设计质量的高低、拟建工程的成熟程度来确定其额度。设计深度深，设计质量高、已经成熟的工程设计，一般为预留工程总造价的 3%～5%即可。在初步设计阶段，工程设计不成熟的，最少要预留工程总造价的 10%～15%。材料购置费的计算公式：

$$材料购置费=\sum(业主供材料量\times 到场价)+采购保管费$$

招标人部分可增加新的列项。例如，指定分包工程费，由于某分项工程或单位工程专业性较强，必须由专业队伍施工，即可增加这项费用，费用金额应通过向专业队伍询价（或招标）取得。

（2）投标人部分。计价规范中列举了总承包服务费、零星工作项目费等两项内容。如果招标文件对承包商的工作范围还有其他要求，也应将其列项。投标人部分清单内容设置，除总承包服务费仅需简单列项外，其余内容应该量化的必须量化描述。如设备厂外运输，需要标明设备的台数、每台的规格、重量、运距等。零星工作项目表要标明各类人工、材料、机械的消耗量。零星工作项目中的工、料、机计量，要根据工程的复杂程度、工程设计质量的优劣以及工程项目设计的成熟程度等因素来确定其数量。一般工程以人工计量为基础，按人工消耗总量的 1% 取值即可。材料消耗主要是辅助材料消耗，按不同专业人工消耗材料类别列项，按人工日消耗量计入。机械列项和计量，除了考虑人工因素外，还要参考各单位工程机械消耗的种类，可按机械消耗总量的 1%取值。

5.5.6 工程量清单标底价格的编制

在实施工程量清单招标的条件下，标底价格的作用、编制原则以及编制依据等方面也发生了相应的变化。

1．标底价格的作用

工程招标标底价格是业主掌握工程造价、控制工程投资的基础数据，并以此为参考依据测评各投标单位工程报价的合理与否。在以往的招投标工作中，标底价格在评标定标过程中都起到了不可替代的作用。在实施工程量清单报价条件下，形成了由招标人按照国家统一的工程量计算规则计算工程数量，由投标人自主报价，经评审低价中标的工程造价模式。标底价格的作用在招标投标中的重要性逐渐弱化，这也是工程造价管理与国际接轨的必然趋势。经评审低价中标的工程造价管理模式，必然会引导我国建筑市场形成国际上一般的无标底价格的工程招投标模式。

2．标底价格的编制原则

1）工程量清单的编制与计价必须遵循“四统一原则”

“四统一原则”既是在同一工程项目内，对内容相同的分部分项工程只能有一组项目编码与其对应，同一编码下分部分项工程的项目名称、计量单位、工程量计算规则必须一致。“四同一原则”下的分部分项工程计价必须一致。

2）遵循市场形成价格的原则

市场形成价格是市场经济条件下的必然产物。长期以来，我国工程招投标标底价格的确定受国家（或行业）工程预算定额的制约，标底价格反映的是社会平均消耗水平，不能表现个别企业的实际消耗量，不能全面反映企业的技术装备水平、管理水平和劳动生产率，不利于市场经济条件下企业间的公平竞争。工程量清单计价由投标人自主报价，有利于企业发挥自己的最大优势。各投标企业在工程量清单报价条件下必须对单位工程成本、利润进行分析，统筹考虑，精心选择施工方案，并根据企业自身能力合理地确定人工、材料、施工机械等生产要素的投入与配置，优化组合，有效地控制现场费用和技术措施费用，形成最具有竞争力的报价。工程量清单的标底价格反映的是由市场形成的具有社会先进水平生产要素市场价格。

3）体现公开、公平、公正的原则

工程造价是工程建设的核心内容，也是建设市场运行的核心。建设市场上存在的许多不规范行为大多与工程造价有关。工程量清单下的标底价格应充分体现公开、公平、公正的原则。公开、公平、公正不仅是投标人之间的公开、公平、公正，也包括招投标双方间的公开、公平、公正。即标底价格（工程建设产品价格）的确定，应同其他商品一样，由市场价值规律来（采用生产要素市场价格），不能人为地盲目压低或提高。

4）风险合理分担原则

风险无处不在，对建设工程项目而言，存在风险是必然的。工程量清单计价方法，是在建设工程招投标中，招标人按照国家统一的工程量计算规则计算提供工程数量，由投标人依据工程量清单所提供的工程数量自主报价，即由招标人承担工程量计量的风险，投标人承担工程价格的风险。在标底价格的编制过程中，编制人应充分考虑招投标双方风险可能发生的概率，风险对工程量变化和工程造价变化的影响，在标底价格中应予以体现。

5）标底的计价内容、计价口径与工程量清单计价规范下招标文件的规定完全一致的原则

标底的计价过程必须严格按照工程量清单给出的工程量及其所综合的工程内容进行计价，不得随意变更或增减。

6）一个工程只能编制一个标底的原则

要素市场价格是工程造价构成中最活跃的成分，只有充分把握其变化规律才能确定标底价格的唯一性。一个标底的原则，即是确定市场要素价格唯一性的原则。

3．标底价格的编制依据

（1）《建设工程工程量清单计价规范》。
（2）招标文件的商务条款。
（3）工程设计文件。
（4）有关工程施工规范及工程验收规范。
（5）施工组织设计及施工技术方案。
（6）施工现场具体条件及环境因素。
（7）招标期间装饰材料的市场价格。
（8）工程项目所在地劳动力市场价格。
（9）由招标方采购的材料的到货计划。
（10）招标人制定的工期计划。

4．工程标底价格的编制程序

工程标底价格（如图5.3所示）的编制必须遵循一定的程序才能保证标底价格的正确性。

（1）确定标底价格的编制单位。标底价格由招标单位（或业主）自行编制，或受其委托由具有编制标底价格和能力的中介机构代理编制。

（2）搜集审阅编制依据。

（3）取定市场要素价格。

（4）确定工程计价要素消耗量指标。当使用现行定额编制标底价格时，应对定额中各类

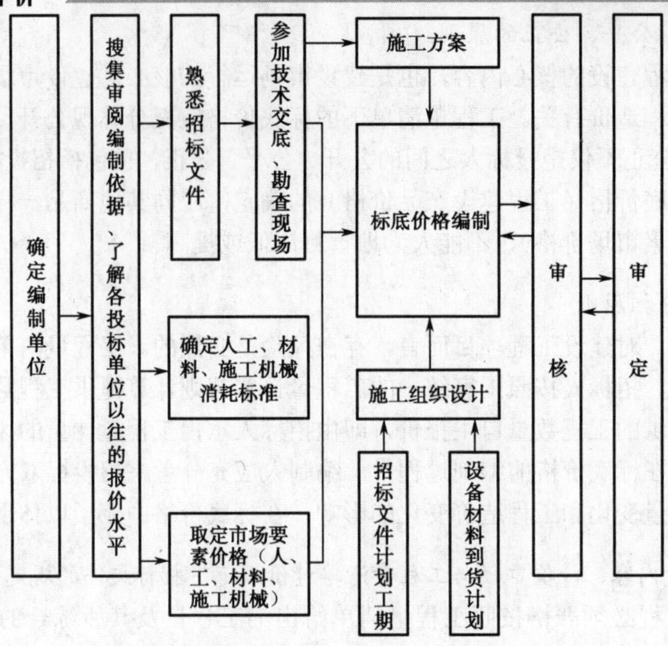

图 5.3　标底价格编制程序

消耗量指标按社会先进水平进行调整。

（5）参加工程招投标交底会，勘查施工现场。

（6）招标文件质疑。对招标文件（工程量清单）表述或描述不清的问题向招标方质疑，请求解释，明确招标方的真实意图，力求计价精确。

（7）综合上述内容，按工程量清单表述工程项目特征和描述的综合工程内容进行计价。

（8）标底价格初稿完成。

（9）审核修正。

（10）审核定稿。

5．工程标底价格的编制方法

标底价格由 5 部分内容组成：分部分项工程量清单计价、措施项目清单计价、其他项目清单计价、规费、税金。

1）分部分项工程量清单计价

分部分项工程量清单计价，是对招标方提供的分部分项工程量清单进行计价。

2）措施项目清单计价

《建设工程工程量清单计价规范》为工程量清单的编制与计价提供了一份措施项目一览表。标底编制人也应根据施工组织设计或方案对表内内容逐项计价，如果编制人认为表内提供的项目不全，也可列项补充，该措施项目计价按单位工程计取。

3）其他项目清单计价

其他项目清单计价按单位工程计取，分为招标人、投标人两部分，分别由招标人与投标人填写。由招标人填写的内容包括预留金、材料购置费等。由投标人填写的包括总承包服务费、

零星工程项目费等。按计价规范的规定。规范中列项不包括的内容，招投标人均可增加并列项并计价。招标人部分的数据由招标人填写，并随同招标文件一同发至投标人或标底编制人。在标底计价中，编制人要如数填写，不得更改。投标人部分由投标人或标底编制人填写，其中总承包服务费要根据工程规模、工程的复杂程度、投标人的经营范围划分拟分包工程来计取，一般是不大于分包工程总造价的5%。零星工作项目表，由招标人提供具体项目和数量，由投标人或标底编制人对其进行计价。零星工作项目计价表中的单价为综合单价，其中人工费综合了管理费与利润，材料费综合了材料购置费及采购保管费，机械使用费综合了机械台班使用费、车船使用税以及设备的调遣费。其中人工费综合了管理费与利润，材料费综合了材料购置费及采购保管费，机械使用费综合了机械台班使用费、车船使用税以及设备的调遣费。

4）规费

规费也称地方规费，是税金之外由政府机关或政府有关部门收取的各种费用。各地收取的内容多有不同，在标底编制时应按所在地的有关规定计算此费用。

5）税金

税金包括营业税、城市维护建设税、教育费附加等3项内容。因为工程所在地的不同，税率也有所区别。编制标底时应按工程所在地规定的税率及计算方法计取税金。

6．标底价格的审查

1）标底价格审查的意义

标底价格编制完成后，需要认真进行审查。加强标底价格的审查。

（1）发现错误，修正错误，保证标底价格的正确率。

（2）促进工程造价人员提高业务素质，成为懂技术、懂造价的复合型人才，以适应市场经济环境下工程建设对工程造价人员的要求。

（3）提供正确工程造价基准，保证招投标工作的顺利进行。

2）标底价格的审查过程

标底价格的审查分3个阶段进行。

（1）编制人自审。当某单位工程标底计价初稿完成后，编制人要进行自我审查。检查分部分项工程各生产要素消耗水平是否合理，计价过程的计算是否有误，力求合理。

（2）编制人之间互审。编制人之间互审的主要目的是发现编制人对工程量清单项目理解的差异，统一认识，准确理解。

（3）专家（上级）或审核组审查。专家（上级）或审核组审查是全面审查，包括对招标文件的符合性审查，计价基础资料的合理性审查，标底价格整体计价水平的审查，标底价格单项计价水平的审查 是完成定稿的权威性审查。

3）标底价格审查的内容

（1）符合性。符合性包括计价价格对招标文件的符合性，对工程量清单项目的符合性，对招标人真实意图的符合性。

（2）计价基础资料合理性。计价基础资料的合理是标底价格合理的前提。计价基础资料包括：工程施工规范、验收规范、企业生产要素消耗水平、工程所在地生产要素价

格水平。

（3）标底整体价格水平。标底整体价格水平是否大幅度偏离概算价，是否无理由偏离已建同类工程造价，各专业工程造价是否比例失调，实体项与非实体项价格比例是否失调。

（4）标底单项价格水平。标底单项价格水平偏离概念值。

4）标底价格的审查方法

（1）专家评审法。由工程造价方面的专家分专业对标底价格逐一审查，发现问题，纠正谬误，清单计价伊始，使用此方法比较妥当，可以避免重大失误，确保标底价格可利用性。

（2）分组计算审查法。按专业分组，按分部分项工程、就生产要素消耗水平、生产要素价格水平，对工程量清单理解，进行全面审查。在清单计价伊始，专家力量不足的情况下，这种方法不失为好的方法。

（3）筛选审查法。利用原定额建立分部分项工程基本综合单价数值表，统一口径对应筛选，选出不合理的偏离基本数值表的分部分项工程计价数据，再对该分部分项工程计价详细审查。

（4）定额水平调整对比审查法。利用原定额，按清单给定的范围，组成分部分项工程量清单综合单价，再按市场生产要素价格水平、市场工程生产要素消耗水平测定比例，调整单位工程造价。对比单位工程标底价，找出偏差，对标底价进行调整。该法可以把握各单位工程标底价的准确性，但是不能保证各个分部分项工程计价都合理。

7．标底价格的应用

工程招标标底价格是业主掌握工程造价、控制工程投资的基础数据，并以此为参考依据测评各投标单位工程报价的合理与否。标底价格最基本的应用形式是标底价格与各投标单位的投标价格的对比。从中发现投标价格的偏离与谬误，为招标答疑会提供招标人质疑的素材，澄清投标价格涵盖范围。对比分为工程项目总价对比、分项工程总价对比、单位工程总价对比、分部分项工程综合单价对比、措施项目列项与计价对比、其他项目列项与计价对比。在《建设工程工程量清单计价规范》下的工程量清单报价，为标底价格在商务标测评中建立了一个基准的平台，即标底价格的计价基础与各投标单位报价的计价基础完全一致，方便了标底价格与投标报价的对比。

1）工程项目总价对比

对各投标单位工程项目总报价进行排序，确定标底价格在全部投标报价中所处的位置。位置处于中间，说明报价价格正常。测算最高价及最低价与标底价的偏离程度，可得到工程建设市场价格的变动趋势，排除不合理报价后的平均报价与标底价之比，就形成了以标底价为基础的平均工程造价综合指数，用以指导今后标底价的编制，或为社会提供工程造价依据。如果业主主要简化评标过程，即可根据合理最低价或接近标底价确定中标单位。

2）分项工程总价对比

因为各个分项工程在工程项目内的重要程度不同，业主需要了解各报价单位分项工程的报价水平，就要进行分项工程总价对比。以标底价为参考，判别各报价单位对不同分项工程的拟投入，用以检验报价单位资源配置的合理性。

3）单位工程总价对比

单位工程造价是按专业划分的最小单位的完全工程造价。对比标底价，可得知报价单位拟按专业划分的资源配置状况，用以检验报价单位资源配置的合理性。

4）分部分项工程综合单价对比

分部分项工程综合单价是工程量清单报价的基础数据，在以上总价对比、分析的基础上，对照标底价的分部分项工程综合单价、查阅偏离标底价的分部分项工程综合单价分析表，可以了解到投标人是否正确理解了工程量清单的工程特征及综合工程内容，是否按工程量清单的工程特征和综合工程的内容进行了正确的计价，以及投标价偏离标底价的原因，以此判断投标价的正确与错误。

5）措施项目列项与计价对比

以标底价为参考，对比分析投标人的措施项目列项与计价，不仅可以了解到工程报价的高低以及报价高低的原因，还可以了解到一个施工企业的工作作风、施工习惯，乃至企业的整体素质，有助于招标人合理地确定中标单位。措施项目在招投标评测中，是唯一一个不能以项目多少、价格高低论优劣的项目。在工程总报价合理的前提下，以合理计价的尽量多的施工措施项目，是实现工程总体目标的有力保证。

6）其他项目列项与计价对比

其他项目分招标人和投标人两部分内容，仅就投标人部分与标底价对比、用以判别项目列项的合理性及报价水平。

思考题5

1. 什么叫招标、报标、开标、评标、中标？
2. 简述装饰工程招标文件的内容。
3. 简述建设工程施工公开招标的程序。
4. 简述装饰工程投标报价的依据、原则、计算程序。
5. 简述标底的内容及编制方法。
6. 装饰工程施工合同的类型有几种？

反侵权盗版声明

举报电话：（010）88254396；（010）88258888

传　　真：（010）88254397

E-mail：　dbqq@phei.com.cn

通信地址：北京市海淀区万寿路 173 信箱

电子工业出版社总编办公室

邮　　编：100036